Mallard de la Varende
musique de V^ʳ
(Toulon — 1878)

BIBLIOTHÈQUE
DES MERVEILLES

PUBLIÉE SOUS LA DIRECTION
DE M. ÉDOUARD CHARTON

———

LES MERVEILLES

DU

MONDE INVISIBLE

PRINCIPAUX OUVRAGES SCIENTIFIQUES

DU MÊME AUTEUR

La mort. In-32. . . . . » 50
L'homme fossile. Grand in-8. . . . . 5 »
L'astronomie moderne. In-12. . . . . 2 50
La science en ballon. In-12. . . . . 2 »
Les ballons pendant le siége. In-32. . . . . » 20
La physique des miracles. In-18. . . . . 2 »
Les paratonnerres et les moyens de les contrôler. In-18. . . . 1 »
La conquête de l'air. In-18. . . . . 1 »
Tableau pratique de la navigation aérienne. Gr. aigle. Noir. . . 2 »
   —   —   — Couleur. 5 »

How I came out of Paris in a Balloon (en anglais). Numéro du
1er janvier 1871 de la *Revue Temple Bar*. 1 25

SOUS PRESSE

Les récits d'un aéronaute du siége de Paris.

PARIS. — IMP. SIMON RAÇON ET COMP., RUE D'ERFURTH, 1.

BIBLIOTHÈQUE DES MERVEILLES

LES MERVEILLES

DU

MONDE INVISIBLE

PAR

WILFRID DE FONVIELLE

QUATRIÈME ÉDITION

REVUE ET CORRIGÉE PAR L'AUTEUR

OUVRAGE ILLUSTRÉ DE 120 VIGNETTES

PARIS

LIBRAIRIE HACHETTE ET Cⁱᵉ

79, BOULEVARD SAINT-GERMAIN, 79

1874

LES MERVEILLES

DU

MONDE INVISIBLE

I

LE STANHOPE

Le milieu du dix-septième siècle fut une des périodes les plus glorieuses pour la pensée humaine. C'est alors que notre grand Descartes, réfugié en Hollande, publia son immortel *Discours sur la méthode*, qui forme, à proprement parler, la base de la philosophie moderne. A peu près à la même époque, un savant hollandais, nommé Swammerdam, formait le noble dessein d'appliquer à l'étude du monde extérieur un instrument nouveau que nous pourrions appeler le télescope des infiniment petits.

Swammerdam fut si vivement frappé de l'ordre et de la grandeur des harmonies qui se révélèrent à ses yeux, qu'il appela *Bible de la nature* le grand ouvrage qu'il rédigea, le microscope en main. C'est un nom heureusement choisi, car aucun livre ne met plus victorieusement en lumière la sagesse de la Providence qui a créé le monde, et qui veille sans relâche à la conservation de son œuvre. Une sorte de révélation inattendue a ajouté ses lumières à celles de la raison naturelle. Aux yeux que nous avons reçus en naissant sont venus s'en joindre d'autres que la science nous a donnés.

Moins d'un siècle après la mort de ce grand homme les savants matérialistes, que Frédéric le Grand avait réunis autour de lui, sont parvenus à vicier la méthode essentiellement française de Descartes. Les héritiers de ces sophistes sont parvenus à tirer de l'emploi d'un instrument si propre à mettre en évidence la sagesse de Dieu des notions malheureusement erronées, qui, surtout il y a une vingtaine d'années, ont exercé une influence déplorable sur l'éducation de la jeunesse.

L'arme de la raison et du bon sens est devenue celle de l'erreur, du mensonge et de l'orgueil. Des sciences prétentieuses et vaines d'origine étrangère, ont envahi nos écoles nationales, et préparé tous nos malheurs.

Il est temps de faire cesser cette invasion des barbares de l'intelligence, et de revenir aux saines traditions qui ont fait la France si glorieuse.

Le microscope lui-même peut aider à guérir les blessures intellectuelles et morales qu'il a servi à faire. Il sera une des armes les plus précieuses de la réorganisation scientifique de la France, car nulle ne convient mieux à notre nature gauloise, vive, impressionnable, artistique, si merveilleusement douée, par conséquent, pour reconnaître les traces du passage de l'auteur de la nature.

L'éducation qui convient à un peuple libre n'est point
celle dont une nation asservie peut faire ses régals peu
chers. Comme le dit le grand Condorcet, l'art du professeur n'est point d'enseigner le peu qu'il sait, mais
d'apprendre à ses élèves l'art d'apprendre.

Aussi notre triomphe sera-t-il complet si nous déci-
dons ceux qui nous lisent à jeter de côté notre ouvrage
et à prendre le microscope pour s'assurer que nous ne

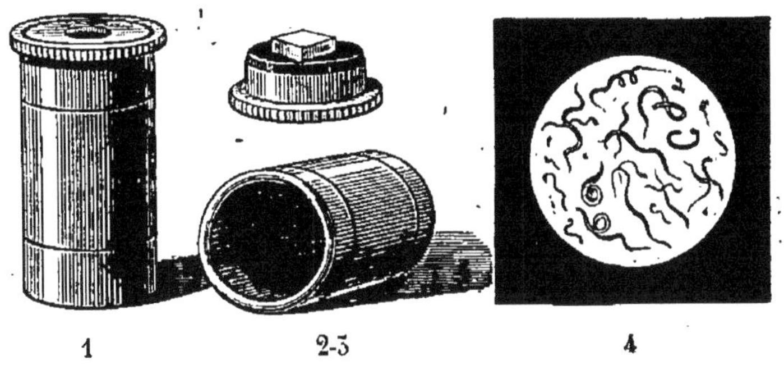

·Fig. 1. — Microscope Stanhope.

1 Microscope monté. — 2. Tube. — 5. Pièce portant le microscope. — 4. Anguillettes
du vinaigre vues avec cet instrument.

les avons point trompés, et voir par eux-même au lieu
de nous charger de voir pour eux.

L'instrument que nous les engageons à manier est
un petit appareil portant le nom de lord Stanhope,
grand seigneur anglais, mort à Genève en 1816, et qu'ils
pourront acheter partout pour 1 fr. 25.

Les plus utiles auxiliaires de la science microscopique sont ces marchands errants qui suspendent
quelquefois au-dessus de leur boutique un tableau sur
lequel on voit une goute d'eau peinte avec les animalcules qu'ils y montrent.

Il n'y a rien d'exagéré dans les promesses que font
ces honorables colporteurs scientifiques. La repré-

sentation donne et au-delà tout ce que la parade permet d'espérer et de concevoir.

J'ai été fier et heureux à la fois, quand j'ai vu que quelques-uns de ces professeurs errants montrent en étalage des exemplaires de mon *monde invisible*. Leur suffrage éclairé m'a complétement dédommagé des persécutions et des critiques, mieux que ne l'aurait fait un rapport favorable de l'Académie des sciences.

Ces microscopes à la Stanhope se composent essentiellement d'un petit prisme en verre, enchâssé dans un disque de cuivre. Le bout sur lequel on place l'œil a été rodé dans une matrice qui lui a donné la forme d'une petite sphère. Sur la face opposée, qui est restée droite, on colle, à l'aide d'un peu d'eau ou même d'un peu de salive, les objets que l'on veut grossir, et on regarde par transparence en se tournant du côté de la lumière.

Le disque de cuivre est placé sur un tube dont l'intérieur a été noirci, précaution qui rend la vision plus facile. En sortant de la petite lentille, la lumière qui a traversé longitudinalement le prisme, change brusquement de direction. Il en résulte que les rayons venant de la face opposée s'écartent d'une manière prodigieuse. Le grossissement ainsi obtenu est donc d'une énergie énorme, c'est comme si l'on dilatait l'objet lui-même en lui donnant des dimensions cent fois plus grandes sans changer sa forme.

Ces petits morceaux de verre se vendent à si bon marché, que M. Dagron, l'habile photographe qui a inventé la correspondance microscopique par pigeons, les fabrique à la grosse. Sur le devant il colle une petite photographie, aussi imperceptible que ses dépêches aériennes du siége. Le tout est renfermé dans un petit étui en corne et porte un petit anneau, de

sorte que l'on peut s'en servir comme de breloques.
Si vous n'avez pas compris les explications précédentes,
démontez un de ces petits instruments, qui vous coû-
tera vingt ou vingt-cinq centimes, vous vous rendrez
parfaitement compte du jeu du petit microscope que
notre habile compatriote a si bien utilisé et par conséquent de l'instrument si simple inventé par le grand
seigneur anglais.

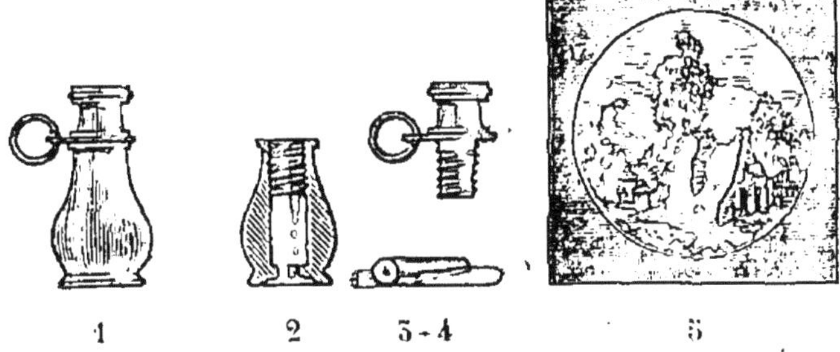

Fig. 2. — Photographie Dagron.

1. Lunette portant la photographie microscopique. — 2. Coupe de la lunette. —
3. Partie supérieure démontée. — 4. Verre taillé, de grandeur naturelle, montrant la photographie en vraie grandeur. — 5. Image amplifiée d'un paysage.

Si j'étais maitre d'école dans un village, je m'arran-
gerais pour avoir toujours, dans un tiroir que j'ou-
blierais de fermer, des microscopes Stanhope, montés
dans un bouchon. Je serais heureux quand il manque-
rait quelques pièces, car je serais certain que mes
élèves ne tarderaient pas à s'en servir en secret, croyant
le faire à mon insu. J'ajouterai que cette méthode un
peu lacédémonienne ne tarderait point à développer
une habileté des plus remarquables, et qu'une éducation régulière, faite à coup de pensums, ne saurait
jamais donner.

II

LES LOUPES

Les loupes sont des lentilles convergentes, taillées avec soin de manière à grossir l'image des objets vus à travers. Quelquefois, lorsque les loupes ont des dimensions considérables, on les place à une distance notable. C'est ce qui arrive lorsqu'elles sont destinées à amplifier les dimensions d'une photographie et à lui donner un relief plus ou moins analogue au stéréoscope.

La situation la plus favorable pour la loupe se calcule dans tous les cas, qu'elle soit grosse ou petite, à l'aide d'une formule mathématique. Nous engageons le lecteur à la chercher par expérience ; qu'il commence par placer la loupe en contact avec l'objet, et qu'il fasse varier les distances. Après un petit nombre de tâtonnements, il saura bien vite comment se placer dans toutes

les circonstances favorables pour voir l'objet qu'il
étudie avec le plus d'avantage.

La planche ci-jointe montrera un certain nombre de
formes usuelles, et n'a pas besoin d'être accompagnée
d'explication. Nous dirons seulement que le doublet
est une loupe composée de deux loupes placées l'une
derrière l'autre. La première est la seule qui grandisse
directement l'objet, la seconde ne fait que dilater une

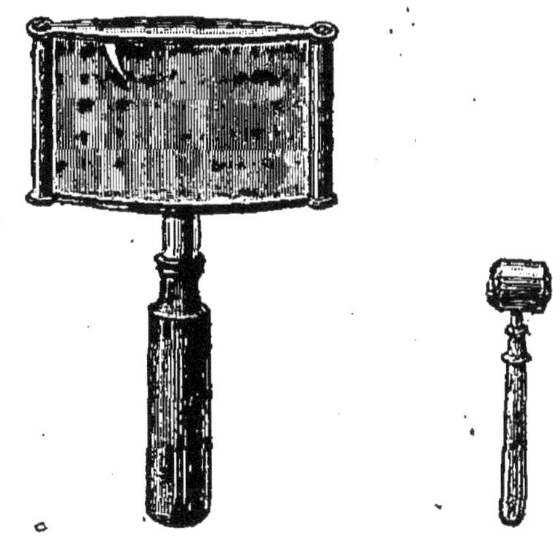

Fig. 5. — Grande et petite loupe à main.

seconde fois l'image produite par la première. Quelquefois, comme on le verra par la gravure ci-contre, les
loupes simples sont au nombre de trois, que l'on peut
combiner de plusieurs manières différentes, afin d'obtenir les grossissement intermédiaires.

Sans tant de complications instrumentales, on se pro-
cure des lentilles d'un grand pouvoir en fondant un
fil de verre très-mince par une de ses extrémités. En
opérant ainsi on parvient à former une gouttelette dont

l'épaisseur est quelquefois réduite à un quart de millimètre.

On enchâsse ensuite cette petite gouttelette refroidie
dans une petite ouverture pratiquée au milieu d'une
mince lame de plomb.

Wollaston, physicien anglais très-ingénieux, dont

Fig. 4. — Loupe tubulaire simple.

on trouve la trace dans toutes les parties de la science,
a construit sur ce principe de petites loupes très-puis-
santes, qui ont un pouvoir très-considérable et une
netteté très-grande. Ces lentilles se composent de deux

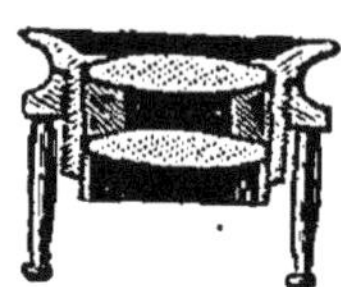

Fig. 5. — Loupe double.

segments sphériques de verre, séparés par une feuille
très-mince de platine percée d'un trou. Pour se servir
de ces loupes, il faut se placer très-près de l'objet, ce
qui est une position incommode ; mais les manches
sont assez longs, comme on l'a vu page 7. Malgré
la longueur du manche on éprouvera une gêne
très-grande quand la loupe est très-forte. C'est pour
remédier à cet inconvénient que l'on a inventé le

microscope composé, dont nous parlerons tout à l'heure. Mais avant de faire comprendre cet instrument plus complexe, donnons encore quelques détails sur la construction des loupes elles-mêmes. Un procédé plus simple encore, consiste à employer une simple goutte d'eau suspendue sur les bords d'une petite ouverture également pratiquée au milieu d'une feuille de métal. Cette loupe naturelle est très-puissante. C'est probable-

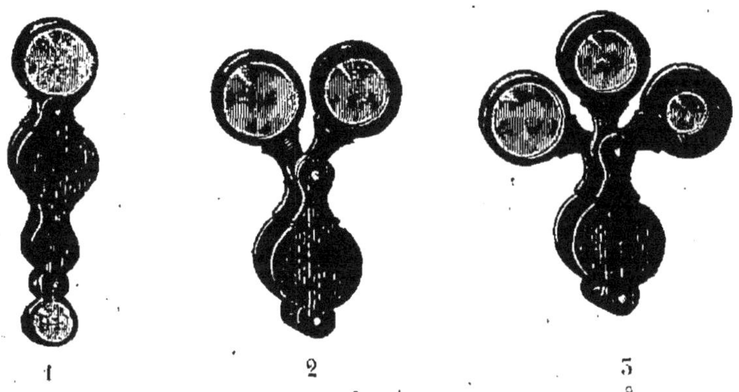

Fig. 6. — Loupes de différents systèmes.

1. Deux loupes de différent pouvoir grossissant. — 2. Loupe double. 3. Loupe triple.

ment la plus ancienne de toutes, et celles dont les premiers observateurs se sont servis pour découvrir des faits surprenants.

L'inconvénient de cet instrument élémentaire c'est que l'évaporation détruit rapidement la petite lentille. Un autre liquide transparent, mis à la place de l'eau, donnerait des résultats identiques, mais l'alcool ou l'essence de térébenthine disparaîtraient encore plus vite.

Plus le liquide est transparent et plus il agit sur la lumière, plus la loupe ainsi obtenue est puissante.

La découverte d'une substance diaphane, douée d'une grande puissance réfractive, permettrait d'obtenir les mêmes effets avec des lentilles qui ne s'évaporeraient point.

Malgré la difficulté que présente le travail du diamant, on est arrivé à en tailler des loupes qui produisent des effets surprenants. Mais cette substance a été accaparée par les princes et les grands, les savants ne sont point assez riches pour s'en permettre l'usage.

III

LE MICROSCOPE COMPOSÉ

Le microscope composé est, comme nous l'avons fait pressentir, analogue à un doublet, en ce sens qu'il a la forme de deux loupes dont les effets se superposent et se complètent. Mais ces deux loupes sont d'une nature bien différente. La première, qui est voisine de l'objet, est d'un très-grand pouvoir grossissant et produit une image très-élargie située en arrière. C'est cette image que l'autre loupe vient reprendre et agrandir encore. Il faut donc que cette image, destinée à être ramenée sur la rétine par une réfraction nouvelle, soit bien nette, ce qui exige que l'objet soit fortement éclairé. On obtient généralement cet effet avec un miroir courbe situé en avant et qui concentre soit des rayons artificiels, soit la lumière du soleil.

Le grossissement du microscope dépend, en grande

partie, de la manière dont cette lentille d'avant-garde, à laquelle on donne le nom d'objectif, a été construite. Plus son foyer est court, plus elle grossit. On peut employer dans la fabrication de cette loupe tous les procédés dont nous avons parlé tout à l'heure. Le rôle de l'oculaire n'est pas tant de grossir l'image que de permettre à l'observateur de l'apercevoir sans avoir besoin de s'approcher de la première lentille. Aussi est-il indispensable de mettre les deux lentilles d'accord. On arrive à ce résultat à l'aide de deux tubes glissant l'un dans l'autre, et tenus par celui qui porte la première lentille et qu'on nomme par conséquent le porte-objectif.

Afin d'écarter les rayons des bords, on a garni l'instrument d'un diaphragme qui répond au foyer de la première lentille.

Quand on veut se servir du stanhope on n'a, comme nous l'avons dit, qu'à coller l'objet sur la face plane avec un peu d'eau et de salive.

Lorsqu'on emploie la loupe, il faut déjà un certain tâtonnement, à moins qu'on n'ait acquis l'habitude des observations, et que l'on sache se placer d'instinct le plus convenablement possible.

La manœuvre du microscope composé est plus complexe : il faut deux mouvements successifs. Le premier consiste à faire glisser le porte-oculaire dans le tube auxiliaire jusqu'à ce que l'on voie bien distinctement le diaphragme. Le second mouvement consiste à faire glisser le tube auxiliaire jusqu'à ce qu'on voie nettement l'image. Dans cette partie du règlement, le porte-oculaire doit glisser avec le tube auxiliaire sans changer de place, relativement à ce dernier. Il faut que l'on arrive à la vision nette de l'image sans cesser de voir distinctement le diaphragme.

Ces petites manœuvres fort simples sont de la plus haute importance, et il faut s'exercer à les accomplir, sans cela on ne saurait se servir du meilleur microscope.

L'objet peut s'éloigner ou se rapprocher un peu de l'oculaire. Ces petits mouvements, nécessaires pour tirer tout le parti possible de la lentille, entraînent les mouvements du tube auxiliaire. Quant aux mouvements du porte-oculaire, ils sont indispensables, parce que le microscope ne peut être réglé à la fois pour tous les yeux ; il faut éloigner ou rapprocher l'oculaire suivant que l'observateur a la vue courte ou longue.

Le microscope, qu'on ne l'oublie pas, ne grossit point également pour tout le monde. Celui qui y voit de loin jouira avec le même instrument d'un grossissement bien supérieur.

Les objets simples, bon marché, à la portée de toutes les mains, de tous les yeux, de toutes les intelligences, voilà ce qu'il faut pour réorganiser notre éducation nationale.

Que de lui-même l'enfant devienne un disciple du monde invisible, qu'il apprenne à admirer la nature ; qu'il garde en lui l'instinct poétique, l'enthousiasme de la vérité, il apprendra à faire remonter vers le Créateur l'admiration qu'il conçoit pour la créature.

Il n'imitera pas ces pédants que le microscope composé abrutit, et qui, fussent-ils membres de l'Académie des sciences, en savent moins que le gamin des écoles primaires, s'ils voient dans la nature autre chose que l'ombre d'Allah sur la terre.

Au lieu d'une lentille dans le haut et d'une lentille dans le bas, on place généralement dans le microscope deux systèmes de lentilles. Mais ces deux systèmes de lentilles se comportent comme deux lentilles isolées.

Pour voir les objets lointains tels que les astres, on emploie le même procédé, mais on dispose les lentilles dans un ordre inverse. Alors c'est près de l'œil que se place la loupe, et c'est à l'autre bout du tube que l'on place les lentilles d'un grand rayon qui recueillent la lumière et la concentrent au foyer où la loupe permet de les voir en détail.

Ces détails techniques, quelque simples et quelque incomplets qu'ils soient, suffiront pour guider les débutants qui, une fois habitués à nager en plein infini, se lanceront d'eux-mêmes. Qu'on ne commence pas par des instruments compliqués, et si ces détails ennuient, qu'on les passe sauf à y revenir. Nous ne résolvons pas les difficultés, nous sommes comme ceux qui crient casse-cou dans le jeu de collin-maillard.

IV

LES INSTRUMENTS DE LUXE

Malgré ce que nous venons de dire nous ne sommes nullement disposé à rédiger ce que l'on pourrait appeler une loi somptuaire en matière microscopique. C'est à Paris que se trouvent les plus habiles opticiens; nous ne sommes pas assez mauvais citoyens pour nuire à une de nos plus intéressantes industries nationales[1]. Mais pour que les instruments de luxe profitent, il faut mériter l'honneur de s'en servir.

Le microscope portatif, qui est renfermé dans une boîte de la taille d'une grosse tabatière, peut se transporter partout. Il nous servira de tremplin pour nous lancer dans les espaces inconnus.

[1] On pourra se procurer tous les instruments que nous allons représenter dans ce livre, chez MM. Nachet frères et fils, 17, rue Saint-Séverin.

Le microscope incliné se recommande par une disposition qui permet d'opérer les réactions chimiques

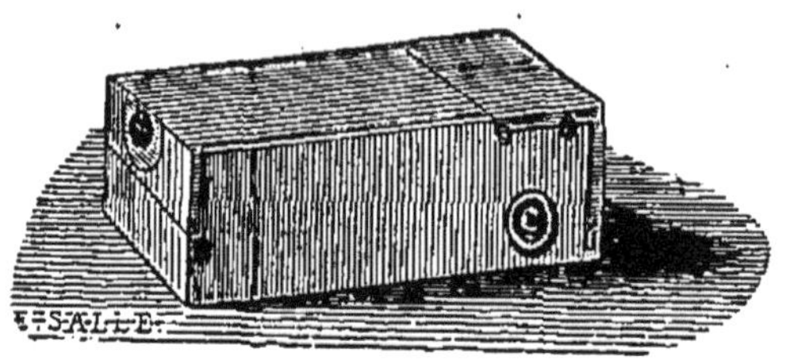

Fig. 7. — Microscope portatif de Nachet, dans sa boite.

avec autant de facilité que s'il n'y avait pas à la fenêtre
un observateur assistant à cette lutte intime des forces
de la matière.

C'est un prisme de verre placé au sommet de l'angle

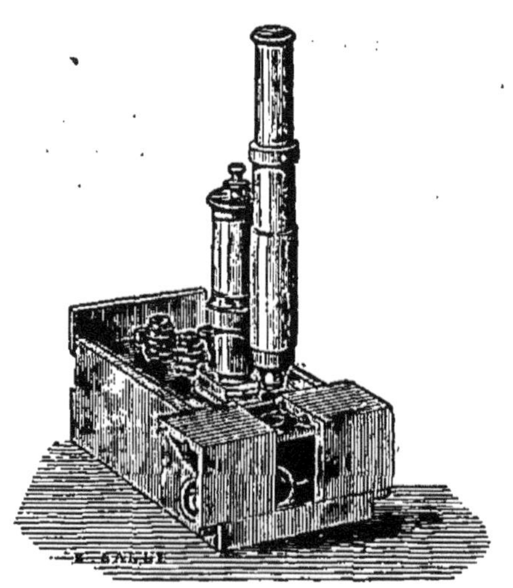

Fig. 8. — Microscope portatif monté, de Nachet.

des deux tubes, qui permet à tous ces drames de se
dérouler devant nous. Au lieu de suivre la route vulgaire, classique, le faisceau pénètre dans l'appareil

par la partie supérieure du tube vertical. Il descend, puis il remonte repoussé le long de la branche inclinée par la réflexion totale, et vient frapper l'œil embusqué derrière la lentille.

Il n'y a pas de cire molle aussi docile que la lumière : on peut la faire monter, descendre, entrer,

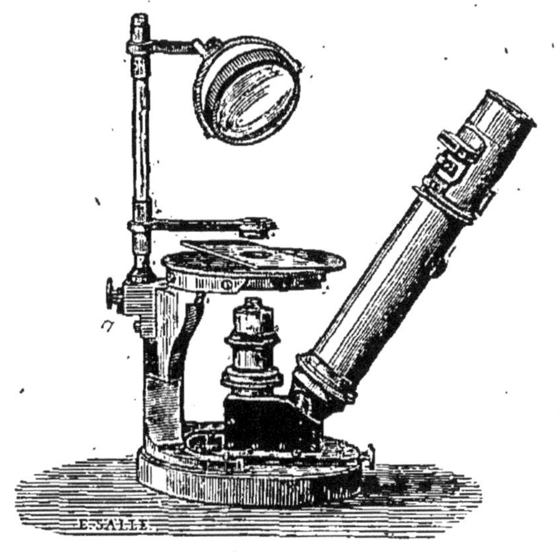

Fig. 9. — Microscope servant aux réactions chimiques.

sortir, de toutes les manières possibles, s'étaler et se resserrer pour s'étaler encore.

Le mot « impossible » n'a pas été certainement inventé par un opticien.

La station verticale vous déplait-elle, voulez-vous un rayon un peu penché, voilà un modèle oblique qui vous donnera l'inclinaison qui peut vous convenir. Vous le voyez bien, nous n'avons que l'embarras du choix. Quant au grossissement, il n'est point arbitraire, en ce sens qu'il ne peut pas être poussé indéfiniment loin. La lentille qui saisira l'atome n'est point encore fondue! Mais on aurait grand tort de prétendre qu'on est arrivé près des limites de grossissement, dernier, ultime. Insensés ceux qui voudraient enfermer l'op-

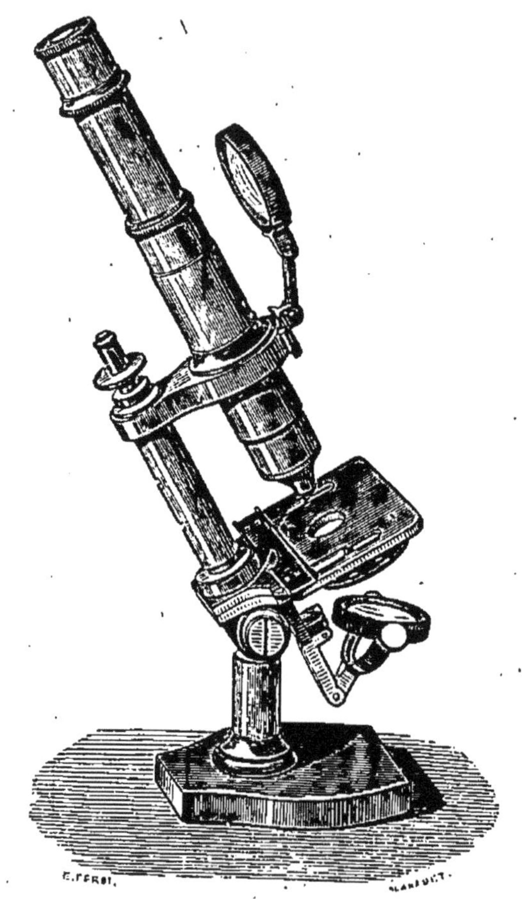

Fig. 10. — Microscope d'étude.

tique dans un cercle d'obscurité et dire à l'œil : Toi, tu n'iras pas plus loin !

Aussi insensé serait l'astronome qui dirait : *Voilà la dernière nébuleuse.*

Nous sommes libres de nous mouvoir dans des limites qui devraient nous satisfaire, si le terme de notre ambition scientifique n'était la conquête de l'infini, cette toison d'or de l'intelligence. Si malheureusement nous pouvions nous débarrasser de nos appétits immenses, nous aurions à chaque instant de belles chances de nous montrer satisfaits !

Tout en conservant provisoirement ces instincts sublimes, si jamais, vous voulez vous mêler de faire le métier de chercheur, méfiez-vous des moyens compliqués, vous verrez que les outils les plus simples sont presque toujours les seuls qui puissent permettre d'arriver au but. Les Christophe Colomb ne s'embarquent pas sur des frégates cuirassées, mais sur de modestes caravelles. C'est avec des loupes vulgaires, dont nos écoliers ne voudraient pas, que les Swammerdam et les Leuwenhoek ont commencé à déchiffrer la Bible de la nature.

Qu'est-ce donc que la vue du savant? N'est-ce point, la plupart du temps, une sorte de sublime divination ; ce que l'on voit sert pour ainsi dire de prétexte pour saisir ce que l'on parvient à comprendre, c'est-à-dire ce que l'on ne voit pas encore.

V

DES ERREURS QUI SE GLISSENT DANS LES OBSERVATIONS

La pesanteur semble une force qui, jalouse de l'étendue des êtres vivants, limite étroitement la dimension à laquelle ils peuvent arriver. Qu'est-ce en effet que la longueur de la baleine à côté de celle de notre glorieuse sphère ! Mais plus les animaux sont petits, plus ils échappent à la domination de cette tyrannie astronomique, dont la puissance despotique se fait sentir sur toutes les faces de la vie.

Dans les infiniment petits, la Nature vivifiante est véritablement chez elle et semble agir en toute liberté. On dirait qu'elle s'abandonne à ses caprices, on pourrait presque croire qu'elle ignore s'il existe une loi d'attraction découverte par un nommé Newton.

La substance gélatineuse qui lui sert à fabriquer tant d'êtres imprévus paraît une espèce de fluide vivant, d'où la grande enchanteresse tire toutes les merveilles qu'il lui prend fantaisie de réaliser. Elle improvise mille types bizarres à l'aide de cette matière équivoque, recueillie sur les limites du monde tangible, qui est bien le Protée non de la Fable, mais de la réalité. La main mystérieuse prélude sur une humble échelle aux essais d'organismes qu'elle sculptera ultérieurement à l'aide d'une chair moins flexible et moins coulante. Car nos tissus cartilagineux et musculaires sont à cette substance malléable ce que le bronze et le fer sont à l'argile plastique, à l'aide de laquelle nos sculpteurs modèlent leurs premiers essais.

Nous serions bien coupables d'oublier que notre imagination transforme à chaque instant les impressions que nous éprouvons. Dans les circonstances les plus ordinaires de la vie, nous modifions bravement le monde extérieur, le monde vulgaire, celui que nous touchons par tous nos sens à la fois. Nous le voyons lui-même tel qu'il nous semble devoir être, et non point tel qu'il existe en réalité. Que serait-ce, si nous laissions librement travailler la folle de la maison dans ces spectacles où la Nature semble nous donner l'exemple de toutes les débauches d'imagination? Il n'y a point jusqu'à l'éclairement de notre théâtre microscopique, qui ne soit favorable aux effets fantastiques, qui ne donne à lui seul une sorte d'hallucination.

Demandez aux curieux qui s'en vont sur le Pont-Neuf voir la goutte d'eau du micrographe en plein vent, s'ils ne croient pas entrer dans un monde imaginaire, s'ils sont bien convaincus de l'existence des monstres qui peuplent la goutte-océan. Les savants finissent par s'y habituer, ou plutôt ils croient se dégager de l'impression, mais la mise en scène a toujours quelque chose qui fait penser au sortilége.

Tous les microscopes sont associés à une lentille supplémentaire, à un réflecteur qui réunit une énorme quantité de lumière. Voilà sans doute de quoi garantir l'observateur le plus crédule contre le danger des ténèbres? Erreur!

Car le pouvoir grossissant des lentilles du dedans étale le faisceau que les lentilles du dehors ont concentré. Comme toujours, la prodigalité n'a pas de peine à dissiper ce que l'avarice a rassemblé.

Malgré tous nos efforts, nous ne parvenons jamais à éclairer suffisamment la route et nous voyageons, constamment enveloppés dans une espèce de crépuscule.

Nous nous plongeons dans une demi-teinte que je comparerais à celle qui règne sur la terre, alors que le soleil vient de disparaître, ou plutôt lorsque le jour va revenir.

Ceux à qui les grands nombres font tourner la tête dédaignent de faire usage des microscopes modestes : ils se jettent de prime-saut dans les centaines de diamètres. Mais que voient-ils avec les gigantesques instruments dont ils ne peuvent diriger le tir? Au contraire les éclaireurs d'avant-garde n'ont jamais dédaigné de faire usage de la loupe modeste.

N'oublions point que notre artillerie optique est comme l'autre, elle est d'autant plus difficile à pointer qu'elle doit porter plus loin.

Nous sommes moins sûrs de nos sens que lorsque nous nous trouvons dans une stalle d'orchestre, en face de la rampe qui nous sépare de ce monde de convention qu'on nomme le théâtre. On se moquerait de nous, si nous soutenions que les tragédiens s'aiment, se haïssent, ou se suicident de désespoir. Devons-nous donc avoir une foi plus entière dans la grande comédie que donne devant nous la Nature, comédie dont le prologue et surtout le dénoûment nous échappent?

Tout est obstacle pour nous, rien qui ne puisse devenir chimère, matière à illusion.

Le grossissement commence naturellement par s'exercer sur l'instrument du grossissement lui-même. Le premier acte du microscope est de mettre en évidence les imperfections du verre où on l'a taillé. C'est une espèce d'aveu, de confession arrachée aux lentilles, qui commencent par se montrer indignes de leur mission. Elles semblent honteuses de se révéler avec des stries, des bulles, marques d'imperfection qu'il est presque impossible d'éviter dans les œuvres humaines qui, ayant un auteur fini, ne sont jamais parfaites que jusqu'à un certain point.

Mais ce n'est pas assez de se défier systématiquement des instruments que l'art prépare. Il faut encore apprendre l'art plus difficile de se défier de soi-même, des lentilles naturelles qu'on porte en soi.

Le cristal organique que la lumière traverse avant de frapper la rétine, est également affecté de stries, de bulles, variables comme la santé, comme les dispositions nerveuses du moment. Il suffit de quelques globules colorés se promenant dans les vaisseaux qui ne leur sont point destinés pour produire des troubles, pour montrer peut-être des monstres, des effets inattendus qui viendront renverser nos plus subtiles conceptions. Pauvre raison exposée à tomber dans des chemins de traverse, parce que les capillaires du globe de l'œil ne peuvent empêcher quelques gouttes du sang qui remplit nos veines ou nos artères de se placer entre notre retine et le monde.

Un des plus dangereux ennemis du micrographe, ce sera surtout le micrographe lui-même. Il devra se défier de la vapeur de son haleine, de ses doigts, de celle même qu'exhalent ses yeux.

Mais il faut craindre, par-dessus tout, des objets d'autant plus terribles qu'ils sont plus petits et que, dans les observations à la vue simple, on pourrait plus franchement les dédaigner!

Redoutez, comme pouvant devenir l'origine d'une erreur grossière, la chute de ces poussières sans nom, qui voltigent dans les vagues diaphanes de l'océan aérien. Devant le microscope tout commence par prendre une forme vivante. L'intelligence déborde partout et l'inertie n'a de place nulle part.

Quelle étrange histoire n'aurait-on point à raconter si l'on recueillait toutes les erreurs de la vue multipliée par la puissance de la vision artificielle! Faut-il s'en étonner, puisque la vue se trompe si souvent même dans le monde vulgaire, où l'on n'est point exposé à prendre cependant une fourmi pour un éléphant?

Tantôt on reconnaîtra avec stupéfaction que les lentilles attirent des brins de laine heureusement reconnaissables à la couleur qu'ils ont reçue; une minute après on verra apparaître des fibres de chanvre, des brins de lin et de coton, dont le microscope ne pourra pas nous donner l'histoire.

D'où viennent ces barbules de plume? du duvet de quel oreiller se sont-elles détachées? De quel sein le zéphyr a-t-il enlevé ces mignonnes écailles? Voilà des

globules que le vent a enlevés aux guirlandes d'une
fête, et peut-être au modeste bouquet de quelque laborieuse ouvrière. Le souffle des vents est un véhicule
d'une puissance incommensurable ; à 3000 mètres audessus de Paris, j'ai vu un fil de la Vierge, arraché à
quelque prairie, flotter autour de nous, et s'accrocher
à la nacelle. Gonflez-vous en paix, avides pistils,
des doux sucs du printemps : pour vous travaille la
lointaine étamine ; le zéphyr qui caresse la gentille corolle donne des ailes au pollen béni !

Un jour on trouvera des poils d'animaux domestiques, qui viendront intriguer les débutants. Le lendemain l'observateur expérimenté découvrira des débris de plantes dont il lui sera impossible de dire le
nom, car elles sont encore inconnues dans nos herbiers.

Si l'on pouvait faire l'analyse du butin que nous apportent les orages, on saurait décrire les pérégrinations des tempêtes. Le microscope dirait dans quelles
régions elles ont dû prendre naissance. Nous devinerions peut-être ce qu'est la végétation des plages mystérieuses du pôle et la flore des contrées inconnues de
l'Afrique équatoriale. Le microscope devancerait Barth,
Speeke, Lambert et Franklin.

Si, à force d'habileté et de précaution, on était assuré
d'arrêter tout ce qui se passe dans l'air, la paix renaîtrait dans nos académies. Mais nous ne savons encore
sûrement distinguer les écailles de poissons de la légère poussière qui couvre les ailes des lépidoptères !
Qui peut être assuré jamais de saisir jusqu'au dernier
de ces véhicules incompréhensibles qui, inertes euxmêmes, transportent le feu sacré, la flamme divine, la
vie !

Est-ce un germe si petit qu'il échappe au microscope qui vient donner le signal, précipiter l'évolution, développer une série indéfinie de transformations enchevêtrées les unes dans les autres? Est-ce du dedans ou du dehors que se produit le choc qui fait que le tourbillon se met en branle? La matière est-elle active ou passive? C'est ce que le microscope nous montrera, en nous révélant partout l'usage d'un plan d'organisation dont l'être organisé n'a pas conscience. Quelquefois il ne voit pas ce qu'il fait lui-même, comment voudrait-on qu'il vit toujours ce que l'on fait sur lui?

Pour se débarrasser des poussières, ce qu'il y a certainement de mieux à faire, c'est de plonger les objets dans l'eau ou dans un autre liquide transparent. Mais est-ce que l'on ne sera pas, par compensation, exposé à prendre pour des êtres extraordinaires les simples bulles d'air qui se trouvent emprisonnées dans ces milieux transparents? Il y a dans la nature une telle tendance à l'organisation, que tout paraît fait de propos délibéré.

Du moment que les molécules gazeuses ont pénétré entre les filaments d'une plante fibreuse, on les voit singer les formes de la vie. Quelquefois la lame de verre qui recouvre le liquide attire de très-petites gouttelettes qui se déposent avec une régularité si grande, que l'on croirait avoir sous les yeux un tissu végétal.

Il n'y a pas jusqu'aux sels contenus dans l'eau la plus pure que l'évaporation progressive ne concrète en forme régulière. Il arrive un moment où l'on voit surgir devant soi des cristaux très-embarrassants quand on n'est point assez bon minéralogiste pour reconnaître leur nature. Souvent le contact de l'eau et de poussières très-ténues donne naissance à des mouvements qui paraissent spontanés.

Ces trompeurs signes de vie ont été découverts, à la fin du siècle dernier, par Brown, médecin anglais de génie, qui termina dans une prison son existence malheureuse et tourmentée. Ce déshérité légua à la science, peut-être pour se venger, non une solution, mais un problème, paradoxe dont la logique académique n'a point su se délivrer.

Quel triomphe! surprendre en flagrant délit d'action volontaire et spontanée les dernières molécules des corps, les atomes de Lucrèce! Mais comment admettre que cette motilité, cette espèce de libre arbitre puisse se trouver dans les fragments des pierres, des métaux eux-mêmes? Par quel miracle expliquer que ces corps acquièrent, lorsqu'ils sont réduits en particules d'un faible diamètre, les propriétés vitales dont leur ensemble est manifestement dépourvu?

Si ces poussières vivaient, la chaleur les tuerait facilement; mais il arrive au contraire qu'un flot de calorique les rend plus actives. N'est-ce point une révélation? Ne voyez-vous point que ces petits corps mettent en évidence les tourbillons que le liquide le plus paisible renferme en nombre infini dans son sein?

Souvent un infusoire qui parcourait tranquillement le champ du microscope, disparaît victime d'une espèce d'explosion intérieure. Cet être invisible, qui avait une existence individuelle aussi incontestable que le mastodonte et l'éléphant, se résout en poussière. Ne dirait-on pas que sa vie mensongère consistait précisément dans l'effort suffisant pour maintenir ensemble des molécules disposées à se fuir dès que la force générale d'agrégation se trouve supprimée? Un ressort secret joue, le masque tombe, il reste de la matière disponible pour créer de nouveaux organismes; soyez sans inquiétude, elle ne tardera pas à rentrer dans la grande circulation des vivants.

Voilà qui est plus fort que le loup de Hobbes : ne pouvant se dévorer, les molécules associées par une force extérieure parviennent au moins à s'éviter. Quelle est donc cette vie mystérieuse conservant l'individualité d'un être dont le corps semble toujours à la veille de faire explosion ?

Ce que nous venons de vous avouer a dû ébranler quelque peu votre confiance dans la réalité des merveilles que nous allons successivement vous décrire. « Encore si l'on pouvait regarder avec ses deux yeux, au fond de cet instrument étrange, on pourrait avoir quelque chance de ne pas se tromper, » vous exclamerez-vous sans doute avec découragement, car vous savez bien qu'on ne peut obtenir la notion du relief qu'au moyen de deux images individuelles, peintes chacune au fond d'un de nos cristallins. Avec un seul œil, vous savez bien qu'on ne voit que la projection des objets sur un plan idéal ; leur matérialité échappe ; on est exposé à confondre l'ombre des choses avec les choses elles-mêmes.

Ces critiques sont fondées, ou plutôt elles l'étaient, car les opticiens ont inventé une combinaison de deux tubes qui permet de mettre en action les deux rétines et de traiter la scène microscopique comme celle de l'Opéra, que l'on explore si commodément avec une jumelle. Le faisceau de lumière rencontre sur sa route un prisme qui le brise en deux fractions, recueillies chacune par un tube particulier muni de son oculaire et derrière lequel nous pouvons placer un de nos deux yeux.

S'il n'y avait d'autre objection que celle que vous venez de faire, vous avouerez que vous seriez guéri de

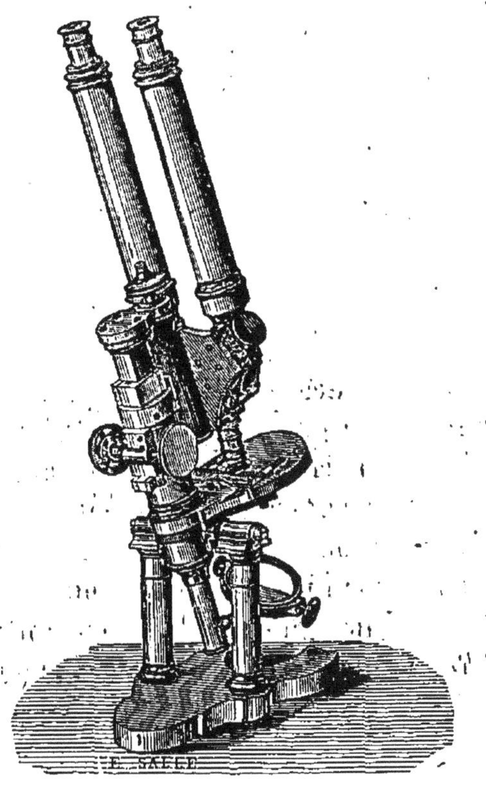

Fig. 11. — Microscope jumelle.

vos scrupules; mais vous connaissez le fameux proverbe : un témoin, pas de témoin. Il paraît donc indispensable de disposer le microscope de manière que plusieurs observateurs puissent simultanément assister à nos petits drames intimes. Quel intérêt ne serait point ajouté aux démonstrations, si les élèves pouvaient suivre les paroles du professeur sans perdre un seul mouvement des infusoires!

.Ne suffit-il pas d'écarter les deux tubes du microscope jumelle, de les disposer de telle manière que deux .observateurs puissent regarder ensemble? Qui

Fig. 12. — Microscope à trois corps, de Nachet.

empêche de les multiplier, d'en mettre trois, peut-être quatre, de créer des loges pour trois ou quatre spectateurs? Malheureusement la division du faisceau incident en deux, trois ou quatre branches, affaiblit l'éclat de la lumière qui constitue chaque image. Le nombre des loges est donc limité par la diminution de la clarté. Mais l'invention du microscope solaire a permis de faire assister des centaines, des milliers de personnes aux scènes les plus instructives, les plus émouvantes du monde microscopique.

L'image qui a traversé l'objectif nous appartient comme une conquête dont nous pouvons faire jouir les autres sans diminuer la part qui nous en revient. Nous

Fig. 13. — Microscope solaire.

ne sommes point réduits à la recueillir sur notre rétine, un plaisir égoïste; nous pouvons épanouir les rayons dans un cadre lumineux.

Pour produire une illusion magique, il ne faut qu'une seule chose : de la lumière, toujours de la lumière! Quand le soleil se montrera, nous lui emprunterons avec une lentille un assez large faisceau pour qu'il nous soit permis d'être prodigue de clarté!

Lorsque l'astre fera défaut, nous aurons recours au feu que l'acide sulfurique, grâce à l'acide nitrique, peut tirer du zinc roulé. Nous pourrons encore employer la flamme de la lampe oxyhydrique, telle que

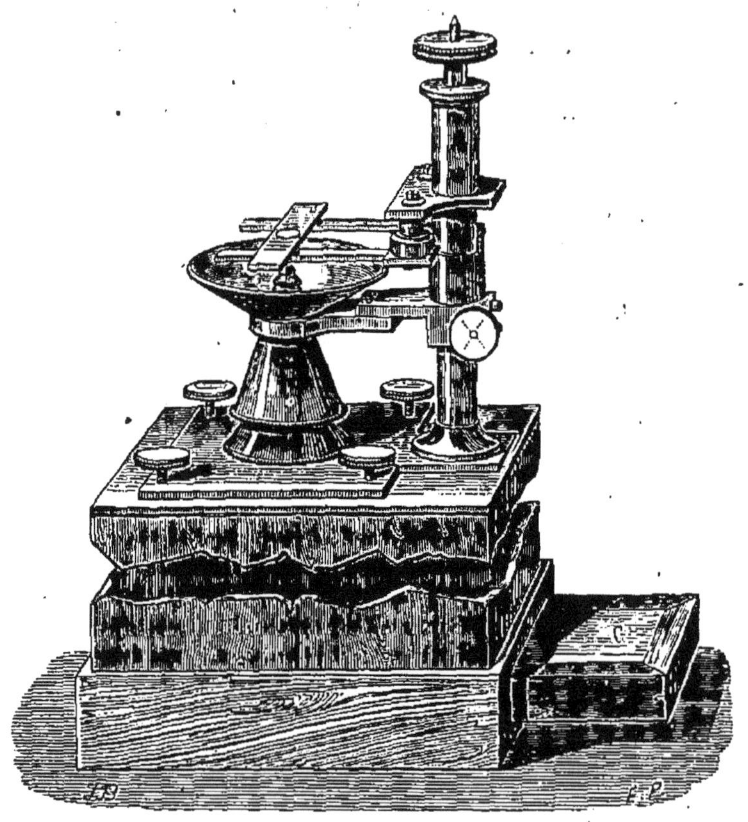

Fig. 14. — Microscope photographique.

M. Molteni la prépare pour mes conférences. Éclairons, éclairons toujours! jamais nous n'éblouirons les spectateurs. Il n'y a que les animalcules inondés par ce soleil qui souffrent de la chaleur que la lumière développe en se heurtant sur les objets dont elle apporte l'image jusqu'à notre cerveau. Prenons garde de répéter

malgré nous l'expérience de la lampe ardente d'Archimède et de tout réduire en vapeur.

Que la lumière elle-même vienne faire le métier de
peintre! Que les impressions fugitives de la chambre
obscure soient rendues authentiques et indestructibles!

Une fois enregistrés par la photographie, ces aveux
de la nature sont dans les griffes de la science, l'image
peut être examinée à la loupe, au microscope même.

La science, trahie par le papier dont les aspérités
sont innombrables, ne pouvait se servir jusqu'au bout
d'une propriété aussi précieuse. Les pellicules que
M. Dagron a découvertes pour la photographie de ses
dépêches du siége, a permis de faire un pas de plus.
Ce patriotique effort, inutile pour sauver la patrie,
ne sera point perdu pour la science.

N'est-ce point la lumière qui vient au secours de la
lumière? N'est-ce point la lumière qui nous permet de
descendre dans l'intérieur des objets les plus ténus?
Ce n'est point sa faute si nous échouons dans notre
tentative d'arracher à la nature le secret de son organisation.

VI

Supposons que, comme Fontenelle et Lucien, nous cherchions à décrire le séjour des sages, à donner une idée de ce lieu de délices intellectuelles. Irons-nous supposer que les Archimède, les Newton, les Socrate, les Diderot, sont obligés de se contenter de cette lumière imparfaite qui illumine nos paysages d'ici-bas.

Nous placerons dans nos Champs-Élysées un astre dont les rayons, plus lumineux que ceux de notre soleil, mettront en relief mille différences trop subtiles pour nous être révélées par la vision. Nous admettrons qu'une récompense des grands hommes qui demeurent dans ce séjour d'élite est d'apercevoir directement et sans effort les choses qui sont hors de la portée de nos sens grossiers, de saisir sans démonstration les vérités, que notre intelligence ne fait jamais qu'entrevoir après de pénibles efforts.

Pour donner aux rayons de notre soleil des facultés analogues, il n'est pas nécessaire d'avoir recours à des incantations, il suffit de les obliger à traverser un prisme de quartz hyalin. La seule précaution à prendre pour qu'ils nous peignent l'histoire du monde moléculaire est d'ajouter au microscope un écran translucide. On dirait une couche de verre, épaisse d'un millimètre? Bien faible étape pour un courrier qui ferait sept ou huit fois le tour du monde en une seconde! O merveille! la lumière n'a paru ni diminuer ni augmenter d'intensité, cependant elle est aussi profondément transformée que l'eau lorsqu'elle a été réduite en gaz. Les deux éléments qui la composaient ont été modifiés par la plus merveilleuse des métamorphoses.

Ce n'est plus cet agent brutal qui met en relief ce que nous nommerons le gros des différences, et revêt d'une sorte de livrée uniforme les objets les plus dissemblables. Elle est devenue pareille à celle que doit rayonner le soleil des sages, dont nous parlions tout à l'heure !

Chacune des sessions de l'Association britannique se termine par une fête microscopique. La lumière polarisée fait les frais de cette splendide exhibition des propriétés intimes des choses. Les fanons de baleine, les poils, les cheveux coupés transversalement et longitudinalement, font briller de curieux détails intimes.

Employez les rayons ordinaires, vous aurez un mal infini à suivre des fils grossiers, feutrés les uns contre les autres; mais placez notre talisman transparent entre l'objet et la lentille, vous dissiperez une sorte de brouillard qui cachait une texture merveilleuse. La prose finit, c'est la poésie qui commence.

J'ai vu à Brighton de jeunes filles aux yeux bleus, aux cheveux d'or, oublier la danse pour admirer, pendant de longs quarts d'heure, ces magnifiques franges argentines, ces étonnantes enluminures si délicates. On dirait que les pinceaux de la reine Mab ont pris plaisir à suivre les fantastiques contours.

Les instruments étaient rangés sur deux longues tables, occupant toute la longueur de la grande salle du Pavillon où le prince régent donnait des fêtes échevelées; chaque appareil était manié par un artiste, de sorte qu'on pouvait dire que l'Association donnait dans ce palais jadis si bruyant et si profane un véritable concert de couleurs!

Quelquefois la lumière polarisée était reçue par une lame de quartz ou de sulfate de chaux. Alors les teintes de l'iris se montraient aussi distinctes que sur la pluie quand elle tombe vers l'orient lorsque le jour est près de finir. D'autres fois on apercevait une sorte de chatoiement harmonieux qui plaçait la rétine dans une sorte d'extase.

Si notre atmosphère était emprisonnée dans une enveloppe de cristal de roche que la lumière devrait traverser avant de parvenir jusqu'à nous, nous serions éclairés par cette lueur subtile, par ces rayons que les physiciens auraient dû appeler poétiques et non pas seulement extraordinaires.

Si notre cristallin était constitué d'une manière convenable, nous n'aurions alors qu'à cligner des yeux pour évoquer toutes ces teintes.

Les ombres seraient remplacées par des couleurs merveilleuses. Nous verrions d'immenses surfaces d'eau, de sable et de neige perdre leur monotonie à certaines heures de la journée et rivaliser d'éclat avec les plus brillants parterres. Une foule de nuances vagabondes, changeant avec la hauteur de l'astre au-dessus de l'horizon, apporteraient dans tous les paysages un nouvel élément d'harmonie. Si nous regardions avec plus d'attention ce qui se passe autour de nous, nous saurions mieux nous faire une idée de ces merveilles. Si nous errions plus souvent dans les glaciers, si nous étions familiers avec les mystères des pôles, nous pourrions nous faire quelque idée de ces effets à la fois poétiques et terrifiants, qui seraient alors communs dans toutes les régions terrestres.

Le contact des aiguilles de glace qui flottent constamment dans les hautes régions, produit dans ces régions désolées, mais merveilleuses, des effets analogues. Si l'on regarde le firmament à travers le polariscope d'Arago, on verra des couleurs envahir d'immenses régions, et enlever au ciel l'homogénéité de son azur.

Armé d'une simple lame de cristal, un observateur égaré dans ces solitudes fait jaillir sur ces paysages austères des teintes sublimes que nulle palette humaine ne saurait réaliser.

Il n'y a aucune partie du monde qui ne renferme des trésor inouïs. Ce que la nature nous refuse sous une forme, elle le donne sous une autre. Les merveilles du froid sont une compensation des souffrances qui assaillent les explorateurs.

Grâce à ces splendides attractions, la balle prussienne qui a frappé Gustave Lambert, n'empêchera pas la conquête du pôle Nord. Les Scandinaves, les Américains, les Autrichiens, se lancent au grand assaut avec un enthousiasme croissant d'année en année. Le progrès ne s'arrête pas parce que la France, hélas! se repose.

VII

LA GOUTTE-OCÉAN

Approchons-nous rapidement de cette mare fétide, dans laquelle se précipitent une infinité de petits ruisseaux qui la changent presque en égout; si la population riveraine n'était sans cesse renouvelée, il y a longtemps que cette maudite flaque d'eau empesterait un petit désert. Mais comme nous ne sommes point assez maladroits pour élire domicile dans un pareil voisinage ces matières putréfiées feront merveilleusement notre affaire; profitons impitoyablement de l'ignorance de ces pauvres gens qui s'étonnent, hélas! que le choléra les moissonne de préférence.

Cette pourriture va nous servir à reconnaitre que la dépouille des êtres qui ont vécu ne reste jamais oisive. Une existence consommée, c'est une place à prendre, c'est un coup donné dans le métier éternel du temps.

Une maille passe et une autre se prépare à passer à son tour.

Pour qui sont ces serpents qui s'agitent sous nos yeux? que viennent-ils chercher dans la goutte-océan qui leur sert de patrie et dont l'immensité confond sans doute leur raison? Ils poursuivent des êtres presque sphériques. Ils chassent des points noirs excessivement agiles, quoiqu'on ne leur voie pas de moyens de locomotion. Tous, bourreaux et victimes, chasseurs et gibier, semblent animés d'une véritable fureur. Ils se poursuivent, se dévorent et se digèrent avec tant de rapidité que vous ne pouvez pas toujours distinguer celui qui mange de celui qui est mangé.

Vous avez le vertige, je le vois bien, en regardant ce tourbillonnement fascinant, ce bouillonnement d'êtres animés. Mais il faut vous habituer à tenir la tête à cette espèce de lucarne, véritable œil-de-bœuf, jour de souffrance pratiqué sur le mur mitoyen de l'infini. Vous voyez ces petits points noirs dont je vous ai parlé, et que je vous montrerai un jour avec un plus fort grossissement? Eh bien, ce sont des animaux, que dis-je, je me permettrai de dire que ce sont plus que des animaux.

Quoi! plaisantez-vous? Ce sont des dieux alors... Est-ce bien sérieusement que vous avez l'intention de nous montrer des divinités au fond d'une goutte d'eau?

Non, évidemment, ce n'est pas ce que j'ai voulu dire. Mais, en réalité, ces points invisibles sont des collections d'animaux, de véritables sociétés naturelles; non pas analogues à la société humaine dont nous faisons partie, qui, composée d'individualités intelligentes, a un corps et ne tombe que sous l'œil de la raison;

ce ne sont point de ces organismes moraux progressifs, mais une communauté de chairs et de squelettes ; en un mot, un véritable polypier ambulant !

Vous le savez, il y a des gens qui ont une explication prête pour tout phénomène ; le ciel leur tomberait sur la tête, qu'ils ne le soutiendraient pas à la pointe de leurs lances, comme nos durs aïeux les Gaulois ; mais, avant d'être écrasés, ils trouveraient le temps de donner la raison de ce phénomène gênant. Certains naturalistes étrangers, forts en hypothèse, ont donc imaginé qu'il suffisait de ranger l'énigmatique infusoire dans le règne des végétaux. Satisfaits d'avoir découvert ce grand fait, ils ont dormi sur leur gloire ; mais, si vous m'en croyez, vous continuerez bien naïvement à admirer des phénomènes qui ne seraient pas moins étranges s'ils appartenaient à la végétation. Si le grossissement était un peu plus fort, vous verriez une espèce de brouillard, produit par l'agitation de l'eau, envelopper cette petite sphère. Si le microscope avait un pouvoir quadruple seulement, je me ferais fort de vous faire reconnaître que ce mouvement si étrange du milieu ambiant est produit par l'agitation des poils dont notre petit hérisson ambulant est couvert. Mais, comme vous le voyez, ces poils ne servent pas d'armure comme ceux du paisible insectivore. Ce sont autant de jambes, je devrais dire de nageoires, que l'animal fait manœuvrer à son aise.

Je ne chercherai point à évaluer le nombre des poissons invisibles qui ont pour patrie cet humide diamant presque évaporé depuis que nous causons ensemble.

Mais je dois vous faire comprendre comment il arrive que l'éparpillement des existences ait lieu de telle sorte que, le microscope en main, nous les voyons s'émiettant jusqu'à l'infini.

La substance susceptible d'être animalisée peut être considérée comme un atome étalé à la surface de la terre, atome que les rayons du soleil divinisent, qu'ils imprègnent d'amour et de mouvement.

Cette matière première de toute vie pèse moins, relativement au poids de la sphère qui la porte, que la peinture qui couvrirait une mappemonde de dix mètres de rayon! Un globe géographique comme celui de la Bibliothèque nationale est plus surchargé de noir que notre monde ne l'est par ses plantes et ses animaux. Toute proportion gardée avec notre Sphère, il faut moins de substance à la nature pour faire éclater sa gloire depuis les régions du feu jusqu'à celles du froid éternel! Pour tracer à la hâte un grossier croquis du contour des océans, du relief des chaînes de montagnes et de la course des fleuves nos géographes usent relativement plus d'encre qu'il n'y a de sang dans toutes les veines de l'humanité, que dis-je? qu'il n'y a de chair dans le corps de tous les vivants.

Cet infiniment petit suffit aux forces mystérieuses pour tisser le glorieux manteau de cette boule qui roule toujours en se dirigeant vers des destinées inconnues. Si cet actif commun, ce patrimoine organique des espèces végétales et animales, était anéanti, les éléments dynamiques nécessaires à la vie de l'astre seraient à peine altérés. Les astronomes voisins de notre véhicule cosmique ne s'apercevraient pas qu'il laisse tomber dans les espaces les grains de poussière qui constituent sa gloire.

La perte de poids résultant de cette catastrophe serait celle que nous éprouvons lorsqu'on nous arrache un cheveu, que dis-je, un poil follet... Et encore! — Mais la vie sait s'emparer de la dépouille des êtres, si bien qu'on peut dire qu'elle ne laisse rien traîner. Un gramme de cadavre mis en monades suffit pour en fabriquer mille milliards ; avec cette matière première elle produirait huit cents fois plus d'animaux microscopiques qu'il n'y a d'animaux humains dans les cinq parties du monde.

Nous trouvons tant de choses dans une masse si petite qu'il faut prendre garde d'aller trop loin et de croire que le microscope nous permet de nous dispenser de la matière. Quelques gouttes d'eau, quelques atomes de la substance vivifiable qui, depuis que la vie pare la surface de ce monde sublunaire, a revêtu tant de formes différentes, voilà ce que nous empruntons à la terre. Un rayon de soleil, ou bien un peu de chaleur, c'en est assez pour que nous puissions étudier les mœurs d'animalcules bizarres, dont la plupart n'ont point encore reçu de nom. Ceux qui viennent d'éclore sont-ils des nouveaux venus dans notre monde, formés par une espèce d'insurrection des atomes qui, s'indignant de rester oisifs, se précipitent vers des destinées inconnues?

Proviennent-ils, au contraire, des germes que l'atmosphère contient en nombre infini dans ces flots? Ces monades, ces rotifères, ces colpodes, ces tardigrades, sont-ils les frères de ceux que d'autres ont étudiés avant nous? Ce n'est point au microscope, mais à la raison qu'il faut demander la solution de ce grand problème, car la puissance des lentilles ne peut certainement triompher du germe.

Quelle dimension voulez-vous qu'atteigne le germe de la monade, qui ne peut assez grossir pour surpasser

de taille le germe des animaux supérieurs, et qui,
lorqu'il est à l'apogée de son développement, nage con-
fusément encore à la limite du monde invisible? Que
peut peser la graine d'un être qui ne pèsera jamais
lui-même que le millionième du millionième d'un
gramme?

C'est dans l'été de 1698 que le célèbre Leuwenhoek,

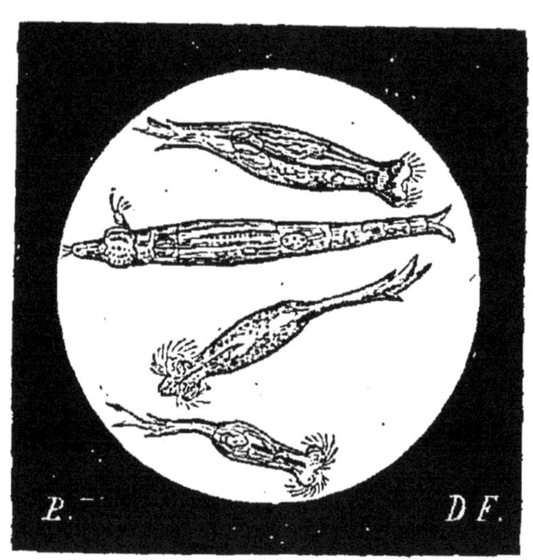

Fig. 15. — Rotifères.

Christophe Colomb des Amériques microscopiques, dé-
couvrit le monde invisible dans la vase d'un marécage
hollandais. Herschell de l'infiniment petit, il contem-
pla les globules translucides doués de la faculté de
tourner sur eux-mêmes sans cause assignable, sans
motif plausible. *Je me meus, parce que je veux me mouvoir*, voilà la seule réponse qu'il put tirer de ces sphères
obstinées à se cacher sous leur petit diamètre.

Leuwenhoek mourut sans avoir deviné comment le
volvoce pouvait naître. Il fallut regarder pendant un

siècle de plus, pour voir que cet être étrange s'ouvre à
certains moments pour rejeter des globules qu'il recélait
dans son sein et qui semblaient épier le moment de vivre.
Quand l'enveloppe maternelle a accompli son œuvre,
elle se dessèche et dépérit. Mais les êtres qu'elle a jetés
dans le monde continuent à grandir. Produits par une
espèce d'explosion, ils sont eux-mêmes destinés à dis-

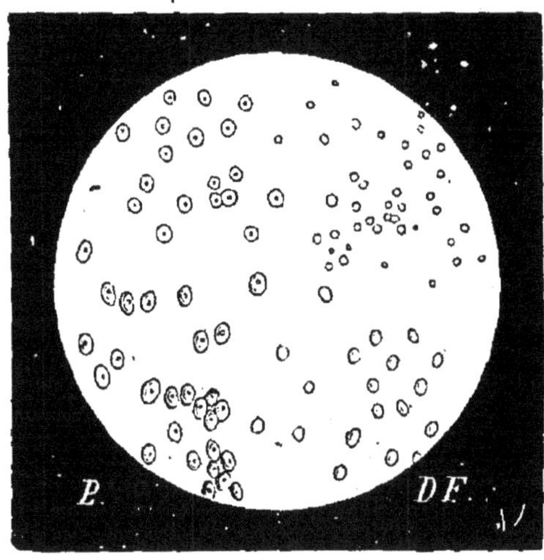

Fig. 16. — Monades.

paraître après avoir fait explosion à leur tour. Ils donneront la vie à leurs successeurs de la même manière
qu'ils l'ont reçue de leurs parents, et les générations
se succéderont avec une effroyable rapidité jusqu'à la
consommation des siècles, comme elles se précipitent
depuis l'origine des choses.

On pourrait croire que ces êtres qui se propagent
par détonations successives ne sont que de simples
bulles creuses. Mais le microscope nous montre que
ce petit ballon est plein d'un tas de choses. Ces points
imperceptibles ne peuvent pas être confondus avec des

atomes marchant en vertu d'attractions inéluctables
qui n'auraient pas besoin d'intermédiaire pour agir :
ce sont des corps pourvus d'organes multiples combi-
nés avec une science qui dépasse terriblement la nôtre.
Nous ne savons même pas comment agissent les organes que nous voyons fonctionner ! L'on y devine des
canaux dont le hasard n'a point criblé un corpuscule
qui n'a pas toujours un demi-millième de millimètre.

Si nous nous arrêtons ici, c'est à regret, je vous
l'assure, car ces monades sont remorquées par un mécanisme analogue à celui de la spirale d'Archimède.
Si l'on avait compris plus tôt le mode de locomotion
de ces menus nageurs, on n'aurait point attendu Sauvage pour remplacer les roues à aubes de nos bateaux
à vapeur.

Mais à la peine que nous avons à pénétrer jusqu'à la
monade, nous pouvons penser que nous ne nous avan-
cerons pas dans ce monde fuyant, cependant que la
monade doit être distante de la molécule, tout indivi-
sible quand la chimie ne l'entame pas ! En effet, notre
rétine perçoit très-distinctement des ondes lumineuses
dont l'amplitude de vibration ne s'élève pas à un millionième de millimètre. La longueur de l'ondulation
est à la monade ce que la monade est à un éléphant.
Nous ne tenons point encore les êtres assez petits
pour que le flux et le reflux de la lumière puisse les
faire tituber.

Au delà que reste-t-il encore ? L'inconnu, nuit profonde que nos microscopes se refusent à sonder, et
dans laquelle nos successeurs découvriront peut-être
quelque chose de plus grand que le monde lui-même,
LA VÉRITÉ !

VIII

L'ÉCRIN DE LA NATURE

Le cristal de quartz hyalin qui trône à l'entrée. des galeries de minéralogie du Muséum de Paris est certainement un des plus merveilleux monuments d'architecture naturelle que vous puissiez contempler.

Le premier objet qui frappe le visiteur dès qu'il a franchi le seuil du cabinet où sont entassées les reliques de la collection Hauy, est une sorte de diamant laiteux, de forme pyramidale, terminé par des faces admirablement polies et des arêtes vives, et se coupant sous des inclinaisons parfaitement régulières.

La lumière se réfléchit avec orgueil sur un aussi admirable joyau. L'éternité a laissé son empreinte sur ce chef-d'œuvre des forces mystérieuses qui président à la transformation des mondes.

Qui pourrait trouver assez de chiffres pour exprimer le nombre de fois que la terre a tourné dans son orbe, pendant que les attractions, patientes ouvrières, disposaient régulièrement ces légions de molécules? Des cycles innombrables s'écoulaient, sans que les tempêtes des océans primitifs vinssent troubler le repos parfait qui régnait dans la géode; car la pierre transparente ne laisse apercevoir ni marque d'imperfection, ni symptôme d'irrégularité quelconque.

Ces chefs-d'œuvre de la cristallisation lente sont rares. La majeure partie des roches ne semble montrer que le fruit d'une action désordonnée, tumultueuse.

C'est peut-être à dessein que la nature ne nous a point armés d'organes assez parfaits pour reconnaitre partout la trace de l'ordre qui règne autour de nous. Qui sait si elle ne sourit pas maternellement lorsqu'elle entend de pauvres aveugles blasphémer contre l'admirable ordonnance des choses nécessaires? Que les tristes matérialistes de l'école du grand Frédéric prennent un microscope, ils verront les cubes, les octaèdres, les dodécaèdres, tous ces petits diamants tomber par myriades des mains du divin lapidaire.

Les substances les plus communes peuvent nous fournir des spectacles admirables qui devraient suffire à nous convaincre. Si l'on pouvait réunir tout le sel marin qui est dispersé dans les océans, on pourrait en former un massif beaucoup plus élevé que le mont Blanc ou même le mont Rose. Voilà une substance dont la nature s'est montrée prodigue et qui ne semblerait avoir aucun prix à ses yeux. Cependant il suffira d'un milligramme dissous dans une goutte d'eau pour former une infinité de petits cubes diaphanes merveilleusement enchevêtrés. Si vous chauffez la liqueur, l'évaporation s'accélérera. Le tremblant édifice de ces cubes sera couronné par de charmantes pyramides.

Jamais vous ne fatiguerez la main invisible qui taille ces poussières si finement sculptées. Jamais vous ne surprendrez des solides compliqués se glissant dans la société de figures plus simples. Les habitudes des atomes ne changent pas plus vite que celles des astres. Elles sont aussi vieilles que l'orbe de la terre !

Ne croyez pas que cette merveilleuse persistance soit un obstacle à une variété non moins surprenante ; ces propriétés si tenaces ont cependant assez de flexibilité pour se grouper de mille manières différentes. Le sel ammoniac vous donnera des exemples remarquables de ce protéisme, qui n'est rien auprès des innombrables métamorphoses dont l'action de la vie nous montrera tant de merveilleux exemples.

On dirait que les forces physiques collaborent avec les énergies des atomes. En effet, la même solution laissera déposer tantôt des cubes, tantôt des octaèdres, peut-être même des trapézoèdres, si l'on fait varier de quelques degrés la température ambiante. Si vous accélérez l'évaporation au moyen de la lampe à alcool, vous verrez tomber rapidement dans le champ du microscope une série de petites barbes de plume, qu'on dirait arrachées aux ailes de quelque colibri invisible.

La nature des dissolvants agit également d'une manière très-énergique. Faites fondre dans un peu d'eau distillée quelques fractions de gramme d'un sel de brucine, vous verrez cristalliser des étoiles d'une régularité merveilleuse. Avec le sulfure de carbone, vous engendrerez une disposition singulièrement différente, mais dont la régularité ne vous semblera pas

moindre, si vous avez un microscope assez puissant
pour la mettre en lumière.

Le spectacle des infiniment petits donne naissance
à des sensations que l'on pourrait appeler infiniment
grandes. Comme la musique, la micrographie s'adresse
à tout le monde.

Ma mère me conduisit, il y a plus d'une trentaine
d'années, chez un démonstrateur de physique, qui
avait ouvert un cabinet d'expériences sur le boulevard des Italiens. J'ignorais alors ce que c'est qu'un
sel, qu'un acide, qu'une lentille; mais je tremblais
d'émotion en voyant tomber du ciel sur la terre de magnifiques arborescences. La vitesse avec laquelle l'é-
cran se recouvrait de végétations bizarres me paraissait le fruit de quelque sortilége.

Je m'attendais à voir réaliser devant moi les merveilles du petit Poucet et de la Belle au bois dormant.
J'aurais vu venir l'ogre, que j'étais parfaitement préparé à le recevoir.... en me sauvant à toutes jambes.

Je n'avais jamais vu briller autour du cou d'une petite fille ces perles adorables qui se rangeaient en chapelets chaque fois que la scène changeait.

Pourquoi ne mettait-on pas autour de la tête de la
sainte Vierge une couronne de petits dés obliques. Ils
étaient formés par ce que plus tard je sus être du sulfate de cuivre; mais en ce mement leur teinte azurée
me semblait la preuve d'une origine céleste?

J'admirai encore des cristaux pareils à ceux que l'on
tire de l'acide urique. C'étaient de petits rubis prismatiques, que j'aurais crus dignes aussi de décorer une
madone, si des rayons obliques ne m'avaient montré
une teinte d'un beau vert émeraude, que je soupçon-
nais d'avoir quelque rapport secret avec l'enfer.

J'ai vu... mais qu'est-ce que tout ce que j'ai vu, il y a vingt ans et plus, au prix de ce que vous pouvez voir vous-même avec quelque lentille et un faisceau de lumière à la Drummond? Alors on savait à peine ce que sont les aérolithes, ces pierres étranges qui tombent du ciel. On ne se doutait pas que l'infini des cieux nous envoie un monde susceptible d'être exploré à travers les besicles du sage! Ces hôtes du firmament sont criblés d'étranges géodes, de lignes heurtées semblables à des inscriptions runiques, à des caractères cunéiformes.

Voilà des Alpes de saphir, des Carpathes d'opale, des Saharas de cristal, des Vésuves d'émeraude. La lumière, cette messagère des espaces célestes, est en fête; on dirait qu'elle délire.

Est-ce que nous n'assistons point aux saturnales d'Isis?

Un jour prochain, sans doute, nos grands nécromanciens du boulevard se fatigueront de faire filer la balle du mousquet qu'ils déchargent. Qu'est-ce que l'escamotage de leurs muscades en comparaison du travail des puissances qui sont en état d'escamoter un monde?

Que valent donc leurs tours de dislocation anglaise, les pirouettes de leurs pantins électriques, en présence de l'équilibre éternel des lois naturelles? Est-il un tableau vivant qui puisse rivaliser avec ces teintes, ces arêtes, ces angles, ces plans entre-croisés, qui ne sont pas seulement admirables parce qu'ils renvoient une lumière chatoyante et qu'ils caressent doucement la rétine? Ils sont encore plus beaux, sans aucun doute, parce qu'ils révèlent un monde d'harmonie au milieu duquel le chaos de notre intelligence nous empêche seul de vivre.

Sachons bien que notre œil verra de nouvelles merveilles chaque fois que nous pénétrerons plus avant dans le règne, non-seulement de la nature vivante, mais encore de la nature inanimée. Ramassez les scories abandonnées de nos routes, et vous y découvrirez sans peine des cristallisations qui affectent la forme de fleurs ! Il en est du monde de la vue comme de celui de l'ouïe. Tous les sons ne sont pas musicaux pour nous, non parce qu'ils cessent en réalité de l'être, mais parce que la membrane de notre tympan est trop grossière.

Tantôt les phénomènes durent trop pour que nous puissions apprécier même leur existence ; tantôt, au contraire, ils sont trop rapides, et les fruits, qui n'ont point eu le temps de grandir, se présentent à nous comme le produit d'actions désordonnées. Quoique plongés dans un ordre éternel qui succède au passé et qui prépare l'avenir, nous doutons de l'harmonie, et non-seulement de la rationalité de la matière, mais encore de la rationalité de la raison même.

Que Victor Hugo emploie enfin son génie à deviner les passions de l'atome, qu'il nous peigne les combats de ces molécules qui se poursuivent avec tant d'acharnement : car elles se montrent de si merveilleux ouvriers, que nous devons nous autres, avoir du moins le talent d'apprécier leurs œuvres.

Si Byron eût armé don Juan d'un microscope, il eût deviné à quoi songe le caillou. Childe-Harold aurait brisé l'émeraude et aperçu la géode que remplit le gaz liquéfié par une pression épouvantable. Shelley n'aurait pas cherché la tempête dans les flots de la mer Tyrrhénienne. Il aurait deviné dans les flancs du saphir la révolte d'Islam. Il aurait peint ces franges qu'il n'a fait qu'entrevoir sur le manteau de la reine Mab.

Que dirons-nous de ces aiguilles sans pointe, de ces colonnes sans chapiteaux, de ces torsades sans fin, de ces rubans sans commencement enchevêtrés dans cette mêlée où toutes les formes, toutes les teintes, toutes les nuances viennent se marier, se pénétrer et se fondre? « Je sais bien que ces points n'ont pas d'âme, cependant il me semble malgré moi qu'ils obéissent à des appétits irrésistibles, désordonnés. Comme moi, pauvre molécule sensible, ces molécules que j'ai cru si longtemps inertes, savent-elles donc aimer et souffrir? »

CRISTALLISATION

Exemple des différentes formes que peut prendre une substance unique suivant les circonstances qui accompagnent la cristallisation.

Voilà le phosphate double d'ammoniaque et de

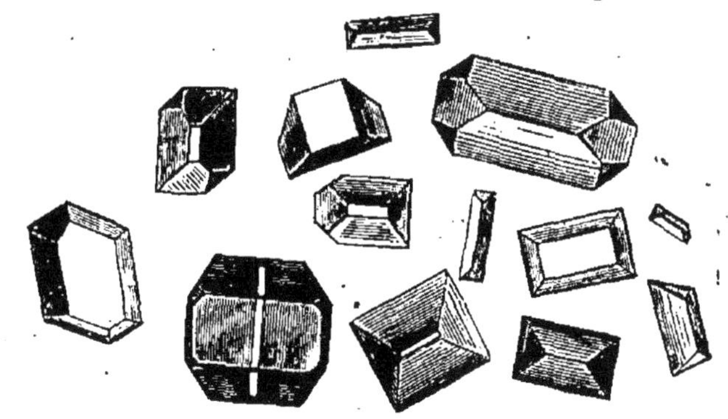

Fig. 17.

magnésie tel qu'on l'obtient dans les circonstances ordinaires.

Mais, au contraire, dans les substances organiques en décomposition, il prend la forme suivante :

Fig. 18.

AUTRE EXEMPLE DE CRISTALLISATION

Ces sphères montrent l'oxalate de chaux tel qu'il se

Fig. 19.

précipite du sein d'une solution acide, s'il est d'origine organique. Au contraire, s'il est préparé artificielle-

Fig. 20.

ment par la neutralisation de la liqueur il se montrera tel que nous essayons de le peindre.

Mais quand on le tire de la séve des plantes, on le

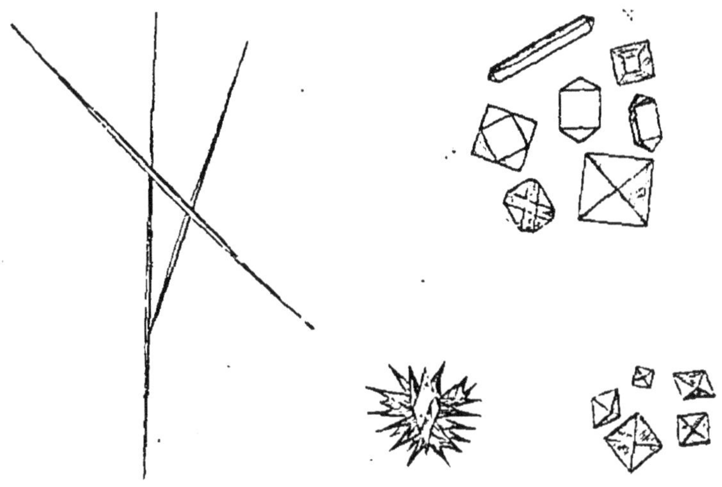

Fig. 21.

voit adopter une foule de figures différentes, parmi
lesquelles nous signalerons les quatre précédentes.

IX

L'ŒIL DE LA JUSTICE

Un de mes amis était autrefois employé comme expert dans la poursuite des délits commis par les marchands de denrées alimentaires.

Le spectacle de la corruption profonde de certains spéculateurs lui fait prendre parfois l'humanité en dégoût. « Je ne peux songer, dit-il, sans effroi à la perversité des gens qui ne craignent pas de compromettre la santé de leurs semblables pour gagner à chaque crime quelques fractions de centime. Pour moi, ce sont des Locustes à *jet continu*, et il est impossible d'évaluer le désordre croissant que produit leur avidité. »

Il a fait condamner un minotier qui ne se contentait pas de remplacer le froment par des céréales inférieures ou même par de la fécule de pommes de terre malades. Ce spéculateur augmentait le volume de ses marchandises avec l'alun, substance presque purgative. Rendons grâce à l'honnêteté relative des fraudeurs qui se bornent à augmenter le poids de leurs farines avec une substance inerte comme le plâtre de Paris. Ce produit minéral est même à ce propos l'objet d'un grand commerce. Il est si précieux, si inestimable pour ces industries néfastes, qu'on l'exporte en Angleterre, où la falsification s'opère sur une échelle proportionnée aux appétits de la population. On m'a montré un équarisseur qui, continuant ses spéculations du siége, s'était associé avec un boucher des grands quartiers. Il transformait la dépouille de ses victimes efflanquées en bœuf de la seconde catégorie. Il y avait il y a trente ans, près des Halles, un charcutier plus coupable encore : il s'était donné l'affreuse industrie de débiter de la viande de porc infectée de trichines, cette peste venue d'Allemagne. Près de l'abattoir Popincourt se trouvait un gargotier qui servait gravement à ses clients du bouillon de gélatine, comme s'il n'avait pas été prouvé que les qualités nutritives de cette décoction sont identiques à celles de l'eau chaude. Je ne parlerai pas des traiteurs qui guettent le poisson *avancé* pour l'avoir à meilleur compte; des pâtissiers qui sont à l'affût des œufs sur les limites de la pourriture, des confiseurs qui chassent les fruits gâtés, pour les introduire dans leurs compotes et confitures. Je n'aurai point l'indiscrétion de parler du lait fait avec de la cervelle de veau, du chocolat dans lequel le cacao n'est qu'un mythe, de l'eau de la Seine transformée en vin de Bordeaux, de la sciure de bois changée en café de Ceylan, et de l'huile de vitriol métamorphosée en vinaigre d'Orléans.

Le crime entre en lutte ouverte avec la répression, et montre une énergie, une intelligence que ne développe pas toujours la science. Je ne connais pas de découverte dont on n'ait tiré un parti puissant contre l'ordre social. Les faux monnayeurs ont été les premiers à mettre à profit la galvanoplastie. Jusqu'à ce que l'on eût trouvé le moyen d'introduire dans la pâte des billets de banque des filigranes d'une nature particulière, les rayons solaires étaient souvent pris comme complices de crimes dont les amis des lumières n'ont cependant jamais profité. Bocarmé n'a-t-il point appris la chimie afin d'appliquer la nicotine à l'empoisonnement de son beau-frère? La Pommerais a fait de longues études sur la mort par la digitaline, pour profiter d'assurances faites sur la vie. Palmer était expert dans le maniement de la morphine. Castaing avait également usé ses veilles à étudier la toxicologie ; Exilly, le complice de la Brinvilliers, était un chimiste créateur. Les Allemands ont employé à l'invasion de la France la chimie dont Lavoisier fut le créateur.

Ils se sont servis mieux que nous, hélas! de l'électro-aimant, dont le grand Arago, si excellent patriote, fut l'inventeur.

Si le génie, quelquefois trop réel, dont les hommes de proie ont fait preuve depuis Caïn, avait été appliqué aux arts utiles, nous serions bien plus savants que si nous avions hérité des découvertes de tous les Abels du monde.

Heureusement le microscope vient à notre aide, lui l'arme de l'honnêteté! Il est pour ainsi dire impossible de le corrompre et de le tourner au service du crime, qu'il ne sert jamais qu'à demi. S'il le fait, c'est comme

un soldat qui tire en l'air pour ne point fusiller ses
frères.

Comment voulez-vous que l'homme, tigre qui vient
de sacrifier la vie d'un de ses semblables à une cu-
pidité féroce, à une passion impure, à un désir insensé
de vengeance, aille explorer, non point au microscope
composé, mais même à la loupe, le théâtre de son for-
fait? Comment aurait-il le loisir et le sang-froid nécessaires pour sonder les replis de ses vêtements, vérifier
chacun des clous qu'il porte à ses souliers.

Ce n'est pas une balance, mais le microscope en
main, que je représenterais Thémis, si j'avais l'honneur d'être peintre ou poëte. N'est-ce point seulement
avec le microscope que la justice peut recueillir les
dépositions de mille témoins dont la balance ne révé-
lerait même pas l'existence.

Tantôt, ce sont quelques cheveux arrachés à la tête
de la victime, que l'on retrouve en secouant les vêtements de son bourreau ; une autre fois, les clous du
talon qui a écrasé la tête d'un vieillard ont retenu quelques poils de barbe blanche, accusateurs outragés et
maculés, mais cependant décisifs !

La justice tient le coupable par un brin de duvet,
mais ce brin, plus tenace que le cheveu du diable,
suffira pour traîner le meurtrier à l'échafaud. L'assassin
avait eu la précaution de se laver les mains comme lady
Macbeth, et de plus il avait envoyé sa chemise à la les-
sive. Mais une tache de sang qu'une mouche ne verrait
pas a jailli sur le pantalon.

Malheureusement l'éducation du public français est
encore à faire ; on comprend très-difficilement chez
nous que la police municipale ne peut être partout à la
fois, et que par conséquent sa vigilance ne peut em-

pêcher les citoyens d'être pillés dans leur fortune et leur santé. Quoi que la loi puisse faire, il n'y a véritablement de bien protégés que ceux qui veillent eux-mêmes au salut de leur bourse et de leur estomac. Faisons comme les Anglais, qui s'abonnent en masse à un admirable journal intitulé : *Les aliments, l'eau et l'air !*

Prenez l'habitude de manier le microscope, et vous serez sauvé de cette multitude de petits délits qui tuent un peu chaque jour. Vous échapperez à une foule de malaises, de maladies provenant des poisons alimentaires qu'on débite chez l'épicier et le marchand de comestibles sous prétexte de truffer les dindons. Soumettez à l'appareil le plus simple, le plus commode, les substances susceptibles d'être fraudées, et vous rétrécirez tellement l'aire de la supercherie, que la probité deviendra une vertu très-pratique. La fraude sera bientôt la plus ridicule de toutes les spéculations.

Voilà un fournisseur qui vous a vendu du café fabriqué de toutes pièces dans ses caves, et qui compte sur l'impunité. Rien ne vous est plus aisé que de le saisir en flagrant délit, car la fève aromatique qui vient honnêtement d'Amérique, ou d'Arabie, vous montrerait une foule de cellules polygonales qui brillent par leur absence. Au contraire la sciure, quoique torréfiée, a conservé sa fibre. Vos fournisseurs pratiqueront moins facilement « la petite morale, » quand ils sauront que vous maniez le grand confesseur des fraudes de « la grande. » Ils n'achèteront plus la discrétion de votre ménagère s'ils savent que vous vous entretenez avec le bavard qui raconte comment la partie mucilagineuse de la chicorée et les granules d'amidon ont été élevés, par la grâce de Mercure, à la dignité de plante médicinale.

La nature a ses points de repère inébranlables précisément parce que l'œil nu ne saurait les voir. Mais,
quoique cachés, ils éclatent pour ainsi dire à chaque
pas du microscope. Ils sont imprimés partout avec
l'inexorable fécondité qui est le caractère et le privilége des forces spontanées. Pour construire artificiel-
lement le moindre grain de mil, il faudrait développer beaucoup plus d'art que pour édifier une
basilique.

Jamais la contrefaçon ne sera assez parfaite pour
que vous ne puissiez la prendre en flagrant délit
d'erreur. Le plagiaire a cru faire un miracle, il a inventé un nombre infini de détails ; que vous importe ?
descendez plus bas encore dans l'intimité des choses,
et vous laisserez derrière vous le subterfuge.

Mais pour vous élever à la hauteur des dangers que
la fraude fait courir, il ne faut pas vous endormir sur
les triomphes de la science.

Les progrès de l'agriculture et de l'industrie mar-
chent d'un pas égal à la conquête de l'avenir, les bota-
nistes multiplient le nombre des espèces utilisées,
celui des variétés des plantes anciennement employées
se nomme aujourd'hui légion. Les expositions des dernières années nous ont donné la fibre d'aloès, le jute,
le fil de bananier; que sais-je encore ? Toutes ces
substances ont une valeur différente, mais sont susceptibles, dans une certaine mesure, de se substituer
les unes aux autres. Voilà un vaste champ à exploiter
pour ceux qui ont l'ambition d'arriver à la fortune par
des chemins couverts.

Les matières animales ne sont pas moins susceptibles
d'être réduites à l'état de complices involontaires : à la
soie que file le ver du mûrier, vient se joindre celle

du Bombyx Cynthia ; bientôt d'autres chenilles auront conquis une place honorable dans nos cultures. Voilà que l'usage des graines oléagineuses dans l'engraissement permet à nos toisons européennes de prendre un lustre analogue à celui qui distingue la laine des lamas, des alpacas et des vigognes.

Encore des erreurs, encore des tromperies possibles : quelle mine pour le crime que chacune de ces conquêtes si précieuses !

Mais, armés de notre microscope, nous devenons invisibles, nous pouvons marcher à coup sûr dans ce dédale où la mauvaise foi s'embusque. Nous dominons les gens qui vivent du trafic des textiles, de toute la hauteur de notre clairvoyance. Chaque fibre porte ce que nous pourrions appeler la marque de fabrique de l'infini que nul ne saurait contrefaire?

LAIT PUR DE VACHE

C'est le lait normal tel qu'on l'aperçoit entre deux lamelles de verre, lorsque l'on regarde par transparence une couche d'un dixième de millimètre d'épais-

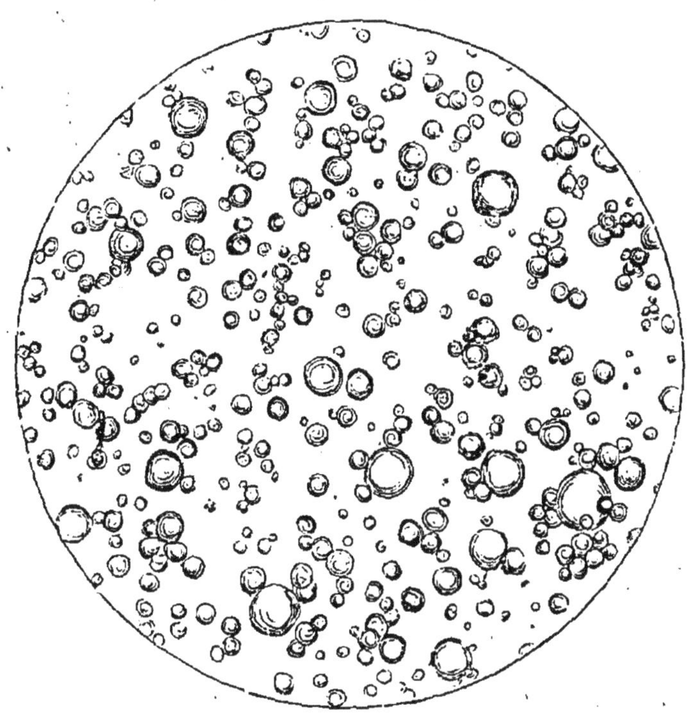

Fig. 22. Lait pur de vache.

seur. Ces globules arrondis et diaphanes sont formés par de la matière butyreuse, facile à reconnaître. Mais le microscope n'apprend rien sur la composition du fluide visqueux translucide où ils nagent.

Aussitôt qu'une vache tombe malade, son lait s'altère, ce qui se comprend sans peine, car cette sécrétion est d'une nature très-complexe.

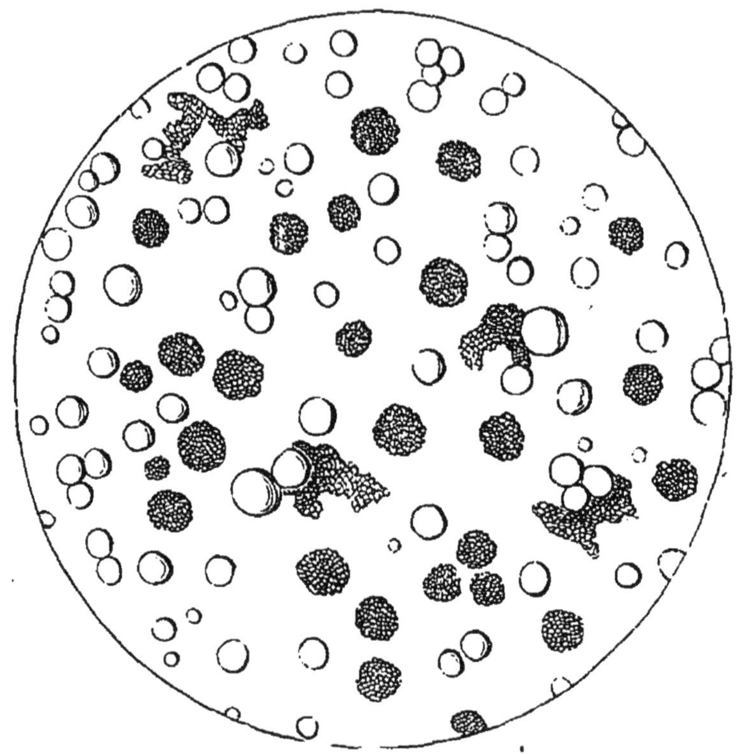

Fig. 23. Lait d'une vache malade.

Une humeur malsaine, presque un poison, se mélange au produit des mamelles. L'œil le moins exercé ne confondra pas ces petites granulations morbides avec les globules normaux qui sont figurés en regard.

Un grand nombre d'éleveurs ne craignent pas de verser dans la consommation le lait de vaches qui viennent de vêler. Ce lait, impropre à l'alimentation, contient

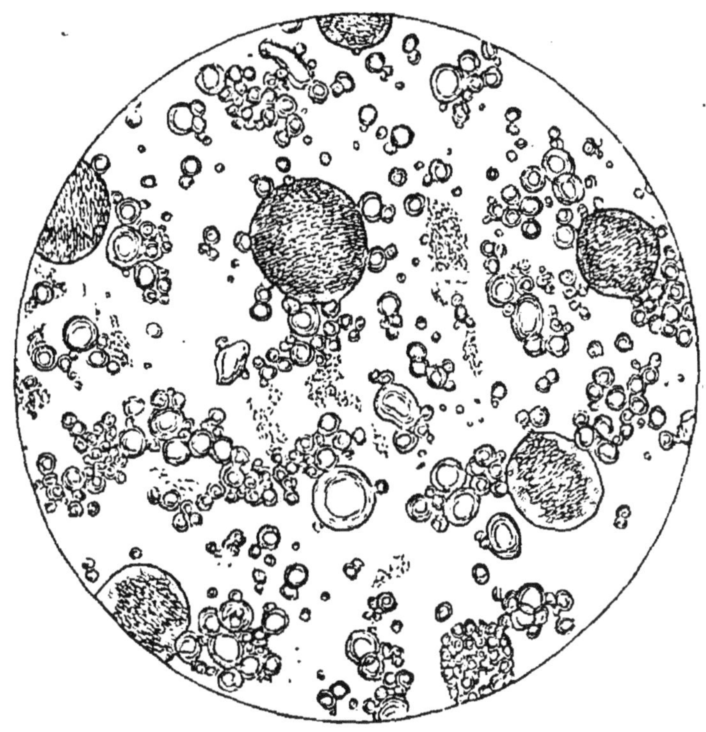

Fig. 24. — Lait d'une vache qui vient de vêler.

très-peu de matières nutritives ou sucrées, et beaucoup de substances salines.

Il offre en outre l'inconvénient de se putréfier, sans passer par l'état aigre, de sorte que les indications du goût sont en défaut pour indiquer le danger de l'introduire dans les voies digestives.

Parmi les fraudes les plus célèbres auxquelles les éleveurs se soient livrés, nous devons citer cette fraude grossière et très-préjudiciable; mais il est très-facile de

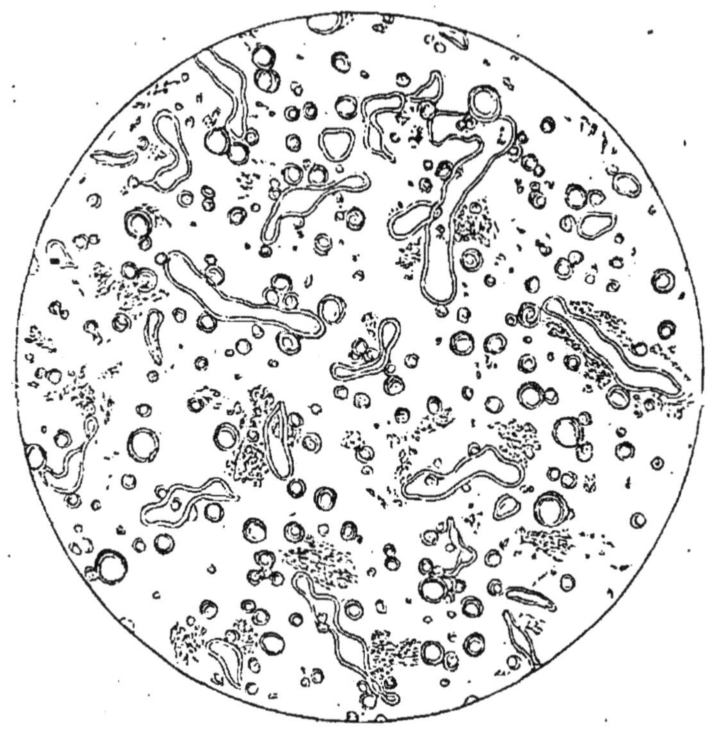

Fig. 25. — Lait fabriqué avec de la cervelle de veau

la reconnaître, en voyant apparaître au microscope les fibres d'origine animale. Jamais ces lignes accusatrices ne sont entièrement désagrégées par les fraudeurs, quelque énergiques qu'aient été les efforts mécaniques auxquels elles ont été soumises.

CHOCOLAT NATUREL

Toutes les parties de la fève du cacaotier se retrouvent en petits fragments dans la pâte. On reconnaît
en *a* des fragments de tissu cellulaire de la fève, en *b*

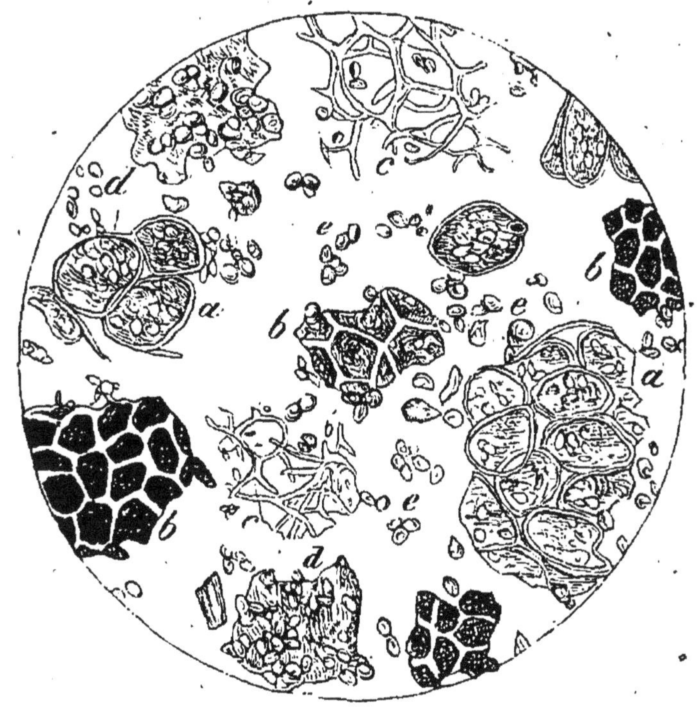

Fig. 26. — Chocolat naturel.

des portions de l'enveloppe, en *c* des fragments du
germe, enfin en *d* et en *e* des grains isolés de la fécule
particulière qu'elle renferme.

La fécule de pomme de terre entre dans ce chocolat frelaté. Heureusement, on ne peut non plus lui enlever les caractères si faciles à saisir qui trahissent les fraudes dont elle forme la base.

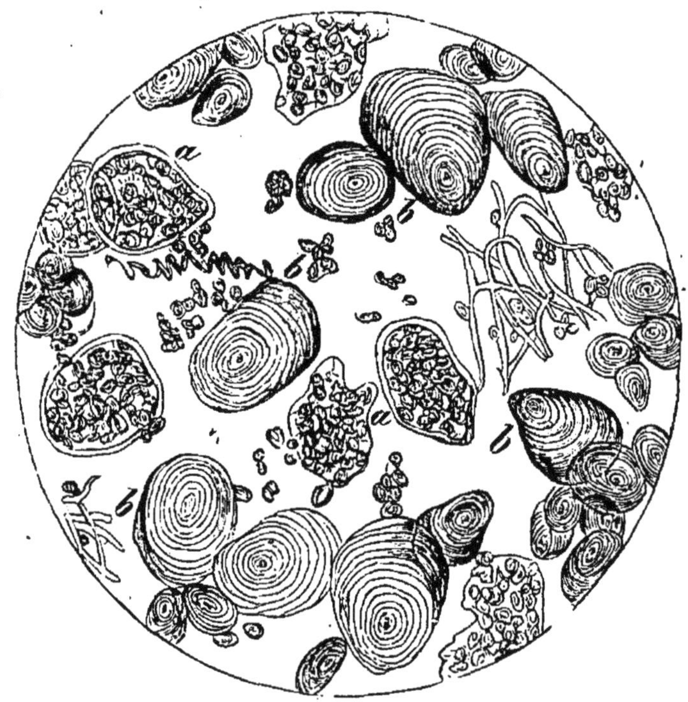

Fig. 27. — Chocolat falsifié.

On reconnaîtra en *a* des fragments de la fève de cacaotier; mais en *b* des morceaux de fécule introduite par le fraudeur.

CAFÉ NATUREL

Le café est la poudre obtenue en pulvérisant le noyau de la cerise d'une jolie plante de la famille des rubiacées, après lui avoir fait subir une torréfaction préalable; mais aucune de ces opérations ne détruit

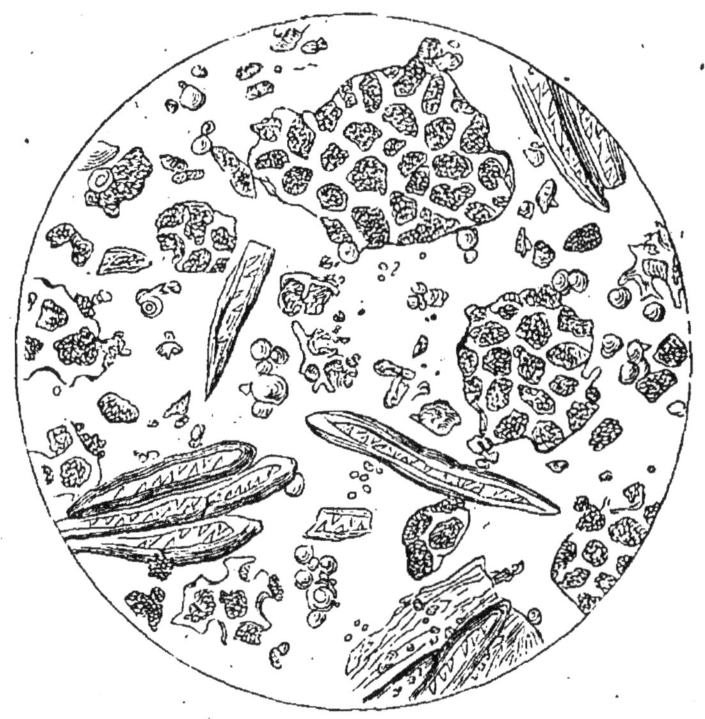

Fig. 28. — Café naturel.

l'agrégation de la fibre végétale, on reconnaît aisément la forme des cellules dans lesquelles se trouve renfermé le principe aromatique. Le microscope est plus sûr encore que le goût lui-même, quoique les connaisseurs ne s'y trompent guère.

Nous avons pris un échantillon qui ne contient que des substances innocentes pour la santé. Dans ce cas le fraudeur n'est pas encore devenu un empoisonneur, mais il a donné un étrange carrière à son imagination.

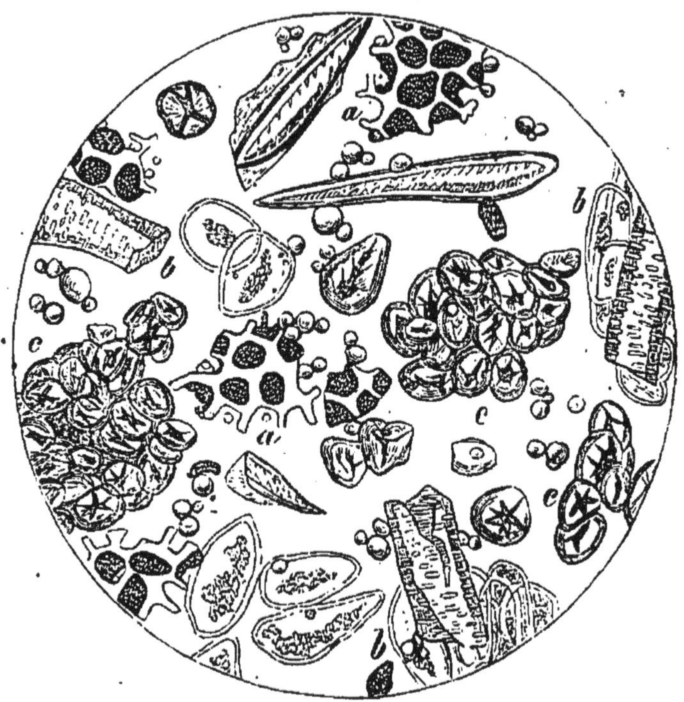

Fig. 29. — Café falsifié.

La lettre *a* représente le petit nombre de matières qui viennent du cafier. La lettre *b* a été réservée pour les fragments de chicorée, et la lettre *c* pour les grains de fécule provenant du gland de chêne.

THÉ FALSIFIÉ

Voilà un échantillon de thé bien plus audacieuse-
ment falsifié que notre café de la page précédente, mais
il est étonnant qu'on nous ait laissé en *a* un morceau
de feuille qui nous permettra de nous faire une idée

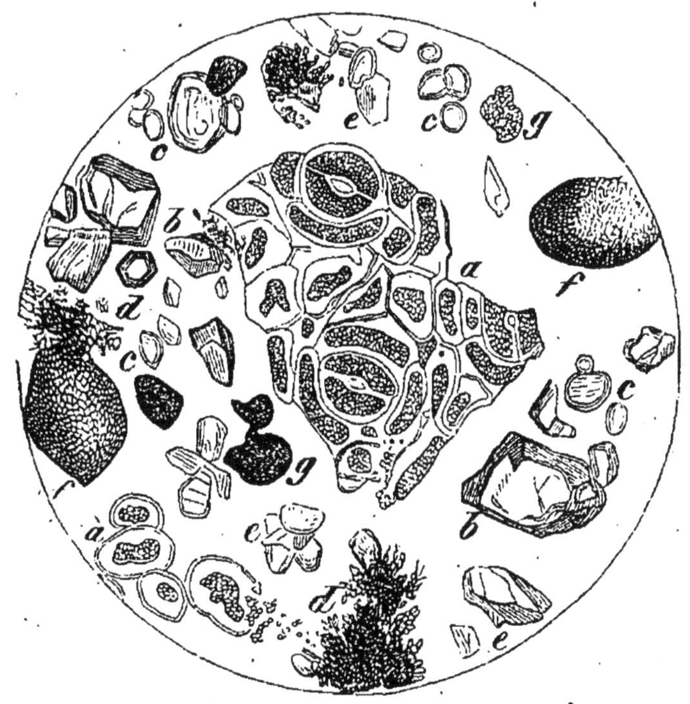

Fig. 30. — Thé falsifié.

de la forme de la substance normale. En *b* vous re-
connaissez des grains de sable. En *c* des granules de
fécule provenant, suivant toute probabilité, d'une cé-
réale ; en *d* des fragments de riz ; en *e* des parcelles
appartenant à une substance brillante d'origine inconnue ; en *f* des cellules de curcuma ; enfin en *g* de petits
morceaux d'indigo.

THÉ ENTIÈREMENT FALSIFIÉ

Ici le mensonge est plus complet encore, car il n'entre pas un atome de thé dans cette substance fantastique : en *a* vous voyez de la fécule qui provient du

Fig. 31. — Thé entièrement falsifié.

froment ; en *b* des fragments de la résine du cachou ; en *c* vous reconnaîtrez même les petites aiguilles cristallines qui se trouvent quelquefois dans cette substance aromatique.

On pourra s'exercer à reconnaître la forme des granulations de farine provenant des différentes espèces
de céréales et de légumineuses. Avec quelque habitude, on arrivera à les discerner aussi sûrement que

Fig. 52. — Farine de seigle.

si, opérant à l'œil nu, l'on avait affaire à des graines
entières. Une des farines les plus curieuses sera celle
du seigle que nous représentons. Trop gros pour passer intacts entre les meules, les grains de fécule se
brisent pendant la mouture. Ils éclatent en donnant
naissance à l'étoilement caractéristique que nous avons
cherché à figurer.

FARINE DE BLÉ

Il sera très-utile de connaître la forme de la farine du blé normal. On verra très-bien, avec un grossissement de trois à quatre cents diamètres, les petites sphères d'amidon que la meule a isolées. Nous appel-

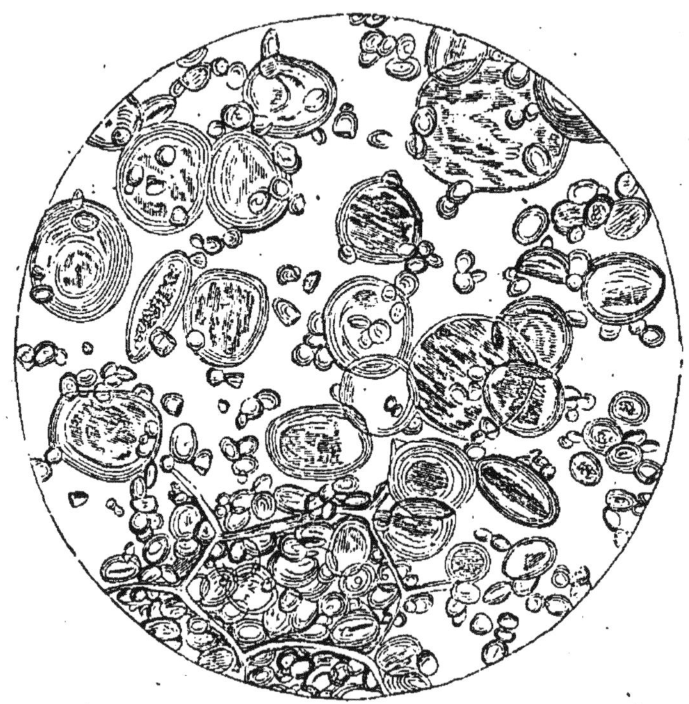

Fig. 55. — Farine de blé.

lerons également l'attention sur les fibres provenant des cellules qui ont produit l'amidon. On pourra même apercevoir les petits grains de sable provenant de la désagrégation à laquelle les meules les plus solides ne peuvent échapper pendant la trituration des grains.

LE BEURRE PUR

Le beurre est fabriqué au moyen de la réunion de globules de matières grasses qui nagent dans le lait normal. Ces petits corps se réunissent l'un à l'autre

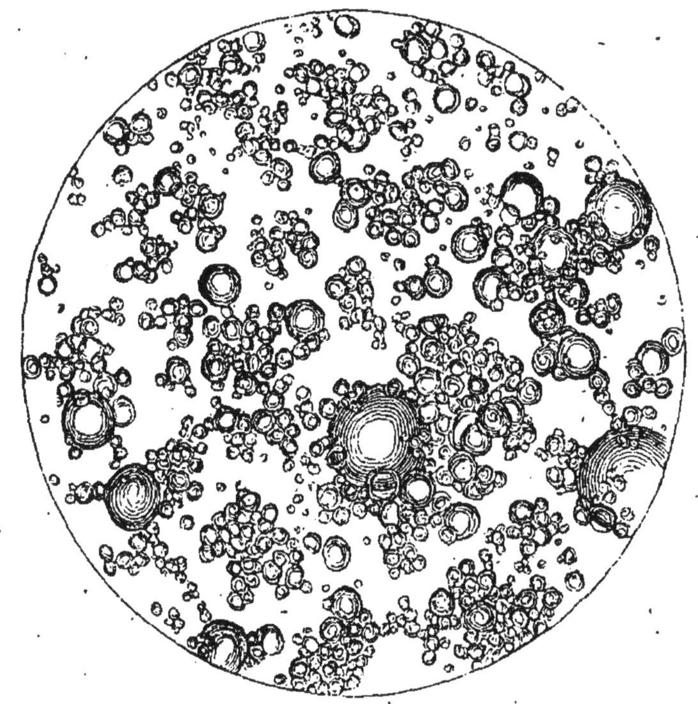

Fig. 34. — Le beurre pur.

sous l'influence du mouvement et de l'acide qui prend naissance dès que le lait est exposé à l'air.

Ils se retrouvent en nombre immense, serrés les uns contre les autres, quand ils ne sont pas fondus et agglutinés de manière à former des sphères beaucoup plus grosses.

ERVALENTA DES ARABES

On a souvent exploité la fantaisie de ceux qui aiment
à se servir d'aliments décorés d'un nom bizarre, qui ne
manque jamais de faire trouver leur saveur merveilleuse. Le mélange suivant a été vendu 8 francs le kilo-

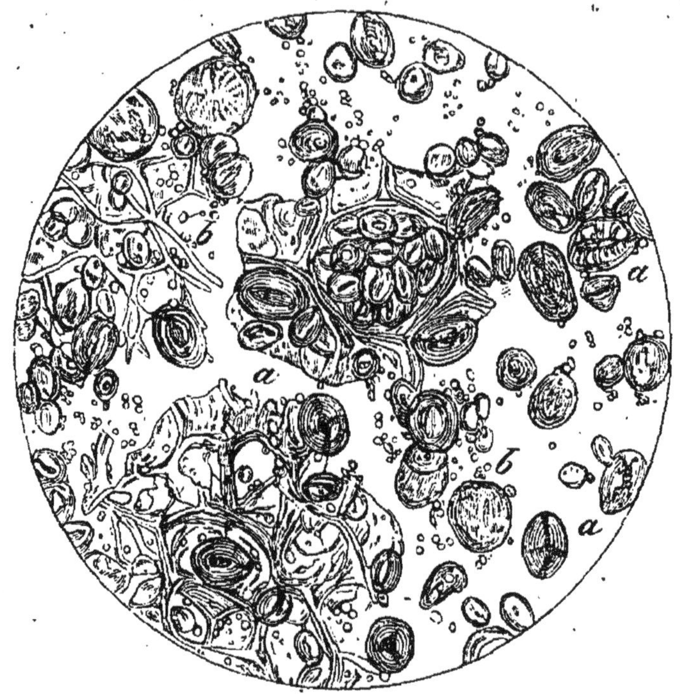

Fig. 55. — Ervalenta des Arabes.

gramme, jusqu'à ce que l'analyse permît de reconnaître
la nature des éléments qui le constituaient.

On s'assura qu'il y avait en *a* de la farine de lentilles, et en *b* de la farine d'orge. Les amateurs pourront prendre plaisir à étudier l'*Ervalenta*, la *Semolina*,
le *Racahout des Arabes*, le *Polamoüd des Turcs*, et autres mixtures dont le seul mérite est d'être désignés
par des appellations retentissantes.

SAGOU VÉRITABLE

Il est très-rare que le sagou nous arrive dans un état de pureté comparable à celui de l'échantillon que nous représentons ici. Cette substance se prépare de la même manière que la fécule de la pomme de terre, mais,

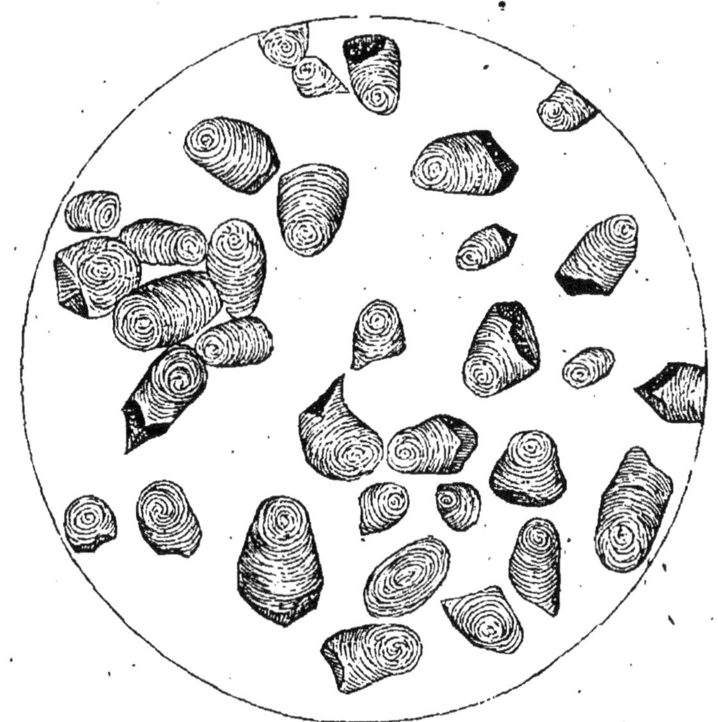

Fig. 56. — Sagou véritable.

au lieu d'être extraite du tubercule si commun dans nos pays, elle est tirée de la moelle d'une plante exotique de la famille des cycadées, qui a le port d'un palmier. La forme des grains est si caractéristique qu'il est impossible de les confondre avec ceux qui proviennent d'autres plantes.

Il s'agit ici de la falsification très-grossière d'un aliment délicat que nous venons de dessiner. Il est très-facile de reconnaître dans cet échantillon la farine des

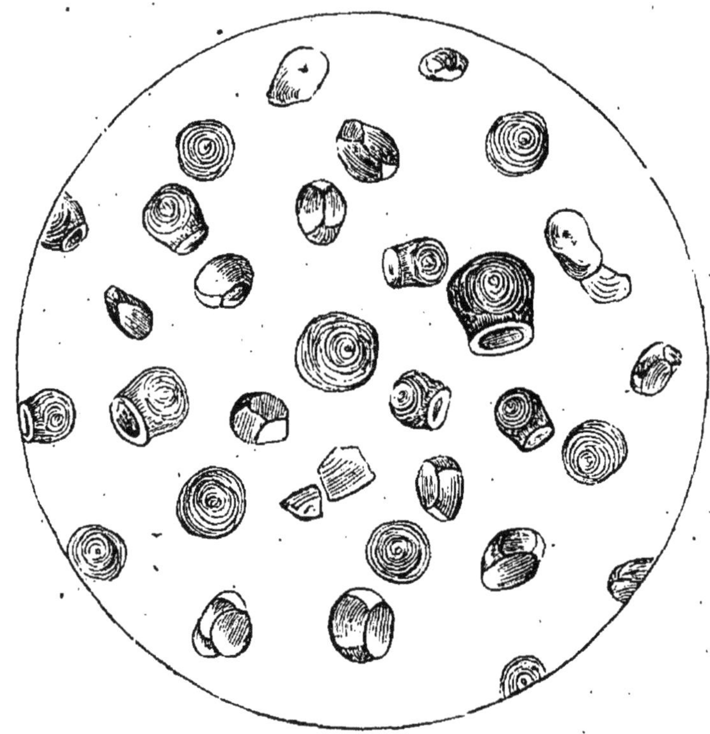

Fig. 37. — Sagou de pomme de terre.

grains d'amidon provenant purement et simplement de la pomme de terre. La forme est tellement différente qu'il n'y a véritablement de coupables que ceux qui veulent bien se laisser prendre.

ARROW-ROOT

L'*arrow-root* est encore une de ces fécules réconfor-
tantes que l'on a intérêt à bien connaître, parce qu'elles
viennent de loin, et sont par conséquent d'un prix

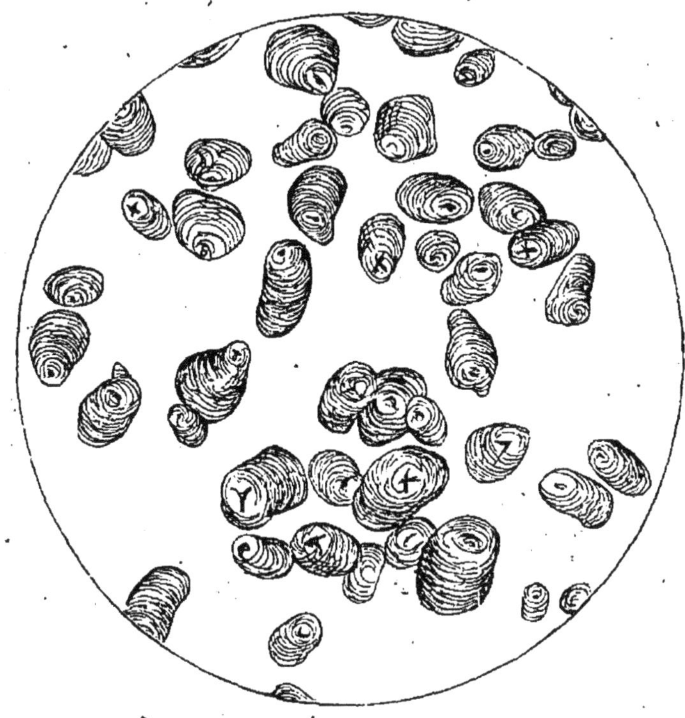

Fig. 38. — Arrow-root.

élevé; elles doivent leur propriété à leur texture, aussi
bien peut-être qu'à leurs propriétés chimiques. On les
obtient aux colonies et dans l'Inde en râpant les tiges
souterraines du *maranta arundinacea*.

LA SOIE

On peut dire que la soie est aux autres matières textiles ce que l'or est aux autres métaux. Aussi ne pou-
vons-nous nous dispenser de donner la figure exacte

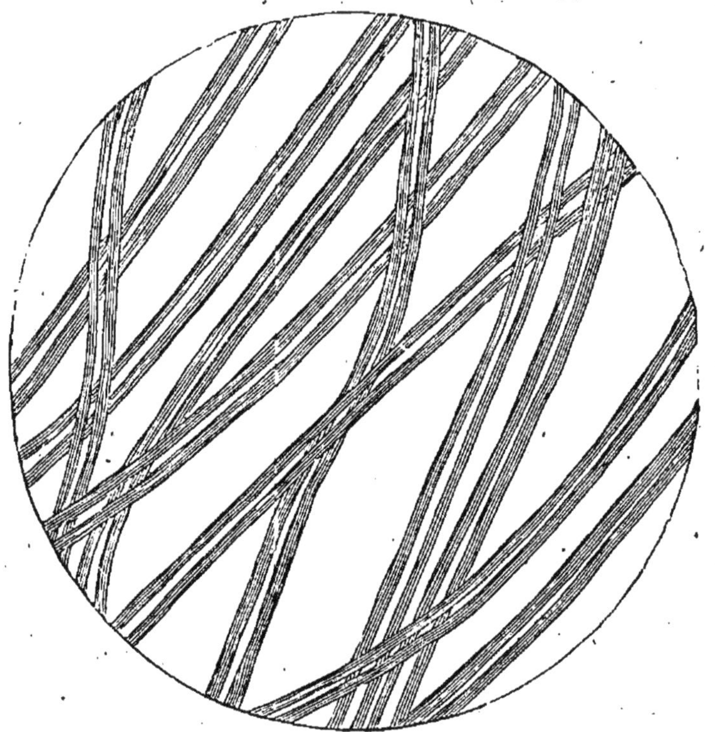

Fig. 39. — La soie.

d'une fibre aussi précieuse. Tout le monde sait que la
matière qui la constitue sort de la bouche du ver du
mûrier en deux brins solides, continus, soudés ensemble.

ÉTOFFE DE LAINE

Nous avons représenté une étoffe de laine avec un grossissement suffisant pour montrer les brins avec les carractères que nous signalons ailleurs. Un des

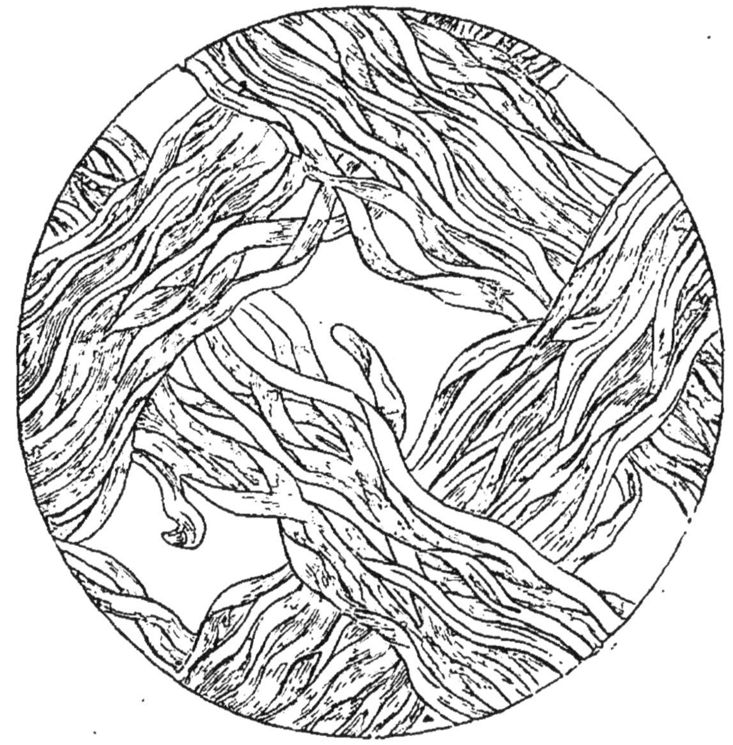

Fig. 40. — Étoffe de laine.

éléments les plus essentiels pour l'appréciation de la valeur de cette matière textile est sa finesse, qui se détermine avec un micromètre. Vous pouvez admettre que le diamètre de poils varie communément de $\frac{1}{50}$ à $\frac{1}{05}$ de millimètre.

Le microscope vous montrera dans la plus fine batiste des tubes vasculaires, tirés de la tige du *linum usitatissimun* au moyen du rouissage. Ce procédé consiste à faire dissoudre la gomme qui retenait ensemble

Fig. 41. — Étoffe de lin.

les filaments que vous voyez réunis et dont le diamètre ne dépasse pas un demi-centième de millimètre. Pour distinguer aisément les tubes articulés, cloisonnés et cylindriques que nous avons représentés, il faut employer un grossissement de trois ou quatre cents diamètres.

Il est facile de voir que les fils de chanvre ressemblent au fil de lin avec cette différence que leur diamètre est deux ou trois fois plus gros, et que leur apparence est beaucoup plus grossière. En outre, au lieu

Fig. 42. — Le chanvre.

d'être cylindriques comme celles du lin, ces tiges sont presque quadrangulaires. On comprendra pourquoi elles sont rudes au toucher. Les fibres, que l'on voit disposées en houppe, expliquent également pourquoi elles possèdent un aspect velouté.

X

LA SCIENCE DES CHEVEUX

M. Broca a plongé les membres de la Société d'anthropologie de Paris dans la plus vive surprise, en mettant sous leurs yeux une collection de chevelures d'hommes et d'enfants appartenant à toutes les races civilisées ou sauvages. Il avait réuni dans un cadre presque toutes les teintes de l'arc-en-ciel. Cependant son tableau ne contenait qu'une bien faible partie des échantillons que peuvent fournir les douze ou treize cents millions de frères qui, si les statistiques sont fidèles, peuplent en ce moment la surface de la terre.

Mais les artistes capillaires n'avaient point attendu cette séance pour savoir à quoi s'en tenir sur les étonnantes variétés des toisons humaines. Je me suis laissé raconter qu'un coiffeur de la capitale, qui affichait des prétentions à la science, faisait depuis longtemps une collection des cheveux de ses clients.

Grâce.aux caractères que le microscope lui permettait d'apercevoir, il se livrait à une sorte d'analyse aussi sérieuse peut-être que celle des chiromanciens ou des phrénologues. Les cheveux, disait-il avec le sérieux d'un Desbarolles, sont des conducteurs constamment chargés d'électricité vitale; aussi peut-on les considérer comme étant un prolongement de la personne même; c'est l'âme qui sort de la peau. N'y a-t-il pas dans une natte non-seulement le parfum, mais encore l'essence de la personne aimée. Le célèbre Darwin n'est pas plus raisonnable dans ses derniers ouvrages, où il enseigne qu'on reconnaît les folles à la frisure exagérée de leur perruque naturelle, et les idiotes à la platitude exagérée de leurs cheveux.

Lorsqu'il voulut choisir une femme, notre Figaro scientifique se décida sur l'examen d'une mèche, dans laquelle il crut découvrir toutes les qualités qui distinguent une parfaite coiffeuse. Ce que c'est que d'avoir une foi absolue dans son art! Notre homme, qui avait pris le microscope pour courtier matrimonial, tira un excellent numéro à la grande loterie du *conjungo*. Un de mes amis intimes, encouragé par cet exemple, s'est épris d'une belle dont il ne connaissait que l'écriture. Je ne sais s'il a aussi bien réussi.

Mieux vaudrait partager les opinions par trop professionnelles de cet enthousiaste artiste capillaire que de s'imaginer que les cheveux doivent être considérés comme un tégument dont l'office est de dispenser d'une perruque ou d'un bonnet de coton.

On ne peut pas dire que les cheveux sont l'homme. Mais il serait peut-être moins inexact de dire qu'ils sont la femme. Avec quel orgueil les robustes Espagnoles laissent les rayons du soleil se jouer avec leurs tresses noires, luxuriantes, hardies! Au contraire, la chaste beauté du Nord semble porter une chevelure toujours prête à rougir sous le souffle du zéphyr : on dirait que ces nattes dorées vont s'évanouir sous le filet qui les recouvre à peine, si on ose leur rendre hommage en les caressant des yeux.

La nature n'aurait fait que filer les cheveux d'une vierge, dit, je crois, Saadi, dans un poëme peu connu en Europe, qu'elle aurait dépassé l'art humain autant que la vertu peut s'élever au-dessus de l'hypocrisie.

Qu'aurait donc dit l'illustre Persan, s'il avait pu deviner l'art que la grande ouvrière a développé en sculptant les poils de l'ignoble chauve-souris?

La tige est enveloppée d'une espèce de collerette de membranes admirablement frangées. Ce sont des cornets emboîtés merveilleusement les uns dans les autres. Leurs bords extérieurs sont tuyautés avec une délicatesse qui ferait envie à nos élégantes. Jamais beauté à la mode n'a porté de fichu aussi merveilleux. L'être le plus hideux n'est pas tout laideur. Il a des coins et recoins, dans lesquels les grâces se tiennent embusquées; malheureusement il n'y a que le microscope qui puisse les voir sourire.

Ce n'est point évidemment pour donner satisfaction à nos instincts artistiques que la nature s'est donné tant de peine! S'il en était ainsi, elle aurait donné à Aristote et à Platon des yeux assez perçants pour se passer de l'opticien.

Quel est donc le spectateur intelligent à qui ces merveilles étaient destinées! Quel est donc l'être assez bien doué pour admirer sans lunettes les formes si fines que jamais Lynx n'a entrevues!

Voyez la chenille incommode et nauséabonde qui dévore le drap de vos vêtements. Son poil, un gracieux chapelet formé de cônes délicatement enfilés les uns

Fig. 43. — Poil de la chauve-souris.   Fig. 44. — Poil de la souris.

au bout des autres. La surface de chacun de ces objets si délicats est elle-même hérissée de pointes beaucoup plus délicates encore, et articulées d'une manière étrange. Contraste incompréhensible, le microscope découvre dans la parure de cet ennemi de toute élégance un chef-d'œuvre de sculpture et d'ornementation.

Nous citerons encore à côté de ce merveilleux pelage celui des rats, des souris, des plus petits mammifères. Il faut avoir foi dans l'infaillibilité du microscope pour affirmer qu'un filament, dont l'épaisseur ne dépasse pas quelques centièmes de millimètre, est recouvert de plusieurs séries de plaques, très-finement débitées et qui, par surcroît de luxe, ont été disposées en quinconce !

La laine des moutons, ces dociles et indolents esclaves, n'a point été filée avec autant de délicatesse. Cependant avec quel art ces cylindres sont fouillés ! Quel est le burin qui saurait détacher des centaines de franges dans la longueur d'un millimètre, franges si ténues que le brin de laine, inspecté à l'œil nu, paraît sortir d'une filière. Décidément l'ambition de l'homme ne saurait consister à imiter la nature ! Bornons-nous à profiter des trésors que cette bonne mère met à notre disposition, gardons-nous de lutter avec elle ; apprenons encore une fois par cet exemple, qu'elle ne fait rien qui ne soit susceptible de nous servir. Le feutrage serait impossible sans ces franges contre lesquelles ne saurait lutter la main de nos dentellières. Des centaines de milliers de crocs entrelacés lient solidement les diverses tiges et forment un tissu qui n'est qu'un véritable buisson d'épines écrasées.

Ne nous imaginons point que les cheveux, si doux, si étincelants de séductions, soient fabriqués autrement que la laine onctueuse des brebis les plus vulgaires. Ces fils aériens qui semblent n'appartenir point à la terre, sont couverts de véritables écailles. On dirait des serpents mignons, si vous le voulez, mais enfin de véritables serpents. Le microscope vous montrerait sur les plus ravissantes épaules une tête de Méduse !

Regardons ces cheveux, avec un plus fort grossissement, d'autres détails se développeront, nous n'aurons pas de peine à découvrir une foule de lacunes,

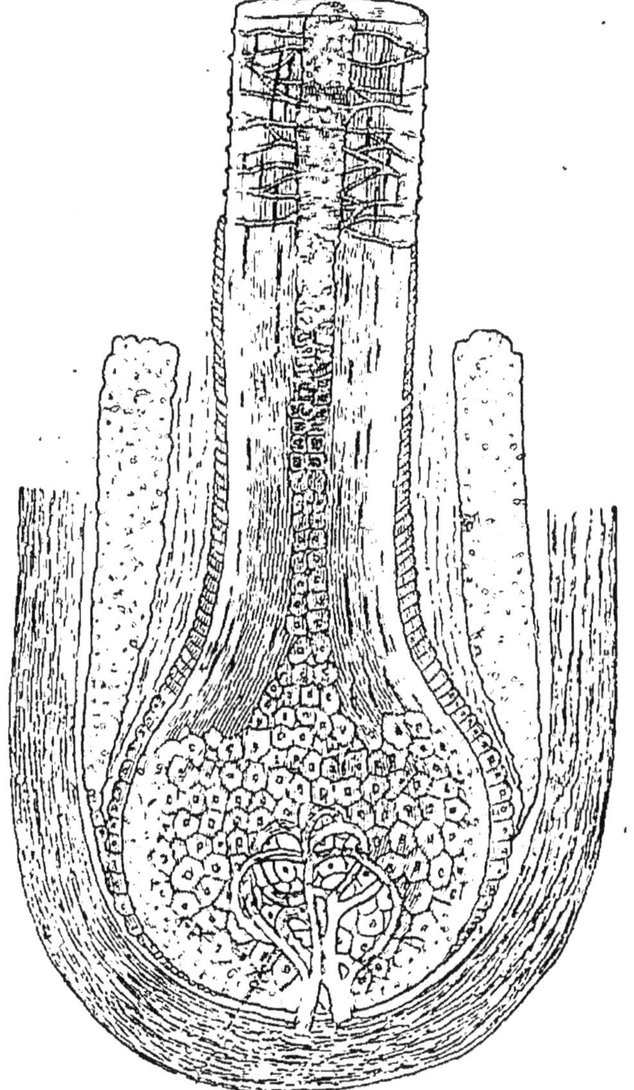

Fig. 45 — Racine d'un cheveu.

dont quelques-unes semblent remplies d'une espèce
d'huile colorée. Nous pourrons compter sur leur écorce

une foule de rides, de stries circulaires analogues aux cicatrices que porte le tronc des palmiers; nous en distinguerons par milliers dans chaque centimètre, comme si la croissance de chacun de ces filaments avait été mille fois interrompue. Lorsque notre esprit se repose des misères de la vie, alors sans doute notre cuir chevelu se réveille! Les bulbes cachées dans la peau produisent un véritable flux de matière cornée. Que de causes troublent chaque jour la végétation de ces petits palmiers humains! Leurs racines sont voisines de la pulpe blanchâtre que nos passions entretiennent dans un état constant d'agitation! Faut-il s'étonner qu'ils sentent le contre-coup de notre vie éphémère et tourmentée? Ne les sentons-nous point se dresser quand une tempête éclate sous notre crâne?

Les animaux ont également leurs inquiétudes, leurs anxiétés, leurs transes, qui modifient la constitution de leur pelage; mais pour peu que les chats se reposent, on verra les mailles du poil de la souris se ranger en longues files gracieuses.

Le microscope permet au philosophe de rattacher la fabrication de la plume à celle du poil. En effet, les villosités si communes chez les moutons et les chauves-souris semblent avoir été allongées par une espèce de force centrifuge que l'on suit d'espèce en espèce, et qui finit par donner naissance au duvet sans lequel l'aile frapperait inutilement l'air.

Vous aurez beau voltiger du paon à l'aigle, de l'oie au canard, vous ne découvrirez jamais dans leur plumage des éléments dont les analogues n'existent point en principe chez l'homme. Par cela seul que nous vivons au milieu d'êtres qui partagent notre patrie terrestre, nous devons reconnaître chez tous les traces de l'art dont la nature a eu besoin pour nous produire. Le microscope nous apprendra à retrouver ces règles sublimes dans les fonctions les plus humbles, dans les sécrétions les plus accessoires, où elles ne sont que plus frappantes.

Les naturalistes les moins disposés à rendre sérieusement hommage à la majesté des grandes lois générales sont souvent les premiers à confesser qu'il existe une liaison intime entre le développement de la masse encéphalique et celui de l'instinct. Les plus ignorants sophistes reconnaissent également que le tube intestinal et le système musculaire agissent l'un sur l'autre. Il n'est pas besoin de lunettes, ni même de loupe, pour comprendre que le paisible ruminant serait fort embarrassé d'avoir des griffes comme le lion; que le lion mourrait de faim, même avec ses dents terribles, si les extrémités de ses membres étaient emprisonnées par des sabots pareils à ceux de l'antilope; mais ce qui dépasse toutes les prévisions des plus sages, c'est de retrouver sous le microscope, dans des poils quelquefois invisibles à l'œil nu, la plus merveilleue harmonie. L'organe même caché est toujours adapté à la fonction d'une façon incompréhensible pour notre intelligence, aussi longtemps qu'elle se refuse à y voir l'œuvre d'une cause dont l'intelligence dépasse infiniment la nôtre.

La plume couvre l'oiseau, parce que l'oiseau peut développer une force musculaire suffisante pour l'utiliser. Si la force musculaire n'est pas inutile, c'est que la plume est un organe assez léger, assez résistant, doué de toutes les qualités requises pour la locomotion aérienne.

Soumettez au microscope les écailles des poissons, vous verrez par un autre exemple qu'il y a toujours unité entre l'organisme et le but pour lequel l'organisme a été créé.

Destinées à protéger des êtres qui vivent dans un milieu cinq ou six cents fois plus dense que l'air, les écailles ne peuvent recevoir la forme déliée et flexible des plumes. Elles sont donc repliées les unes sur les autres, disposées comme les tuiles ou les ardoises sur les toits de nos maisons. Quoique renfermées dans un repli de la peau, ces concrétions cornées sont fixées individuellement par surcroît de précaution, et plus adroitement attachées sans aucun doute que ne le sont les plaques de nos frégates cuirassées.

Vous pourrez aisément constater de plus que la matière qui compose ces petits boucliers s'est déposée par couches successives. Une écaille mère trône au sommet d'une série de gradins; les lames successives débordent les unes sur les autres, et l'on voit à la fois la tranche de tous les feuillets qui sont venus se coucher les uns au-dessus des autres. Avec quelle merveilleuse harmonie la forme de ces parties influe sur celle des boucliers qui sont chargés de les protéger! On pourrait faire une curieuse collection, non pas seulement en réunissant les écailles des poissons de différentes espèces, mais en mettant à côté les unes des autres des écailles prises sur les différentes parties des mêmes individus. Les différences de coloration ajoutent un nouveau charme à ces changements de modèle; c'est de la variété à la deuxième puissance. Si les oiseaux l'emportent pour les formes, les poissons sont incomparables pour les nuances. Chaque être a donc son genre de beauté particulier, tenant aux conditions simplement spéciales de sa vie. Ces jeux de lumière sont dus à un pigment nécessaire pour maintenir l'exclusion de l'eau où le poisson est, suivant le proverbe, si heureux. Il a peut-être un analogue dans la matière colorante de la peau de l'homme, ce bipède si tourmenté. Le pigment de l'écaille brille à travers l'épiderme nu, mince et lisse qui recouvre l'écaille, comme le ferait un vernis à la gomme laque. En le regardant du reste avec un instrument doué d'un fort pouvoir grossissant, vous verrez sans doute qu'il se compose d'une substance onctueuse. Mais cette substance onctueuse elle-même, quel est le microscope qui pourrait se vanter d'en effectuer l'analyse? et cependant sa composition a été établie d'une façon précise par la chimie du créateur.

XI

L'AGE DE FER

Si l'on demandait à un philosophe quel est le métal le plus utile à l'humanité, il répondrait sans hésiter : Ce n'est ni le cuivre, ni l'argent, mais le fer ; le fer qui prend tant de formes différentes, qui se transforme en tant de manières ; on serait tenté de dire que les métallurgistes qui le manient si bien ont découvert la pierre philosophale. Si l'on adressait la même question à un naturaliste, il dirait la corne.

Son principal rôle est de servir de matière première pour les instruments de massacre et de pillage, de déchirement. Elle est susceptible de recevoir une foule de dispositions différentes, la nature sait toujours lui donner un degré de dureté proportionné aux usages auxquels elle est destinée. Car c'est sous la forme aiguë, tranchante, horrible, qu'elle a été l'instrument béni du progrès.

Ces becs d'aciers des rapaces, ces griffes des grands carnassiers semblent avoir été aiguisés par le génie du mal. Toutefois ils ont plus vigoureusement servi à l'évolution du monde que l'épaisse carapace, inerte instrument de conservation.

Si ces armes terribles n'avaient déchiré les faibles et les indolents, la terre eût été encombrée de ruminants décharnés se disputant un brin d'herbe, broutant la plante aussitôt qu'elle arrive à fleur de terre. Si les chèvres, les chevaux sauvages, les gazelles ont conservé leur grâce et leur finesse, c'est qu'il leur a fallu l'énergie des jarrets, la délicatesse de l'ouïe, la pénétration de l'œil pour échapper à la dent meurtrière admirablement servie par des griffes aiguisées des fauves qui les chassaient.

Nous ne saurions donc mieux utiliser le microscope, que de l'employer à l'analyse d'une substance qui joue un si grand rôle dans la lutte éternelle! Enlevons donc délicatement, je dirai presque avec respect, un fragment du métal vivant. Nous reconnaîtrons sans peine qu'il est formé par un tissu, net, ferme et soyeux, ressemblant à celui des lames de Damas.

Ajoutez à vos lentilles la raison, cet instrument d'optique intellectuelle dont le grossissement est infini, vous comprendrez alors que la construction des organes de proie des grands destructeurs est le fruit d'une mécanique transcendante.

Plus terribles qu'elles ne conviennent à la spécialité du carnassier, les armes que la nature lui aurait données d'une manière trop libérale n'auraient fait que le surcharger inutilement d'un poids gênant, compromettant. L'épée de Charlemagne ne ferait que de paralyser une main ordinaire.

Nos grands artisans de carnages n'ont point encore découvert la meilleure armure à donner aux soldats. Depuis Caïn l'art de la destruction est toujours en progrès! Chaque dévorant, quelque hideux qu'il soit, est sorti des mains de la nature aussi parfaitement armé qu'il devait l'être pour jouer son rôle dans l'harmonie universelle. Dans le monde sans limites, il n'y a point de place pour celui qui ne joue point sa partie dans l'universel concert.

La nature n'a rien refusé d'indispensable aux animaux bizarres qu'elle a créés dans des coins obscurs. Elle leur a même donné le luxe d'organes qui restent parfois cachés sous un repli de la peau, tel que l'œil rudimentaire du poisson aveugle. Que ferait la chauve-souris de l'ongle du faucon puisqu'il lui suffit d'avoir un crochet pour se pendre à une aspérité d'une cave pendant toute la durée du jour. Ces êtres peuvent durer longtemps et leur race ne périra point puisqu'ils peuvent compter sur la complicité des ténèbres.

Jamais l'imagination d'un Callot en délire n'aurait pu rêver un être aussi repoussant que ce monstrueux fourmilier. A peine s'il sait se traîner; je n'ose dire qu'il rampe, de peur d'injurier les serpents; le malheureux ne vit que pour veiller sur le fil de son ongle, aigu, tranchant comme un rasoir. Qu'il entame par un mouvement précipité l'instrument qui est à la fois son levier, son pic, sa pioche, le voilà condamné à la plus sûre et la plus cruelle des morts! Le salut de son estomac l'oblige à conserver intact le sceptre aiguisé avec lequel il doit régner en dévorant un peuple, comme les rois du bon Homère.

Mais que les ongles soient droits comme ceux du singe, crochus comme ceux du perroquet, aplatis comme ceux de l'homme, comprimés verticalement comme ceux du chat, fixes comme ceux du chien, mobiles comme ceux de la panthère, tous offrent une uniformité de texture, que le nombre des détails n'empêchera jamais d'apercevoir. Surtout le microscope aidant, vous trouverez un air de famille entre le crochet racorni du rapace et la lame rose transparente qui couronne le gracieux édifice des doigts de la jeune fille.

Épées, glaives, tenailles, ciseaux ou diamants plus soyeux que la corolle du lis, plus limpides que la feuille de mica, tous·se sont formés de poils agglutinés, fondus les uns avec les autres. Pour obtenir ce résultat, la nature a employé son grand art inépuisable : elle a fait manœuvrer les légions infinies que nous voyons défiler devant nous, depuis que nous avons eu le bon esprit de ne pas nous contenter des yeux que nous avons apportés dans le monde.

Vous seriez certainement effrayés si vous vous proposiez de compter combien de fils entrent dans les lames tranchantes qui garnissent la patte du lion. Aussi ne vous engagerais-je pas à essayer de faire ce dénombrement pour le bois de la tête d'un cerf, car la corne est la sœur de l'ongle formée d'un peu moins de chair et d'un peu plus de la pierre des os !

Supposons que des brins d'herbe s'imaginent de se coaliser pour former un palmier. Il faudrait réunir moins de tiges peut-être qu'il n'en faudrait pour compléter la couronne osseuse d'un bélier ou d'un taureau.

Précisément parce que l'individualité des poils persiste malgré leur réunion, la corne est un des objets les plus curieux que vous puissiez imaginer.

Coupez, taillez, rognez comme vous l'entendrez, transversalement, longitudinalement, vous mettrez toujours en évidence des teintes nouvelles, des nuances imprévues.

Quoique solidaires, ces poils soudés n'échappent pas aux lois organiques qui régissaient chacun d'eux quand ils étaient encore isolés : tout comme leurs frères, qui, dispersés sur l'épiderme, le recouvrent et le protégent, ils sont assujettis à la grande loi de la mue : c'est parce qu'il hérite de cette défaillance organique que le diadème des rois de nos forêts tombe à leurs pieds chaque année. C'est encore l'analyse micrographique qui se charge de vous donner la raison de ce phénomène régulier. Mais ce n'est point elle qui pourra vous dire pourquoi des millions d'organes cachés travaillent avec une activité fébrile, et remplacent la ramure tombée par une ramure plus belle encore quand le cours des saisons ramène la terre dans les mêmes points de son orbe. Sa science se borne à vous faire toucher de l'œil les millions d'organes, actifs ouvriers qui jamais ne font grève et qui, cachés dans l'épaisseur du derme, tirent du sang les matériaux nécessaires à son incessante réparation.

Nous voyons les phénomènes intimes s'effectuer devant nous, avec une sûreté, une précision bien supérieure à ce que nous pourrions imaginer de plus parfait, si nous n'avions que la philosophie des Aristote et des Platon, pour deviner les procédés de la nature naturante.

La puissance de notre vue artificielle fait parcourir à notre intelligence une nouvelle étape dans l'explication du cosmos. Nous ne trouvons cependant la clef d'aucune chose. Car si nous sortons du cercle où nous étouffons, c'est pour nous trouver renfermés dans un cercle qui contient le premier, mais où nos successeurs ne tarderont point à étouffer à leur tour. Si nous avons échappé, ce n'est point parce que nous sommes réellement affranchis. Gardons-nous de croire que nous sommes parvenus en dehors du dernier cerclé, de celui qui contient tous les autres. Si nous avons le droit de croire que son centre est en nous, c'est qu'il est en réalité partout. Mais nous ne tarderons point à nous apercevoir que sa circonférence ne saurait être atteinte, parce qu'il est bien vrai de dire que celle-là n'est nulle part.

XII

LA CHARPENTE DE LA MAISON

Vous avec admiré plus d'une fois la sensitive, cette poétique plante, symbole des esprits excellents qui éprouvent, au milieu de ce monde imparfait et corrompu, ce que l'on pourrait appeler l'attraction des sphères supérieures, Nous allons vous montrer en quelque sorte un spectacle non moins attachant, non moins instructif. Nous allons étudier le développement d'une véritable plante formée d'éléments minéraux, plutôt roche qu'arbuste, qui envahit l'intérieur de notre corps, et atteint tout son développement au milieu de nos organes.

Nos muscles sont attachés à des espèces de tubes, qui se glissent au milieu de notre chair. Sans cet inerte charpente, nous serions condamnés à un éternel repos. C'est à cette tige insensible que revient le soin d'envelopper les filaments nerveux qui prolongent notre cerveau, ce sont des roseaux artistement ajustés qui le mettent à la portée de toutes les impressions venant du dehors. Des fils électriques, recouverts avec soin de substance isolante, servent de véhicule à la pensée.

Pour étudier la structure des différentes parties du

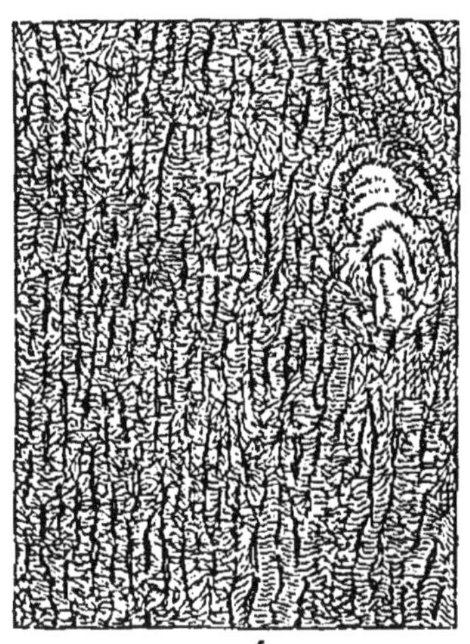

Fig. 46. — Section de l'humérus d'une tortue.

Fig. 47. — Section de l'humérus d'un renard.

squelette, il faut donc s'y prendre à peu près comme si l'on faisait l'anatomie d'un chêne ou d'un sureau.

Tranchez vigoureusement dans l'épaisseur de l'os des lames très-minces ; usez, autant que vous le pourrez, sur des verres, ces fragments que vous aurez préalablement rendus aussi ténus que possible, auprès desquels une feuille de papier est un monstre d'épaisseur, ne négligez rien pour laisser passer librement la lumière, cette justice du ciel.

Tenez, voilà un morceau du squelette d'un cheval

que nous allons inspecter à l'aide d'un grossissement
de quelques dizaines de diamètres, presque rien, seulement de quoi donner à un mouton la taille d'un éléphant.

Vous n'aurez pas besoin d'une grande habitude
pour reconnaître dans cette substance la trace d'une
disposition tout à fait régulière ; cette trame ne saurait être tissée par le hasard sans un miracle plus grand
encore que ne saurait l'être celui d'une formation
harmonieuse ordonnée par l'architecte de la nature.

Les cavités, qui apparaissent comme de simples
ponctuations peu intéressantes, s'illuminent sous le
microscope. Elles deviennent des cavernes dont la
forme nous surprend et nous enchante à la fois.

Augmentez le grossissement, vous verrez apparaître
des fissures qui se donnent rendez-vous. On dirait
une multitude de racines dont les eaux doivent alimenter une petite mer intérieure.

Pourquoi ces lignes saccadées et tortueuses ? Pourquoi ces axes à peu près parallèles ? Ne croyez point
aller jusqu'au bout et épuiser ce mystère par un autre tour de force d'optique. Même en employant le
microscope plongeant d'Amici, qui est notre dernière
ressource, il restera toujours un nuage que jamais
lentille ne saurait disperser sans le secours de l'intelligence. Si grossir est bien, expérimenter est encore
mieux.

Faites arriver une gouttelette d'huile entre deux
lames de verre, simple subterfuge à la portée de tous,
la scène sera transformée ; l'os s'illuminera pour ainsi
dire jusque dans ses dernières molécules.

Chacun des petits vides allongés devient un véritable centre brillant, qui se montre entouré d'un

inextricable réseau de lignes d'une délicatesse dont jamais rien ne saurait donner l'idée.

Combien le métier de révélateur serait aisé, si le prophète avait le monopole du microscope! Chaque fois qu'il lui plairait d'interroger la nature, il pourrait ajouter une sourate à son Coran.

La nature, ainsi que vous devez le comprendre au

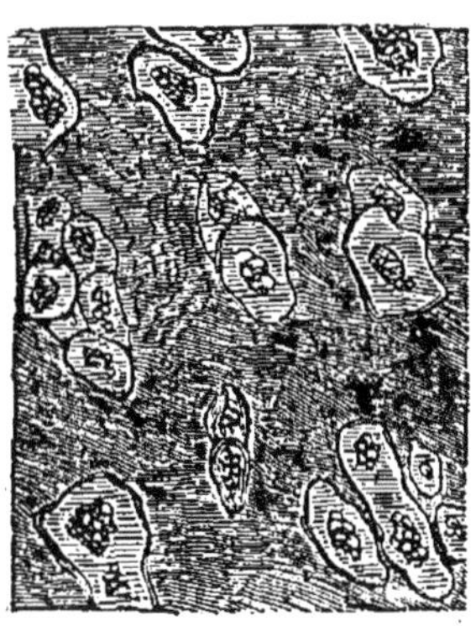

Fig. 48. — Section du temporal d'un singe.

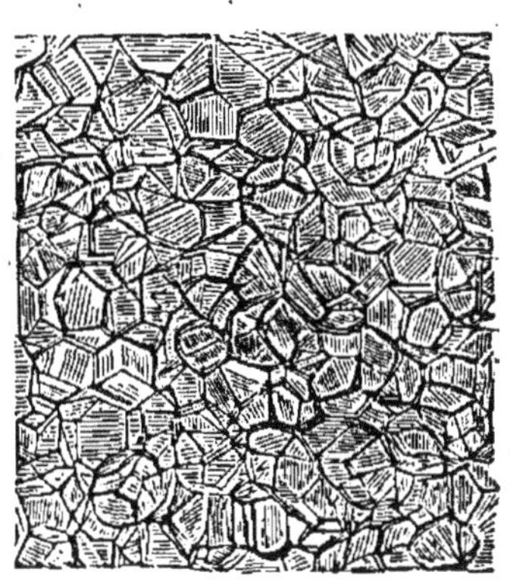

Fig. 49. — Os de l'oreille d'une souris.

moyen de cet exemple, n'aime point à être forcée par des voies directes. C'est dans les chemins de traverse que certains philosophes, grands batteurs de buissons, trouvent bien souvent à détrousser la vérité, que toutes les académies du monde poursuivent inutile- ment dans les routes battues où les chariots officiels ont toujours creusé tant d'ornières.

Je comparerai volontiers ces divers canaux, mis en évidence par l'action de l'huile, à un menu système d'irrigation, de drainage, comme vous le voudrez. Certes les agriculteurs des meilleurs comtés agricoles d'Angleterre n'ont pas multiplié leurs conduits de

terre plastique avec un luxe comparable. Cette magnifique canalisation pratiquée dans tous les sens ne serait cependant qu'une erreur manifeste de la nature, si
la nutrition ne devait entretenir ces masses inertes qui
constituent notre ossature. Mais que dis-je! pourquoi
parler d'inertie en étudiant les plus secrets replis des
êtres vivants? N'est-ce point en quelque sorte proférer
un blasphème?

Si vous doutez encore que la nutrition soit aussi
nécessaire au tissu osseux de notre squelette qu'à
notre chair elle-même, je vous conseillerai de prendre
la peine d'examiner l'os quand il est encore à l'état
frais, c'est-à-dire tout imbibé de sucs nourriciers.

Une fois sur la piste de ces organes, qui servent
de véhicule au fluide réparateur, vous reconnaîtrez
qu'il se trouve partout dans l'épaisseur de nos os une
foule de vaisseaux capillaires séparés de la concrétion
minérale, isolés par une espèce de coussin élastique.
Car il a paru nécessaire d'éviter le choc des parties
molles contre les corps durs. Varley et Thompson
n'ont pas pris plus de précaution pour le fil qui,
joignant l'un et l'autre monde, court au fond des
océans.

Que de soins la nature n'a-t-elle pas à prendre
pour assurer la pénétration des fluides vivifiants, dans
une matière tellement difficile à désagréger. On pourrait dire que la mort elle-même lui rend hommage,
car elle ne peut l'entamer qu'après une longue suite
d'années. Les siècles mêmes paraissent quelquefois
obligés de la respecter.

Si vous trouvez que les incrustations calcaires vous
gênent, vous pouvez facilement vous en débarrasser.
Vous n'avez qu'à invoquer l'aide de l'acide chlorhy-

drique. Suffisamment affaibli, ce dissolvant terrible respectera religieusement la trame qu'il met à nu.

En agissant ainsi, vous ne ferez que retourner à l'état primitif, car le petit vertébré ne débute point dans la vie avec un squelette tout formé. Les parties qui doivent composer la base résistante de l'organisme, sont pour ainsi dire ébauchées avec une matière qui n'est point chair, mais qu'un os, s'il se prétendait son frère, certainement ne reconnaîtrait pas.

L'être commence par posséder ce que l'on pourrait appeler une charpente provisoire, bonne pour l'époque où il n'a pas besoin de marcher, par cette raison bien simple que la mère s'acquitte de ce soin en sa faveur.

C'est petit à petit, grain à grain, que ces cartilages se chargent d'une substance qui, possédant la dureté d'un rocher, n'a besoin que d'être soutenue par une trame suf-

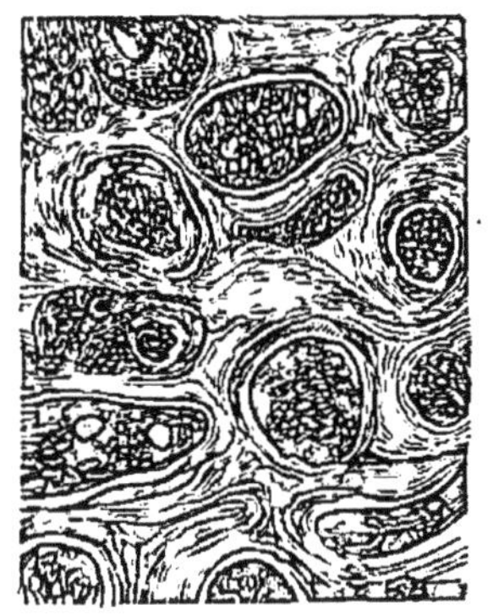

Fig. 50. — Os de l'oreille d'un caniche.

fisamment tenace et assez résistante. Voilà des granulations osseuses qui se rangent. Elles se muliplient, elles s'étendent comme les mousses que l'on voit grimper le long des vieux murs.

Bientôt ces files se trouvent tellement serrées les unes contre les autres, que le cartilage, recouvert comme d'une espèce de feutrage rocailleux, perd toute sa transparence. Si l'ossification marche encore, ce n'est bientôt qu'une masse épaisse que la lumière interrogerait inutilement.

·Jamais je ne traverse les déblais de nos voies ferrées sans rêver à la majesté des causes secrètes qui ont travaillé pendant des millions d'années pour produire cette série de terrains stratifiés, éventrés tant de siècles plus tard pour laisser passer nos rails.

La locomotive ne court point assez rapide pour m'empêcher d'éprouver un sentiment vague de l'immensité en songeant à l'extraordinaire lenteur des périodes nécessaires à l'accumulation de ces assises.

Dans notre voyage à travers les os, nous serons frappés de rencontrer une disposition tout à fait analogue, que je dirai même beaucoup plus admirable encore.

En effet, nous pourrons compter peut-être plus de stratifications entassées dans la section du fémur ou du tibia que si quelque nouveau Rolland coupait en deux une montagne.

En outre, ces strates organiques ont été déposées dans un sol qui, quoique vivant, n'a jamais été troublé par la moindre convulsion volcanique; noyées au milieu de notre chair, elles ont gardé toute leur régularité virginale.

Qu'est-ce qui donne le mot d'ordre à ces multitudes de concrétions circulaires? Pourquoi viennent-elles se ranger autour de chaque canal capillaire? Quels sont donc les organes infatigables qui tirent nuit et jour des éléments du sang la pierre et le mortier nécessaires pour cette patiente édification de la charpente? Si nous avions le loisir d'examiner les pièces osseuses, nous saisirions la nature sur le fait; nous verrions que la membrane qui tapisse l'os n'est point jetée au hasard comme un manteau de luxe, comme un drap inutile. Elle travaille activement à la conservation de l'organe rigide, à sa nutrition, à sa réparation. C'est ainsi que les polypes gélatineux de la mer des Indes élèvent des continents qui serviront peut-être un jour de patrie à des peuples moins barbares que les hommes de nos âges. Une différence pourtant capitale, c'est que le polype travaille du dedans au dehors, parce qu'il est obligé de se tenir à l'abri du mouvement des vagues. Rien ne vient troubler le travail de la chaîne vivante qui enveloppe son œuvre de ses replis ; ici c'est la soie qui sert de bouclier au fer.

Nuit et jour cette membrane infatigable veille sur l'intégrité de notre squelette, qui n'est définitif que lorsque nous nous couchons dans notre cercueil.

Il se renouvelle sans relâche, et si, comme les lapins de Flourens, nous mangions de la garance, nous ne tarderions point à devenir écarlate tout autour de la moelle des os.

Cette teinture infiltrée par les capillaires, dont le microscope nous a révélé la présence, est un symptôme que nous ne nous sommes point laissé induire en erreur en déclarant que la vie se trouve partout dans l'être. N'est-ce point cette indomptable puissance, la tendance évolutrice vers un état supérieur, qui produit l'incessante rénovation des parties les plus profondes, celles qui sont douées de la dureté la plus prodigieuse ?

Il ne faut donc pas s'étonner qu'un savant ait trouvé moyen de reconstruire grain à grain les os détruits par quelque accident, rongés par quelque maladie.

C'est la plante qui repousse tant que la racine a été respectée.

Quoi ! vous hochez encore la tête en signe d'incrédulité?

Du moment que vous saviez que les différentes parties du squelette peuvent être considérées comme des plantes que leurs racines enveloppent de toutes parts, qu'elles protègent comme une gaine soyeuse, vous deviez vous attendre à ce que de hardis praticiens viendraient fonder une nouvelle espèce d'agriculture.

Croyez-vous que les organes qui entretiennent la vie normale de l'os valide jouent un rôle essentiellement borné au remplacement quotidien des matériaux usés?

Est-ce que le maçon qui se montre assez habile pour réparer une maison vivante, qui renouvelle les pierres tous les cinq ou six ans, sans que les locataires s'en aperçoivent, ne saura pas construire un bâtiment neuf? Qu'on lui donne les moellons et le mortier, puis qu'on le laisse dresser son échafaudage; l'on verra bientôt une preuve de ce qu'il sait faire.

Cette puissance étonnante de certaines espèces qui peuvent se fabriquer une jambe existe chez nous à l'état rudimentaire. Nous savons également, quoique à moindre degré, compléter le plan de notre être. N'est-ce pas la preuve qu'il existe un type créé par une force supérieure aux vicissitudes de ce monde? type dont nous pouvons nous écarter dans les limites tracées comme Aganiz l'a si bien expliqué dans ses dernières lectures. Mais rien ne dérangera le plan divin tracé pour la confusion éternelle de tous les Darwins et de tous les Gœthe.

XIII

LA MACHOIRE DES FILS D'ADAM

Les premiers anatomistes qui s'occupèrent des dents, crurent devoir demander pardon à leurs lecteurs de la liberté grande qu'ils prenaient de les entretenir d'objets de si mince importance. Ils s'excusèrent de parler de ces menus osselets que l'on pourrait appeler les ouvrages avancés du squelette. A cette époque, personne ne se doutait encore du prix que vaut la place disponible dans le microcosme. On ne se rendait pas compte de la multitude de ressorts nécessaires accumulés dans cet étonnant mécanisme qui doit être assez puissamment organisé, non-seulement pour vivre et penser, mais encore pour porter la pensée et la vie en un point quelconque du globe.

Aujourd'hui la science des dents a conquis son droit de cité dans l'histoire naturelle.

Le grand paléontologiste Owen a rédigé un ouvrage qui aurait suffi pour assurer sa réputation, et qui ne traite absolument que d'*odontologie*.

La science dentaire possède à Londres un organe qui trouve dans sa spécialité une assez riche moisson d'expériences pour ne jamais être sur les dents, pourrait-on dire. C'est en analysant la forme d'une molaire, d'une canine ou d'une incisive que Cuvier put reconstituer le squelette entier d'animaux qu'on retrouva plus tard. S'il est vrai de dire avec Buffon : Le style, c'est l'homme, il l'est plus encore de s'écrier : La dent, c'est l'humanité !

La dent parfaite se compose d'au moins quatre éléments distincts, cinq même selon certains anatomistes. On y trouve des éléments nouveaux qui auraient été de luxe dans d'autres parties du squelette. En effet, ils ne sont point, comme les os vulgaires, noyés dans la chair qui les garantit aussi bien de l'action des chocs que de celle de l'atmosphère. Leur fonction est d'exercer, à chacun de nos repas, des efforts qui fausseraient les leviers les plus robustes de notre machine motrice.

Fidèle à ses grands principes d'économie, la nature gradue la solidité des corps organiques avec l'intensité des efforts qu'ils sont appelés à supporter.

L'extérieur de la dent est donc revêtu d'une espèce de vernis impénétrable, formé de prismes très-serrés, appuyés les uns contre les autres, aussi difficiles à séparer qu'à entamer. La divine ouvrière a trouvé moyen de faire une cotte de mailles inattaquable avec des fragments qui n'ont pas deux millièmes de millimètre de côté. Grandissez-les en leur donnant cette surface, et dites-moi combien de millions de pièces se comptent dans l'armure de la plus modeste canine.

Familiarisez-vous avec les grands nombres, que nous retrouverons à chaque pas, et dont le matérialisme ne saurait rendre compte, car le hasard n'a pour lui que des coups isolés; mais la Providence sait mettre en mouvement les légions infinies. Elles les fait manœuvrer avec une facilité égale, que ce soient des étoiles ou des atomes.

Dessous cette première couche de vernis superficiel, on en trouve une seconde encore très-dure et très-serrée, qui n'est encore qu'un ouvrage avancé.

La partie la plus intime qui apparaît derrière cette seconde écorce est une sorte de trame cartilagineuse, semblable à celle qui constitue les autres parties du squelette. C'est elle qui, gonflée de sels calcaires, devient non-seulement os, mais encore, s'il est permis de s'exprimer ainsi : *os cuirassé!*

On connaît bien des animaux qui déchirent leur proie avec facilité, quoique leurs dents ne soient pas aussi fortement incrustées que les nôtres. Mais ces êtres sont faits pour dominer dans le sein des eaux, milieu peu favorable à la constitution d'animaux énergiques et fortement trempés. En effet, les océans sont habités par des myriades d'espèces inintelligentes et voraces, dont les chairs sont molles et flasques.

Des serpents très-redoutables ont leur mâchoire armée de simples crochets. La nature leur a donné une sorte de lancette destinée à égratigner la peau, et qui, ne servant qu'à donner passage au venin, ne pouvait être constituée avec autant de luxe et de solidité que la moindre de nos incisives.

La nature a inscrit notre droit de régner en caractères ineffaçables sur l'arsenal qui couronne l'édifice de notre mâchoire.

Toutefois il en est des dents comme des autres organes. Ce serait une immense erreur que de croire que chacune de celles qui appartiennent à notre espèce est supérieure à tout ce que nous pouvons trouver de plus parfait dans la série animale. Le petit dieu de ce monde n'est point une collection de chefs-d'œuvre; il ne règne que par l'ensemble des facultés dans lesquelles il a presque toujours un maître.

Avouons donc avec franchise que le microscope nous oblige d'admettre dans la défense de l'éléphant le produit d'un art beaucoup plus raffiné que celui qui a présidé à l'armement de nos maxillaires.

Nous verrons très-distinctement, dans la mâchoire de ce quadrupède géant, ce que je ne craindrai pas d'appeler une espèce de creuset organique et que l'on nomme la glande. Voilà le berceau de la défense, le foyer où la circulation apporte, sous forme de liquide, les éléments de la concrétion dentaire; c'est par le dépôt d'un cône très-petit que commence tout le travail. Cet embryon ne tarde pas à se garnir d'un premier cornet d'ivoire, que vient à son tour recouvrir un second tube de même forme, modelé de même manière. Les cornets succèdent aux cornets, les nouveaux venus ayant constamment des dimensions suffisantes pour enrober tous les autres. C'est ainsi que d'année en année le chêne s'enrichit d'une gaine nouvelle enveloppant tout ce qui reste du travail des cycles antérieurs.

La défense prendra une forme à peu près cylindrique lorsque les limites transversales de son développement se trouveront atteintes; nous la verrons sortir tout d'une pièce comme un palmier dont le tronc monte lentement vers le ciel. Jusqu'à ce qu'elle ait atteint sa longueur normale, l'activité de l'organe générateur se maintient dans le même état de surexcitation fébrile. Heureusement pour l'éléphant lui-même, cette nouvelle période s'arrête un jour; la fièvre s'éteint peu à peu, et la dent se termine par une pointe qui reste solidement enfoncée dans la chair.

Quoiqu'elles poussent toujours, les dents des rongeurs n'atteignent jamais ces dimensions monumentales, non-seulement parce que l'être est petit, mais parce qu'elles sont limitées dans leur développement par une multitude de frottement, auxquels elles ne sauraient échapper. En effet, elles sont pour le rat ou pour le castor, humble convive au banquet de la vie, ce que l'ongle aigu est pour le fourmilier, la dent l'arme à l'aide de laquelle il conquiert sa place dans le festin où chaque Balthasar doit voir tous les jours son *Mané, Thécel, Pharès.* Grâce à cette persistance à l'activité des glandes, le rongeur peut user et abuser de ses incisives avec prodigalité sans craindre de se trouver dépouillé; cependant cette faculté même n'est point tout à fait sans danger.

Il peut arriver qu'une des incisives de la mâchoire supérieure soit brisée par quelque accident tellement grave que la racine même soit emportée. La dent correspondante de l'autre mâchoire n'aura pas l'intelligence de s'arrêter à point nommé; bien au contraire, elle profitera de tout l'espace qui s'ouvre devant elle. Il n'y a que la dent qui puisse faire obstacle à la croissance de la dent, de même qu'il n'y a que le diamant qui puisse user le diamant.

Cette incisive émancipée va monter droit, haut et

ferme jusqu'à ce qu'elle se recourbe sous son propre poids. Alors elle finira, on en a vu des exemples, par perforer le crâne du malheureux propriétaire, trop bien servi par la glande zélée, et succombant devant l'imdomptable activité de la dent qui doit être son esclave.

Ce qui nous a sauvés, ce qui a compensé la faiblesse de nos biceps, la petitesse de nos tibias, ce n'est donc point la supériorité de nos canines ou de nos molaires. C'est la parfaite harmonie de la formidable rangée d'osselets qui garnit nos mâchoires, c'est la prodigieuse variété de leurs aptitudes. Heureusement pour la suprématie de notre race, il ne manque pas une seule note à la gamme de destruction que recouvrent si gracieusement des lèvres rosées et riantes.

Si vous comprenez l'importance du système dentaire, vous conviendrez que l'enfant qui conserverait, jusqu'à la fin de sa carrière, des dents de lait, mériterait à peine d'être classé parmi la race humaine. Ce serait certainement un être compromettant à une époque où nous nous sentons serrés de près par les gorilles et autres espèces marchant derrière l'ambitieux anthropoïde. Le plus sage serait de repousser une recrue aussi anomale et de la traiter comme feraient les grenouilles. Est-ce qu'elles ne renieraient point un têtard qui, s'obstinant à garder sa forme de poisson, voudrait pourtant figurer dans la noble race des batraciens. Le travail de la seconde dentition doit être considéré comme une sorte d'équivalent des métamorphoses que subissent les insectes. Vous cesserez de vous étonner de l'ébranlement qu'éprouve la nymphe humaine, lorsqu'elle traverse les épreuves nécessaires pour la fabrication des dents qu'elle ne peut plus remplacer, hélas! que par des osanores. Mais cette métamorphose n'est point la dernière; car nous restons peu de temps semblables à nous-mêmes, et les changements que les autres aperçoivent si souvent avant nous, sont autant d'étapes vers la grande évolution nécessaire.

XIV

LA PEAU

Nous engageons vivement les amateurs de formes à
la foi bizarres et régulières à ne point négliger le
monde des coquillages. Le manteau des espèces les
plus vulgaires, les huitres, les limaçons, fournira des
points de vue, des sites, des paysages; il y a de quoi
s'égarer pendant de longues heures en suivant ces val-
lées à l'éclat bleuâtre, au reflet diamantin, qui diaprent
le manteau de la moule. Vous verrez qu'elle rivalise avec
l'iris, la perle étalée en forme de coupe, sur laquelle
repose la chair comme en un divin berceau, digne d'a-
briter Vénus lorsqu'elle flottait à la surface des océans.

Le minéral qui sert d'enveloppe et de gaine à la vie
semble se piquer d'honneur. Il sent le besoin de se
montrer digne d'un si glorieux voisinage. Cependant
la carapace n'a que deux qualités à remplir : ne pas

écraser l'être qui la porte, et l'isoler d'une manière
suffisante. Qu'elle soit à la fois légère et solide comme
toute bonne cuirasse, voilà son but rempli d'une manière tout à fait satisfaisante. Mais ce système de résistance passive est pour ainsi dire l'enfance de l'art.
Car l'être enfoui dans le fond de sa coquille ne saura
concevoir une idée bien nette du monde extérieur.

L'homme, ce flambeau de la nature, ne pouvait vé-
géter derrière un inerte rempart, pesant vingt fois plus
que la masse vivante. Ce n'était point le mollusque
qui devait lancer dans le monde cette parole sublime :
« Je suis, donc je pense. » Destiné à lutter contre la
nature, à la dompter, l'homme devait être armé par une
cuirasse servant à le mettre en rapport avec le monde.

Quoique la peau soit avant tout une protection
comme la coquille, elle est plus une parure chez les
animaux que chez nous. Les anatomistes qui cherche-
raient la supériorité de notre épiderme dans la richesse des couleurs, la solidité des tissus, le façonné
des écailles, seraient condamnés à rougir. Le chat nous
ferait honte.

Les deux couches de l'épiderme ont une épaisseur
variable suivant les parties, peut-être trois millimètres
en moyenne. Vous n'avez donc pas de peine à vous
convaincre, le microscope en main, que les fameuses
reliures en peau d'homme n'ont jamais été fabriquées.
Vous laisserez tomber dans l'oubli ces contes inventés
afin de noircir la mémoire des hommes courageux qui
ont tenté d'organiser le premier gouvernement rationnel
qu'ait vu la France. Établir à Meudon une tannerie
humaine, en pleine révolution, quand le tannin était si
cher ? On n'était point assez fou pour renoncer au par-
chemin qu'on tire de l'âne. Aucune de nos élégantes à

la peau satinée ne serait en état de lutter avec la chèvre la plus grossière. Il n'y a pas de rat que le mégissier ne leur préfère !

Ce sont des qualités d'un ordre plus relevé qu'il faut demander à l'enveloppe d'un être consacré au culte de la raison. Si nous avons le droit d'être fiers de notre peau, c'est qu'elle semble presque raisonnable, et l'on dirait que notre corps est *enrobé* d'intelligence.

Seuls entre tous les êtres, privilége divin, c'est par la périphérie de notre individu que nous touchons le monde. Ce n'est pas seulement à l'aide de tentacules, de lèvres, de palpes, que notre sens intime explore le grand Tout et que notre moi cherche à le saisir.

Nous interrogeons l'Infini à l'aide d'une surface qui a pour le moins sept quarts de mètre carré. A peine si, malgré ses gigantesques proportions, l'éléphant possède sept quarts de centimètre. Si nous voulions nous donner le problème de définir l'homme, nous oserions presque dire que nous sommes une immense palpe animée dont la nature se sert pour étudier son ouvrage. Si nous savions avec quel luxe ont été répartis les filaments nerveux, au lieu de nous aplatir et de croire que nous descendons du singe, nous laisserions notre reconnaissance remonter jusqu'à l'auteur de la nature.

La couche inerte qui sépare notre moi du monde extérieur ne possède que quelques dixièmes de millimètre d'épaisseur ; c'est une substance cornée, translucide, comme le serait la matière des poils, si elle avait été fondue, vitrifiée, de manière à former un vernis transparent, une légère couche de mica douée d'une magnifique élasticité. Notre raison est comme le sage dont parle Socrate, elle habite une maison de verre.

Que de choses se trouvent sous la peau, dans l'épaisseur de cet organe, dans son voisinage immédiat!
Commencez, si vous le voulez bien, par les glandes su-
dorifiques, si longtemps dédaignées. Le microscope
vous les montrera formées chacune par un canal
unique, replié, pelotonné sur lui-même. En dévidant

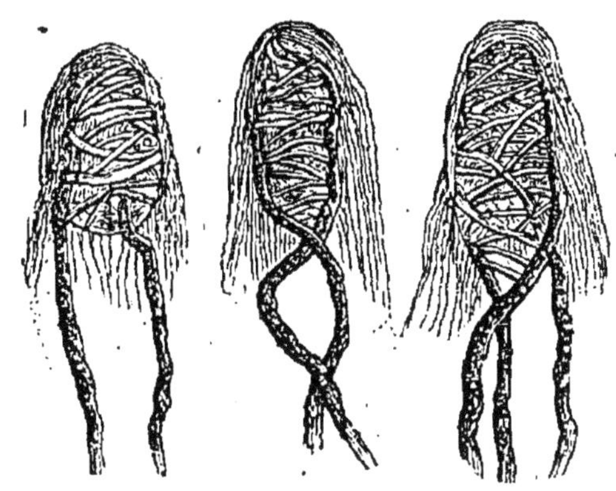

Fig. 51. — Papilles nerveuses (organes du tact).

ces rouleaux, dont l'ensemble forme un point invisible à l'œil nu, vous arriverez, si vous êtes habile, à
tirer un ruban dont la longueur atteint la taille d'un
homme ordinaire.

Je ne vous engagerais pas, à moins que vous n'ayez
beaucoup de patience et de temps disponible, à compter vous-même combien il y a d'organes pareils. Un
anatomiste a trouvé de 400 à 600 glandes dans un
pouce carré de peau de la face postérieure du tronc,
des joues et des extrémités inférieures. La peau du
front est plus riche; elle en a jusqu'à 1,100. La plante
du pied et la paume de la main en donnent jusqu'à 2,700.

Le nombre total des appareils qui sont nécessaires

à notre transpiration est bien de deux à trois millions.
Si tous les petits canaux qui les composent étaient mis
bout à bout, ils auraient une longueur assez grande
pour faire à.peu près le tour de la lune. Est-ce assez
de luxe pour une fonction dont nous ne comprenons.

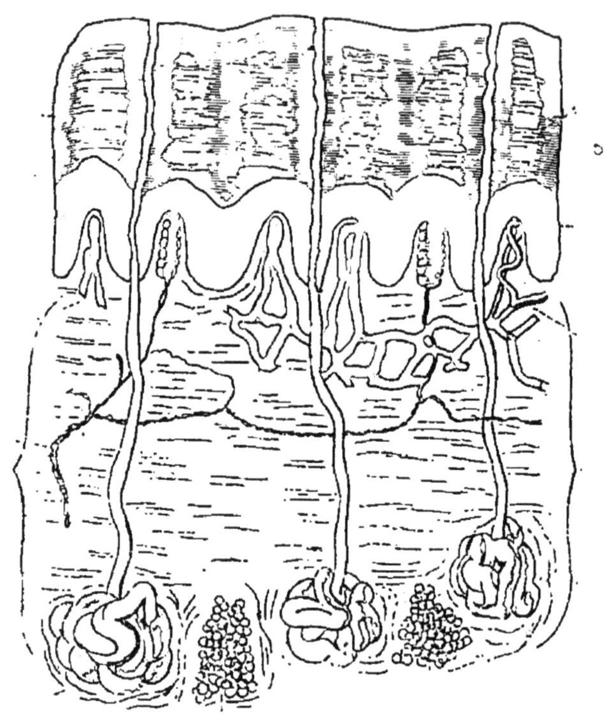

Fig. 52. — Peau humaine.

pas très-bien la nécessité, et à laquelle nous n'aurions
certes pas songé si l'architecte de l'univers avait pris
notre avis avant de tailler le paletot qu'habite notre
âme sur la terre.

Comme je ne veux point que vous puissiez conserver la moindre espérance de voir la vérité sortir simple

et nue de notre puits microscopique, je vais vous montrer encore un des mille problèmes qu'on rencontre en effleurant l'épiderme ; ceci vous donnera peut-être une idée de ce que vous auriez à étudier si vous descendiez dans les profondeurs de la machine humaine.

Il n'est pas besoin d'être anatomiste pour remarquer que les poils sont susceptibles d'opérer quelques petits mouvements et pour en conclure que chacun doit être armé d'un muscle, analogue à ceux qui mettent en mouvement les pièces importantes de notre squelette.

Savez-vous cependant où cela nous mène d'admettre que chaque poil est pourvu de son muscle ? A concéder qu'il peut exister dans l'épaisseur de la peau jusqu'à dix mille muscles par centimètre carré ; car tel est le nombre de poils qui chez un homme ordinaire, je ne parle pas de l'homme-chien, garnissent cette surface.

Comprenez-vous ce qu'il en coûte à la nature pour que nos cheveux puissent se dresser sur notre tête et que nous puissions avoir la chair de poule?

Non-seulement la peau sert admirablement l'intelligence, mais encore on peut dire qu'elle est aux ordres de la vie organique. En effet elle tapisse tous les replis des cavités intérieures sans aucune espèce de solution de continuité, sans autre lacune que des pores appartenant presque tous au monde invisible, ou se trouvant au moins sur les limites de la vision naturelle.

Si vous voulez étudier par vous-même cette multiplicité infinie de canalisations merveilleuses, je vous engage à visiter les galeries de l'École de médecine de Paris. Vous y verrez exposées le long des murs des préparations propres à mettre en lumière la délicatesse des dentelles organiques. Des injections de couleurs différentes guident l'œil étonné de suivre

tant de tubes destinés à tant de *services* différents
soit dans le ministère de la digestion, soit dans celui
de la circulation, soit enfin dans celui de la respiration.

Voyez, par exemple, les villosités qui recouvrent
l'intérieur de ce labyrinthe que l'on nomme l'intestin
grêle. Vous y découvrirez de petits rameaux teints en
rouge qui sont destinés à absorber le liquide alimentaire. Leurs orifices, véritablement infaillibles, laissent pénétrer les particules nutritives et repoussent
les substances incapables de servir avec une précision
merveilleuse. Quand rien ne vient diminuer la vigilance de ces parties fidèles du courant circulatoire,
que la faim est grande ou la ration petite, ils opèrent
la séparation avec une précision supérieure à celle de
nos meilleurs tamisages. Le microscope ne pourra pas
vous faire comprendre comment ils s'y prennent pour
ne point commettre d'erreur dans une opération nécessaire pour chaque molécule alimentaire et aussi difficile que de chercher une perle dans un tas de fu-
mier.

Le même procédé permettra de vous montrer ces
innombrables capillaires, qui, sortant des profondeurs
de l'organisme, apportent constamment à la surface
le produit des glandes cachées. Ces canaux, remplis
d'un liquide destiné à compléter l'action dissolvante
du suc gastrique circulent à côté des précédents. Les
deux systèmes se mêlent, s'entre-croisent, se marient
de mille manières différentes; cependant ils sont tous
deux pratiqués dans l'intérieur d'une membrane plus
fine qu'une feuille de papier.

Ce qui vous paraîtra bien autrement merveilleux,
c'est la construction de cette admirable éponge que

l'on nomme le tissu pulmonaire. Cet étrange appareil n'est qu'un composé de tubes à air et de vaisseaux sanguins si merveilleusement ramifiés, que chaque pellicule impalpable sert à séparer deux mondes qui doivent rester isolés tout en se pénétrant l'un l'autre. Chaque partie de la surface frontière est baignée d'un côté par le sang et de l'autre par l'air. Elle est percée

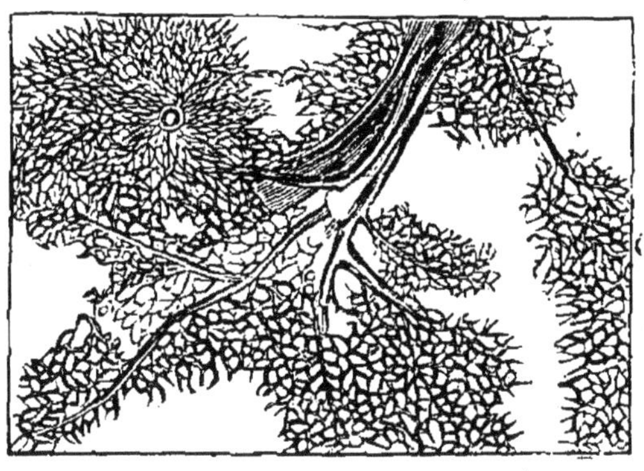

Fig. 53. — Tissu des poumons.

de milliards de petites fenêtres qui font que l'air et le sang se touchent par une multitude d'ouvertures ; et cependant ni le sang ni l'air n'empiètent l'un sur l'autre. Puisse venir un jour où les nations humaines seront assez raisonnables pour respecter aussi les limites que la nature leur a tracées, quoiqu'elle ait pris la précaution de les séparer tantôt par de larges fleuves, tantôt par des océans, tantôt par des chaines de montagnes infranchissables !

Ainsi l'analyse microscopique ramène en quelque sorte l'explication de ce qui se passe dans le poumon à l'étude de la peau, aux propriétés des tissus perméables aux gaz ! Si vous mesurez la superficie des cellules qui composent la substance de votre poumon vous pourrez vous assurer que leur développement total présente une surface égale à cent vingt fois celle du corps. Si vous cherchez à évaluer le nombre des pores répartis le long de cette immense superficie, vous trouverez quarante ou cinquante milliards de petits orifices trop petits pour laisser passer le liquide sanguin, mais assez cependant creusés de manière à livrer passage au gaz vivifiant.

Ce n'est point trop, car il faut laisser suinter molécule à molécule un volume de gaz trois ou quatre fois plus gros que le ballon de M. Giffard à l'Exposition universelle, afin de donner au sang l'oxygène nécessaire pour régénérer trois ou quatre millions de litres de sang noir.

Même dans un monde où l'énergie du gaz actif est tempérée par un mélange d'éléments inertes, nous voyons que la grande fonction de respiration est pour ainsi dire identique à celle qui s'exerce à la surface de la peau. Nous pouvons donc admettre, sans faire d'hypothèses hasardeuses, qu'il y a dans le monde infini des sphères étoilées où la fonction de la peau suffit, parce que le gaz qui brûle n'est tempéré par aucun mélange de gaz inerte, et qu'il mettrait le feu au corps s'il pénétrait dans des poumons ou des branchies. Apprenons à ne pas tracer de limites aux forces créatrices de la nature : nous lui ferions trop injure si nous la jugions d'après ce que nous voyons nous-mêmes dans le petit coin du monde où nous sommes confinés. Bien fous, dirions-nous donc, ceux qui s'écrieraient, comme dans Hamlet, que l'homme est le chef-d'œuvre de Dieu, parce qu'ils ne voient rien de supérieur ici-bas ! Des êtres intelligents qui se borneraient à respirer par la peau n'auraient-ils pas au moins, sur nous l'avantage de ne pouvoir devenir poitrinaires ?

Certainement ces analogies profondes ne vous mettront point au courant de la manière dont la nature s'y prend pour organiser le poumon, car la fabrication de la peau n'est pas moins difficile à comprendre que celle du tissu pulmonaire. Mais que la satisfaction éprouvée dans ces découvertes ne nous entraine point à imiter ces rêveurs qui croient avoir surpris le secret du Créateur, et qui se chargeraient presque de perfectionner son œuvre après lui. Heureux si le spectacle de l'unité de plan nous met à même de nous élever jusqu'à la conscience des lois sublimes dont nous ne sommes que les esclaves. Embarqués, nous ne savons pourquoi, à bord d'un globe qui nous entraine vers des destins inconnus, nous devons avoir confiance, car l'énorme complication de nos organes prouve que nous avons été créés de propos délibéré pour jouer un rôle important dans ce monde. Qui sait si l'humanité prise dans son ensemble n'est point l'organe des pensées de la terre !

L'étude de la peau ne sera pas moins utile au point de vue pratique, car elle montrera combien sont vaines les distinctions que l'on veut baser sur la blancheur ou la noirceur de l'épiderme.

Tournez et retournez ces granulations auxquelles vous ne trouvez aucun caractère organique, et je vous défie de soutenir qu'elles suffisent pour refouler au-dessous de l'homme un être doué de toutes les facultés qui sont l'apanage de l'humaine nature.

Mais ce n'est pas tout ; examinez la peau de ces créoles si orgueilleux de leur teinte, et même de nos blancs les plus européens? Le microscope indiscret nous montrera souvent des places noires par lesquelles ils ressemblent au nègre. S'il y a une lèpre d'infériorité, ils en sont infectés et les taches noires qu'ils ignorent ne les rattache pas moins aux purs Congos.

XV

LE FLEUVE DE LA VIE

Il y a un peu plus de trois cents ans déjà que l'ouvrage immortel dans lequel Michel Servet a décrit les mystères de la circulation, fut livré aux flammes qui ont dévoré son auteur. Cependant nous ne croyons pas qu'il soit superflu de rappeler cette lamentable histoire au moment où le microscope va nous permettre d'admirer les merveilles que le savant Espagnol a eu le tort de révéler trop tôt à ses compatriotes. Car malheur aux gens qui devancent l'heure où sonne le réveil de la raison ! Pourquoi ne peut-on condamner les bourreaux qui ont sacrifié le grand physiologiste, à voir avec le liquide poussé vers le cœur par une force d'une énergie étrange, et pénétrant fatalement jusque dans les dernières ramifications du système capillaire? Quel châtiment pour l'orgueil de théoriciens infaillibles, que le spectacle de ces tourbillons devinés par l'illustre martyr.

Avec un grossissement même médiocre, le têtard de la grenouille ou l'alevin de la truite saumonée suffiront pour montrer les harmonies mouvantes des planètes du microcosme. A travers la chair diaphane de ces êtres rudimentaires vous verrez les globules sanguins suivre les détours de l'arbre circulatoire aussi régulièrement que Mars décrivait son orbe sous les yeux de Keppler.

Vous distinguerez merveilleusement le cours du sang, si vous commencez par soumettre le petit animal à un régime épuisant. En effet, une diète sévère augmentera la transparence des tissus au fond desquels doit plonger votre regard. Elle atténuera sensiblement la couleur du liquide, et permettra par conséquent de mieux reconnaître la forme de toutes les parties flottant au hasard dans ce torrent. Que de découvertes le génie du Stagyrite n'aurait-il pas fait jaillir d'une si merveilleuse expérience, s'il avait pu comme nous s'asseoir le long des rives, et laisser passer le fleuve de la vie? En pressant le captif sous le verre du microscope, il aurait vu que les pulsations de l'artère caudale diminuent d'intensité à mesure que la captivité est de plus en plus étroite.

Un observateur doué d'une perspicacité ordinaire aurait certainement compris, en voyant cet accord, la merveilleuse corrélation qui rattache les mouvements des membres à ceux du cœur, et qui les fait dépendre l'un et l'autre de la vitesse imprimée au liquide vivifiant.

Est-ce qu'un seul regard jeté sur l'ensemble du système artériel ne lui aurait point montré de plus

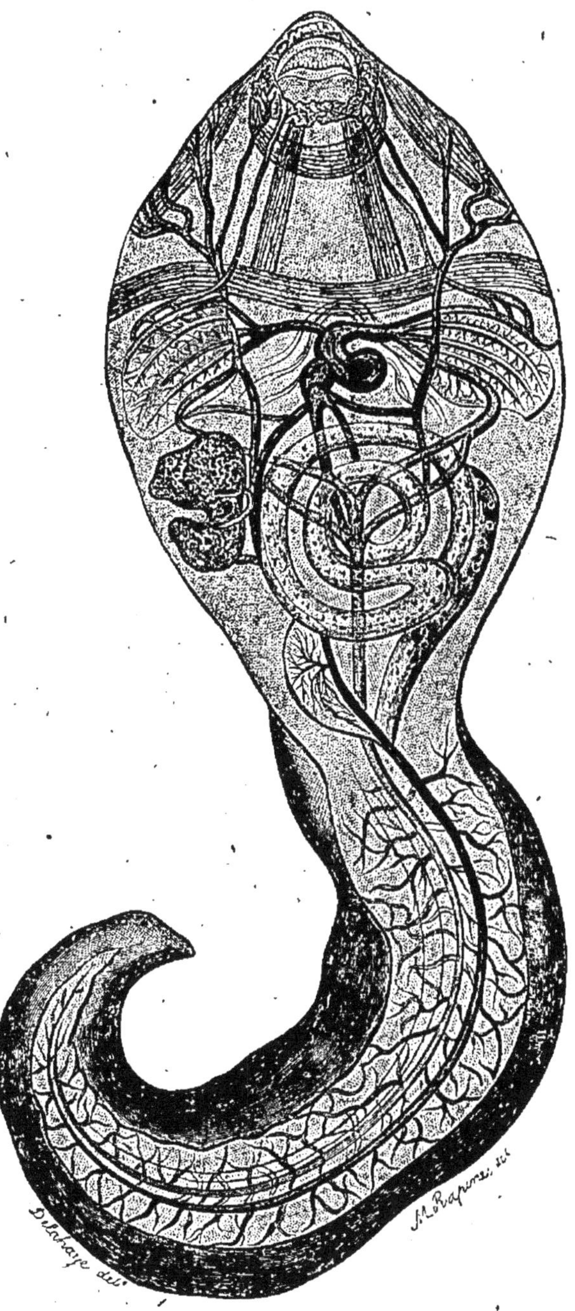

Fig. 54. — Système de la circulation chez le têtard.

que l'énergie vitale est toujours réglée sur l'intensité du flux mystérieux.

Si nous nous adressons à la grenouille, c'est-à-dire au batracien parfait, le réseau sera plus complexe mais nous ne saurons plus embrasser d'un seul coup d'œil l'ensemble des phénomènes circulatoires. Nous devrons étudier le double mouvement dans un des coins de l'organisme, dans la peau qui rattache les doigts, légère membrane à travers laquelle peut filtrer la lumière.

Il faudra même prendre d'assez minutieuses précautions pour maintenir la prisonnière en repos, sans produire une paralysie locale, qui rendrait l'expérience inutile.

Si nous avons traité notre grenouille avec des égards suffisants, nous verrons à merveille le sang passer du réseau artériel dans le réseau veineux. Devant nous s'opère la merveilleuse combustion à laquelle sont empruntées toutes les forces de l'organisme, excepté la force organique elle-même.

Le fluide se précipite avec une rapidité véritablement effrayante. N'ayons pas peur cependant, le torrent ne rompra point les digues, le fleuve ne va point déborder.

Ne nous y trompons point, en effet, ce torrent qui semble poussé par une force en délire est quasi-stagnant; son allure s'approche plus de celle de la tortue que de celle du chemin de fer.

La cause de notre illusion est simple ; elle tient à ce que le temps n'est pas multiplié par le microscope comme les dimensions des corpuscules que nous voyons passer devant nous, brillante, magnifique fantasmagorie !

Si un *jour* pouvait se dilater dans la proportion d'une *année*, nous ne serions pas trompés, comme maintenant, sur la proportion de la vitesse, mais le microscope serait alors un instrument par trop populaire. Que de gens tiendraient pendant toute leur vie l'œil à la lentille, *afin de faire durer le plaisir de s'ennuyer ici-bas!*

Le temps coule majestueusement le même pour tout le monde, quoique notre fantaisie nous figure rapides les courts éclairs de bonheur, quoique l'ennui semble dilater la longueur des jours si fréquemment voués à la fatigue et à la douleur !

En grossissant les dimensions des objets vous augmentez dans la même proportion le chemin qu'ils parcourent. Vous leur donnez une vitesse factice tout à fait imaginaire! C'est le contraire de ce qui arrive dans la vision télescopique. Ici l'augmentation de la vitesse apparente de l'étoile n'est qu'un retour vers les conditions réelles du mouvement de la terre.

Aussi les astronomes sont-ils parvenus à construire des instruments qui, se déplaçant en même temps que les objets célestes, les rendent en quelque sorte immobiles. Mais les micrographes s'éloignant de la nature par tout nouveau grossissement qu'ils inventent, ne peuvent triompher d'une vitesse dont ils sont les auteurs, puisqu'elle n'existe que derrière leurs lentilles.

Vous demeurerez certainement confondus d'admiration quand votre œil aura erré dans le dédale de ces vaisseaux, admiré leur forme rayonnée, la texture du tissu qui les compose, la manière savante dont ils sont adaptés au rôle qu'ils jouent dans la grande fonction à laquelle ils sont destinés et la hardiesse avec laquelle ils s'insinuent au milieu des organes voisins. Des injections de liquides colorés sont indispensables pour suivre le chevelu des capillaires jusque dans ses dernières ramifications. Les dimensions des tubes façonnés avec le soin le plus admirable sont si faibles que cette ruse est nécessaire; on ne saurait, sans cet artifice, reconnaître l'existence des merveilleux traits d'union qui rattachent les veines aux artères; on ne comprendrait pas comment la chaîne se trouve fermée de sorte que le sang complète incessamment le cercle de sa rotation.

La mécanique des mouvements circulatoires s'éclaircit également par le microscope ; car, en contemplant ce double chevelu entrelacé, on comprend comment une force énorme est nécessaire afin que le sang puisse franchir cette infinité de défilés semés dans toutes les parties du corps. Sans les enseignements de cette anatomie subtile, on n'ajouterait jamais foi aux calculs des physiciens qui ont comparé la puissance motrice du cœur à celle d'une petite machine à vapeur.

On ne croirait pas que la pompe qui fonctionne dans notre poitrine, en donnant plus d'un coup de piston par seconde dépense en un seul jour la force nécessaire pour faire monter dix voies d'eau au dernier étage de nos maisons.

La plupart des animaux inférieurs peuvent servir à ces magnifiques expériences pour lesquelles vous n'aurez pas besoin de déranger la grenouille. Car la lumière passe si facilement à travers leurs corps, qu'ils n'ont rien à nous cacher.

Nous verrons l'irrigation du polype, le mouvement oscillatoire de la sangsue, flux et reflux, semblable à celui que les anciens croyaient exister dans nos veines, nous verrons le détail de mécanismes entièrement différents, aussi incapables de se transformer eux-mêmes que la machine à vapeur ne peut, à force de tourner, s'ajouter un injecteur et un régulateur à force centrifuge.

Ne sommes-nous pas impardonnables de confondre tous les degrés de l'échelle, nous qui pouvons successivement embrasser toute l'œuvre de la nature, et qui pouvons nous rendre compte de ce qu'il a fallu faire pour que l'homme pût matériellement existe r !

Que notre raison, plus pénétrante encore que le plus puissant microscope, cherche à se représenter l'enchevêtrement des organes qui constituent notre moi matériel !

Que nous fassions de bonne foi l'inventaire de tout ce qui constitue notre actif matériel, et nous demeurerons convaincus que nous avons une mission à remplir ici-bas, et que ce n'est point un vain caprice du hasard qui nous y a appelés.

Est-ce que chez nous le cœur n'a point cessé d'être uniquement un organe de propulsion mécanique. Est-ce que lui aussi, comme notre épiderme, il n'est pas devenu le complément du cerveau, ne peut-on pas dire qu'il est le moteur de la vie affective.

XV

LES GLOBULES DU SANG

Si vous avez compris le merveilleux mécanisme de tout à l'heure, vous chercherez une lumière plus vive, vous emploierez un microscope d'un plus fort pouvoir grossissant. Vous voudrez pénétrer plus avant dans la connaissance intime de ce fluide étrange, qui change sans cesse de place et sans cesse de couleur! Est-ce que nous pourrons trouver déjà formés, dans la masse des douze livres de liquide qui constituent notre actif circulatoire, les multiples éléments de l'organisme? Est-ce que nous saurons reconnaître la matière des os, distinguer celle de la chair musculaire, du cristallin, de la cornée opaque?

Le microscope nous montrera que les corpuscules sanguins sont les mêmes dans toutes les parties du corps. Ceux qui nourrissent le cerveau ressemblent à ceux qui roulent dans les artères de la main et du pied.

Les parties qui nagent dans le fluide vivifiant ne sont point destinées à entrer de toutes pièces dans l'organisme, comme une brique que l'on ajoute ou retire. Vous reconnaîtrez avec stupéfaction qu'elles doivent être considérées comme de petites messagères, dont le rôle est de s'imprégner des principes vivifiants de l'air. Elles portent fidèlement leur précieux chargement jusqu'aux parties profondes, et la combustion qui en résulte produit tous les phénomènes corrélatifs de l'arrivée du sang rouge. C'est ainsi que les innombrables molécules d'oxygène qui disparaissent à chaque inspiration sont émiettés, éparpillés dans tout l'organisme, de sorte qu'elles produisent partout à la fois les bienfaits de leur présence et de leur action.

Nous verrons que chez l'homme les globules sont construits en forme de gâteau à bord arrondi, légèrement évidé vers le centre ; ce sont de petites masses gélatineuses, agglutinées autour d'une partie centrale plus résistante. La nature de ces corps, dont la multitude est incalculable, n'est même point encore déterminée d'une manière définitive. Il y a des rêveurs d'outre-Rhin qui prétendent que chacune de ces molécules doit être considérée comme un animal doué d'une certaine dose de personnalité, susceptible de certaines sensations confuses. Il faudrait admettre que nos veines sont habitées par plus d'animaux qu'on ne trouverait d'hommes à la surface de la terre. Ces milliards d'êtres porteraient chacun une petite étincelle de notre raison ? J'aime mieux croire tout simplement, avec les druides, que je suis taillé d'après le modèle de l'auteur de la nature.

Quoi qu'il en soit le microscope nous montrera que le sang qui coule dans nos veines est loin d'être toujours identique à lui-même. En effet, on trouvera souvent des globules blanchâtres. Leur nombre varie suivant les circonstances. Symbole et symptôme d'épuisement peut-être. D'autres fois les globules tourneront au noir; on dirait presque qu'ils ont été fabriqués avec du bois d'ébène.

Il y eut une époque où des savants venus d'un pays d'où toutes les chimères nous sont arrivées, parvinrent à faire croire à de crédules Français qu'ils avaient trouvé la pierre philosophale de la médecine.

L'étude du sang devait suffire pour éclairer les praticiens sur l'état du malade. Fièvres, pestes, consomption, tout l'arsenal de nos maux pouvait se lire sur les globules. Insensés, proclamait-on, ceux qui se bornaient à tâter le pouls de leur malades; n'avaient-ils point une foule d'autres renseignements à recueillir, rien qu'en leur donnant une piqûre d'épingle?

En regardant avec soin ces disques si curieusement évidés, vous verrez qu'ils sont doués d'une très-grande élasticité. Ils savent, en effet, se plier à tous les hasards de la vie circulatoire, comme trop souvent l'homme lui-même est obligé de le faire, ils se courbent, ils s'étirent pour ne point rester étranglés par les détroits capillaires. Les derniers flux de l'impulsion du cœur aidant, ils parviennent à franchir ces canaux dans lesquels le sang rouge finit, parce que c'est le sang noir qui commence.

Quel spectacle que celui du sang, qui se refroidit à l'air libre et produit de la fibrine! N'est-ce point un symbole vivant de la tendance de la nature à former des combinaisons régulières? N'est-il point instructif

de reconnaître avec quelle intelligence ces globules
si étrangement maniables se placent les uns au bout
des autres? S'il n'y avait un doigt qui vous échappe et
qui les dirige, pourquoi ces globules viendraient-ils se
ranger comme autant de pièces de monnaies rangées
dans la caisse d'un receveur des finances?

Le sang des divers animaux possède une aptitude
merveilleuse à former d'admirables cristallisations
caractéristiques. Qui est-ce qui pourrait confondre les
tétraèdres déposés par le sang du phoque avec les
lames que laisse celui du castor? Qui donc prendrait
les espèces de tablettes qui sortent des veines de la
souris pour les régles prismatiques provenant du cœur
du chat!

Rien n'égale la splendeur de certaines formes géomé-
triques que vous pouvez tirer du sang des insectes.

Vous serez stupéfaits de voir surgir ces riches étoiles
avec autant de facilité que si vous faisiez évaporer la
séve d'une plante chargée de principes minéraux.
N'est-ce point, direz-vous du reste, en voyant surgir
cette armée de polyèdres réguliers, une espèce de sève
que le fluide qui imprègne le corps des êtres que nous
avons déjà nommé des fleurs animées?

Dans vos études sur les cristaux du sang vous n'êtes
point obligés de vous borner au rôle de simple spectateur. Non-seulement vous pourrez faire varier la forme
des objets de vos études, et mettre successivement à
contribution tous les membres de la série animale,
mais rien ne vous empêche de multiplier le nombre des
espèces par la multitude des réactifs chimiques.

L'acide acétique et l'acide oxalique donneront des
figures excessivement intéressantes. Le sang ainsi addi-
tionné laisse déposer presque instantanément une foule

de produits tout à fait différents de ceux du liquide naturel. Ces cristaux d'un aspect étrange, bizarre, auront une forme spéciale particulière. Mais il ne faut pas croire que c'est seulement un vain sentiment de curiosité qui se trouve satisfait par ces expériences. La facilité avec laquelle l'introduction de quelques particules de sel transforme les produits cristallins du sang mort, doit nous faire comprendre comme la nature doit manier le liquide vivant qui est son plâtre et sa cire! Avec quelle docilité cette matière plastique ne doit-elle point obéir à l'influence des agents extérieurs quand elle est entraînée par le torrent circulatoire, quand elle est poussée dans le réseau capillaire! La voyez-vous maintenant en présence des glandes qui en soutirent tant de matières différentes, vous figurez-vous l'immense variété qu'elle peut produire placée sous l'influence de cette force universelle dont le nom doit être *Instabilité!*

XVI

LE CRISTALLIN

C'est ainsi que l'on nomme une partie diaphane de l'œil des animaux, celle qui ressemble à une lentille, et qui chez les poissons affecte même la forme tout à fait globulaire. Vous devez vous attendre à ce que cet organe soit construit avec une délicatesse auprès de laquelle la structure de notre peau paraîtra grossière. Songez qu'il s'agit ici de rendre possible l'exercice d'un tact merveilleux qui, au lieu de se borner à agir par contact, a l'ambition de pénétrer dans les espaces infinis. L'œil est en réalité la main qui permet au néant intelligent qui se traîne à la surface de la terre, de fraterniser avec les Soleils situés dans les profondeurs des cieux. N'est-ce point par son intermédiaire que nous scrutons la nature des astres tellement éloignés qu'il faut des années pour que les rayons qu'ils dardent vers nous, viennent égayer l'azur sombre des nuits?

Quelle que.soit votre perspicacité, ne cherchez point à lutter avec le pouvoir organisateur de ·la nature. Votre génie ne saurait, malgré les prétentions de quelques orgueilleux sophistes, égaler une parcelle de la puissance infinie dont nous voyons les traces vivantes se présenter sans relâche à nos regards. Ce cristal organique, modèle de l'objectif des microscopes, n'est pas composé d'une couche homogène, mais il est formé d'une multitude de lames collées les unes sur les autres, et si fines qu'il en faut superposer un millier pour arriver à l'épaisseur de l'ongle ! Ce n'est pas tout pourtant, car chacune de ces lames si minces est composée de cinq mille pièces assemblées les unes à côté des autres ; nous pouvons compter cinq millions de fragments coalisés ensemble pour former un globule dont le rayon ne dépasse pas un millimètre et demi !

Supposons que des rivaux de Fraunhoffer, d'Amici, de Lerebours aient des doigts assez déliés pour ajuster des morceaux de verre de dimensions pareilles : il leur faudrait au moins dix ans pour terminer un pareil ouvrage, en supposant même qu'ils soient asser alertes pour ajouter une lamelle par minute et qu'il travaillent sans relâche. Cette supposition ridicule exige une dextérité absurde et paradoxale ; car chacune des cinq millions de lamelles porte des franges irrégulières, qui sont en nombre immense, sur une seule on en a compté jusqu'à six mille. Comme il n'y a·pas deux de ces dentelures qui soient rigoureusement pareilles, on ne pourrait pas travailler à l'emporte-pièce pour les fabriquer comme des épingles ; il faudrait donner six mille coups de ciseau pour façonner chacune de nos cinq millions de lames transparentes. Cela fait quelque chose comme *trente milliards* de coupures qui devraient être taillées par la main des fées dans un tissu plus délicat que l'aile des mouches!

Comme si ce n'était point assez pour écraser notre orgueil, cet objet si merveilleux n'est qu'un organe accessoire, puisque l'on peut l'enlever pour rendre la vue aux malheureux atteints de cataracte.

Cependant soyez sûr qu'il n'y a point de luxe, de complication inutile dans cette construction si remarquable à tous égards. Quand même vous ne comprendriez pas ce que la nature s'est proposé, elle vous a donné assez de preuves d'économie, d'efforts, pour que vous lui épargniez le reproche de prodigalité. Vous devez être persuadé qu'elle tend toujours vers son but de la manière la plus simple, sans jamais violer les règles universelles et fatales qui président à l'évolution de la réalité et qui dominent tous ses efforts. C'est l'idée vraie de cette nécessité suprême qui a fait dire à un philosophe de l'antiquité, que le monde avait été organisé par un Titan animé d'intentions bienfaisantes, mais trop ignorant pour terminer son ouvrage, nous autres pauvres humains nous serions obligés de compléter son œuvre que nous n'avions pu accepter malheureusement sous bénéfice d'inventaire.

Évidemment, si cette lentille diaphane est partagée en un nombre prodigieux de fragments, ce ne peut être que dans un but facile sans doute à pénétrer. Ne serait-ce point pour permettre à la volonté d'agir? L'animal ne peut-il point modifier la courbure de cette lentille, et l'adapter aux besoins courants de la vision? Il a fallu sans doute employer ce subterfuge dans notre monde inférieur pour obtenir une contractilité tout à fait rudimentaire, sans porter la moindre atteinte à la transparence qui doit rester toujours irréprochable.

Qui sait si dans des astres plus favorisés des animaux supérieurs à nous ne possèdent point un corps perméable à la lumière! Qui sait si le cristallin, cet organe après tout accessoire de notre vision, n'est point façonné avec un peu de la matière musculaire des habitants de Mercure ou de Vénus? Est-ce qu'on n'a pas retiré du fond des océans des êtres qui s'ancrent aux roches sous-marines à l'aide d'un cordage élastique fabriqué avec de la silice translucide.

Toutes les suppositions sont permises, excepté celle qui attribue à la volonté de la nature nos imperfections, et qui croit qu'elle a compliqué sans motif ce qu'elle pouvait créer simple. Si nous ne sommes pas plus forts, plus puissants, c'est qu'elle n'a pu mieux faire sans nuire à la liberté nécessaire pour ne point nous réduire à l'état d'automates.

Vous avez entendu sans doute bien des fois les docteurs s'étonner qu'avec un organe double nous ne recevions qu'une impression unique? Que dire alors de la perfection de la vue des insectes que vous êtes à même d'admirer! Comment comprendre qu'ils parviennent à ordonner leurs sensations visuelles, puisque le nombre de leurs yeux se compte par milliers!

Si le microscope ne mettait ce beau phénomène en évidence de la manière la plus éclatante, on accuserait certainement d'imposture le naturaliste qui viendrait nous enseigner que, tant d'impressions différentes peuvent se réunir et se condenser dans l'intérieur de la tête d'un être imperceptible. Vous êtes peut-être à moitié incrédule, vous doutez probablement qu'il y ait autant d'images sur la rétine du petit articule que de facettes à sa cornée?

Je vous engage à vous en assurer par vous même, car en matière scientifique le scepticisme n'a jamais rien gâté; il n'y a véritablement que la foi qui empêche de faire son salut dans le monde de la raison!

Nettoyez avec soin la face extérieure de l'œil d'une

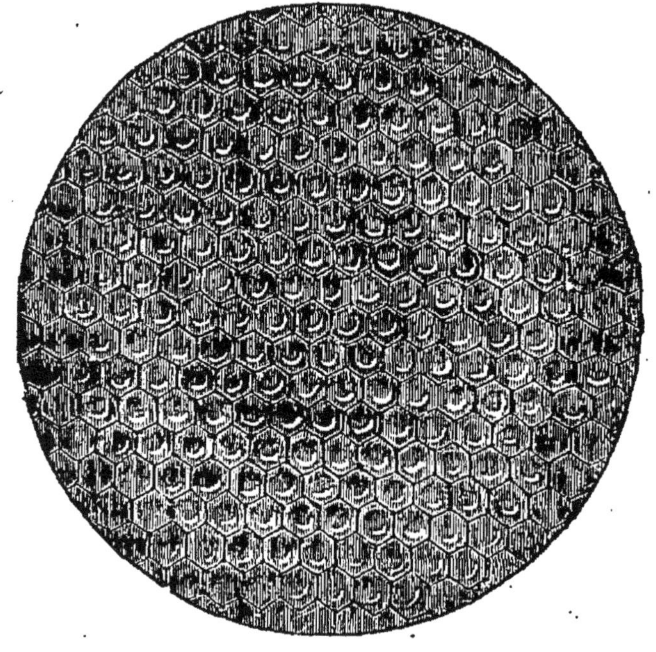

Fig. 55. — Cristallin d'un œil de mouche.

mouche, ce qui n'offre aucune difficulté. Si vous êtes assez adroit pour placer convenablement la lumière, vous verrez que chacun des petits miroirs va s'illuminer bientôt; des milliers d'images étincelleront devant vous!

Mais, pour bien apprécier ce magnifique détail,

tâchons d'en comprendre la nécessité, ce qui doit être possible, car le monde semble présenter un nombre infini de syllogismes réalisés en matière vivante. On dirait que les idées de la nature sont les êtres qu'elle' a créés, et qu'en étudiant nous entrons dans l'intimité de ses pensées.

Est-ce que chacune de ces facettes imperceptibles ne peut pas être considérée individuellement comme une

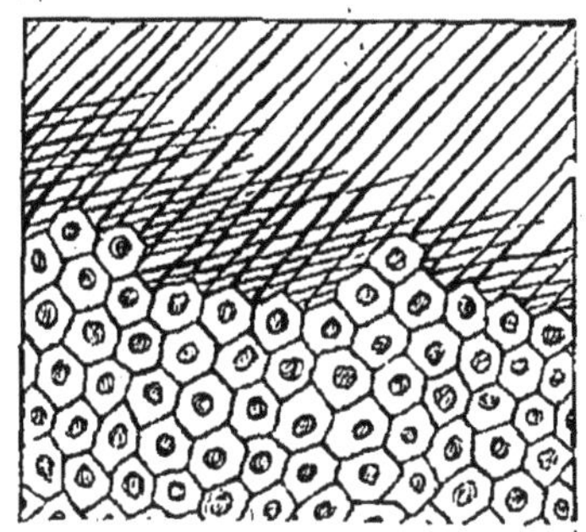

Fig. 56. — Coupe transversale du cristallin d'un œil de mouche.

loupe? L'œil de l'être infiniment petit est composé, dirons-nous alors, d'un nombre énorme d'appareils d'optique appropriés à l'inspection d'objets invisibles à nos yeux humains. Chacun de ces petits appareils d'optique est doué d'un pouvoir très-grand, mais n'a qu'un champ très-limité. Malgré cet artifice, la vue de ces myopes est bien loin d'atteindre à la perfection, à la généralité qui distingue celle que nous possédons, nous autres les sublimes presbytes. Les insectes, comme le microscope nous le montrera, et comme nous l'avons déjà avoué, semblent l'emporter sur un nombre infini de points de détail ; c'est un monde admirable pour les spécialités, mais l'articulé est incapable d'arriver à notre vue synthétique ; à nous seuls,

nous voyons plus d'objets que toute une fourmilière.
De quelle puissance infinie de science et de raison ne
seraient pas doués des êtres qui, par rapport à nous,
seraient ce que nous sommes, nous autres, par rapport aux abeilles? Nous ne voyons pas d'êtres plus parfaits s'agiter sur notre terre. Jamais les anges ne se
sont rencontrés devant la nacelle des plus hardis aéro-
nautes; jamais non plus les habitants des mines les
plus profondes n'ont eu à lutter contre des goules et
des gnômes. Mais est-il bien sûr que les guêpes s'aperçoivent de notre présence? Nous pouvons les détruire
par la fumée et l'eau bouillante, sans qu'elles attri-
buent leur malheur à une volonté intelligente. Elles
ne sentent pas la raison qui préside à l'invention de
nos piéges. Le dieu de la ruche, si tant est qu'on en
adore, se présente à l'imagination des habitants sous
la forme d'une abeille géante; le diable n'est–il point
dans toutes les ruches un peu pieuses le sphinx atropos.
Le paradis pour les uns, c'est le calice d'une fleur,
pour les autres c'est une inépurable fiente.

Grâce à sa vision microscopique, l'insecte peut
étudier les choses avec un luxe de détails dont nous
ne saurions avoir idée, nous autres, si le microscope ne nous avait ouvert un monde; mais ce qui était
superflu pour nous était essentiel pour lui, puisqu'il
est lui-même un détail. Avec les instruments d'optique
que l'intelligence humaine a créés, nous n'avons point
à nous plaindre et le moucheron a cessé de nous être
supérieur. Mieux que lui nous savons généraliser, et
quand nous voulons être analytiques, nous le sommes
certainement plus que lui-même. Probablement le moucheron lui-même, avec son faisceau de microscopes,
ne voit pas la monade.

Comme vous le voyez par ce qui précède, si nous parvenons à triompher d'un étonnement, ce n'est qu'en ouvrant en quelque sorte la porte à un étonnement d'une autre nature. N'est-ce point dans la plupart des cas, il faut bien le dire, l'issue commune de presque toutes nos recherches? Si vous comprenez peu le cristallin, combien moins encore vous devez comprendre la rétine, l'admirable rideau sur·lequel viennent se peindre toutes les nuances d'ombres et de lumières, ce rideau merveilleux bien plus sensible que la plaque impressionnée de nos. photographes. Si vous m'en croyez, nous ne chercherons point à deviner ce qui se passe dans l'intérieur de cette substance, juste assez inaltérable pour transmettre un souvenir, souvent très-vif, des impressions les plus fugitives, juste assez impressionnable pour être toujours prête à transmettre des impressions nouvelles. Quand même vous auriez réussi à pénétrer ce mystère, il vous resterait encore à comprendre l'œil intérieur, celui qui vous met en rapport avec le monde infini et invisible par excellence, celui de la pensée elle-même.

XVII

LES CELLULES

Qui oserait se charger d'enregistrer le nombre de cellules que vous pouvez distinguer en découpant en fine rondelle la tige de l'humble capucine? Une branche de lilas, un fragment de rhubarbe, un morceau de pomme de terre, un ruban de concombre, la délicate dentelle enlevée à la corolle de la rose la plus tendre, ne montrera pas une moindre multitude d'alvéoles, serrées, pressées, soudées les unes contre les autres.

Que ne donne-t-on un microscope aux malheureux que l'on enferme dans les prisons cellulaires! Seraient-ils criminels, le microscope ferait plus pour les rendre à la vertu que le verre dépoli, dont on se sert pour cacher aux habitants des cellules de Mazas, la vue des nuages.

Cette phalange de polygones coalisés, pour nous cacher le mystère de leur agrégation, ne résistera pas à l'action de l'eau qui saura les isoler; mais le véritable agent pour montrer par quel artifice ils se soudent les uns aux autres sera une solution iodée. Armés de ce réactif, nous changerons à notre gré la teinte des vaisseaux qui serpentent dans le sein de la plante, nous ferons comme les enlumineurs, dont le savant pinceau met en valeur les divers traits des estampes !

Si nous appelons à notre aide la lumière polarisée, nous verrons la plus insignifiante granulation se recouvrir d'une croix noire, où l'on aurait trouvé au moyen âge la preuve d'une mystique influence. Mais l'apparition de cet ornement étrange ne tient qu'à l'orientation de l'analyseur.

Regardez bien avec attention cette cellule. Qu'elle soit noire ou encadrée de couleurs plus ou moins brillantes, elle n'en renferme pas moins le grand secret de la génération des êtres. Elle nous livre le secret de leur développement, de leur décomposition. Cet infiniment petit qui se présente aux débuts de nos recherches, c'est l'alpha et l'oméga de la vie, car l'être qui commence par en sortir, finit toujours par y retourner d'une manière quelconque. C'est l'élément que nous retrouvons toujours sur le métier éternel du temps, élément fugitif du présent, racine plus durable de l'avenir ; c'est là que jaillit ce feu divin qui ne dure qu'un instant, mais qui se rallume en même temps qu'il s'éteint, et qui, par conséquent dure toujours.

On pourrait comparer la cellule à l'atome dont elle est l'analogue, puisqu'elle est le dernier terme auquel conduit l'analyse des vivants. Mais quelle différence ! Au lieu de se présenter comme une unité indécomposable, la cellule semble produite par l'agré- gation d'un nombre infini de parties élémentaires.

Comparons chaque végétal à une nation nombreuse dans le sein de laquelle règne une égalité parfaite. Chaque cellule est admissible à tous les emplois. La cellule qui figure dans la racine aurait pu faire partie de l'écorce. Rien ne paraissait l'empêcher de contri- buer à la croissance de l'étamine, aucune loi ne lui interdisait d'être enchâssée dans le tissu du pistil ; car dans l'écorce, dans l'étamine, dans le pis- til, partout où sa for-

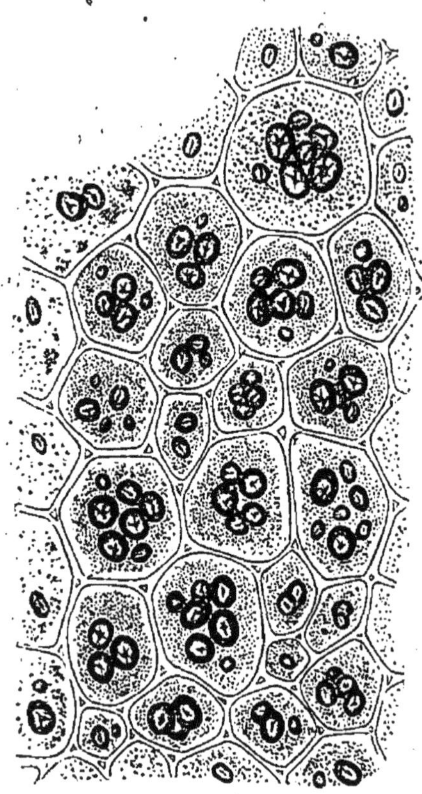

Fig. 57. — Section d'une graine de haricot.

tune l'a logée, elle garde la marque de son individua- lité. C'est ainsi qu'un Français est toujours Français, qu'un Chinois transplanté en France ne sera jamais qu'un Chinois. Il faut comprendre que dans une rose toute cellule est une cellule de rose !

Ce ne sont pas seulement des réactions chimiques,

mais des *opérations vitales* qui régissent le développement des légions infinies dont se composent les plantes et les animaux. La nature, encore une fois, ne travaille pas ici comme les esclaves de Pharaon entassant des blocs de pierre les uns au-dessus des autres. Chez les êtres vivants *tout est vivant.* C'est ainsi que Bossuet disait à peu près dans le même

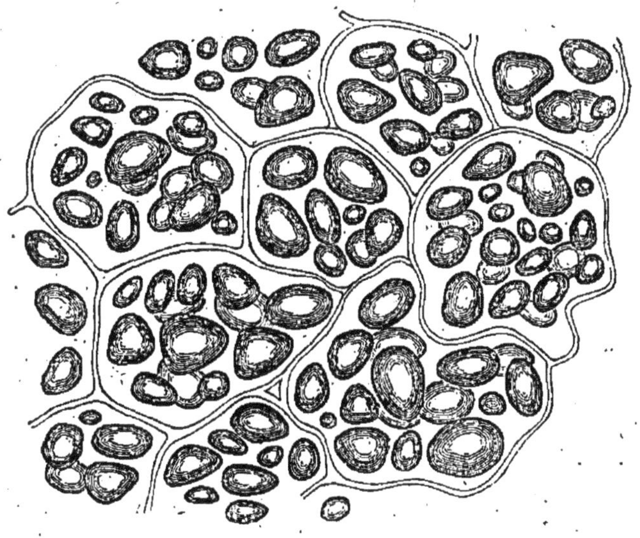

Fig. 58. — Section d'une racine de pomme de terre.

sens, mais avec beaucoup moins de vérité : *chez les grands tout est grand.* En effet, qu'est-ce qu'il y a de plus grand dans ce monde que la vie, si ce n'est la vie elle-même.

Lorsqu'un cristal se forme au sein d'un liquide, la matière qui le forme se dépose avec un incontestable discernement ; ce sont bien des molécules choisies par des forces infaillibles qui se précipitent avec une sorte d'harmonie savante. Ces corps seront revêtus quelquefois des plus splendides couleurs ; ils porteront d'admirables facettes ; mais, malgré cet éclat trompeur, ils ne comptent qu'au nombre des substances inertes, ils ne modifient absolument rien de ce qu'ils empruntent au monde extérieur.

On ne peut s'empêcher d'admirer ce travail déjà bien raffiné ; cependant nous devons le comparer à celui d'un architecte qui tire du dehors les briques toutes façonnées, les pierres toutes taillées, les solives prêtes à être ajustées avec leurs tiroirs et leurs mortaises.

Combien il est plus admirable encore le spectacle offert par le mouvement cellulaire que nous contemplons en étudiant le tourbillon créateur ! Quelle merveille que ces êtres actifs élaborant les éléments qui leur servent à produire des êtres semblables à eux !

Au milieu de la cellule, vous pourrez distinguer le plus souvent une granulation qui semble une cellule à l'état embryonnaire. Ce point parfois vague et confus, c'est la marque du *devenir*, c'est par là que l'infini qui va naître se cramponne à l'infini qui passe !

Mais cette granulation, d'où vient-elle ? Quelle est la granulation de la granulation ? Allons-nous remonter d'emboîtement en emboîtement, de germes en germes, jusqu'à l'infini, jusqu'au néant ?

Il paraîtra plus logique de supposer que cette semence de la cellule qui doit naître plus tard est créée par l'action vitale de la cellule actuellement vivante. C'est elle qui engendre par sa propre vertu un être semblable à elle, qui vit en elle, qui naît ensuite pour mourir, et qui meurt pour renaître !

Lorsque les plantes sont composées de cellules qui,

à peine rattachées les unes aux autres, n'ont qu'à
s'élancer dans le monde, la rapidité du développement est quelquefois fantastique. En une demi-heure
les graines de l'*Achilla prolifera* se transforment en
plantes parfaites, qui portent des capsules prêtes à
donner des graines mûres. Une demi-heure sépare la
naissance de la plante mère de la naissance de ses

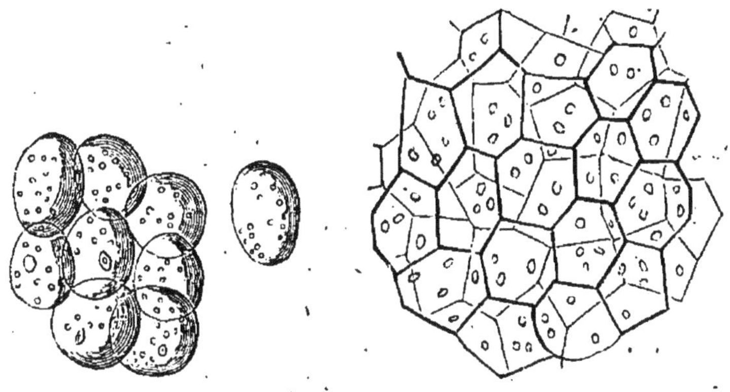

Fig. 59. — Cellules rondes.   Fig. 60. — Cellules polygonales.

premiers rejetons. La propagation horaire marche en
vertu des puissances de 4.

Il y avait une cellule, voilà que l'on trouve deux
jumelles provenant du démembrement de la cellule
unique; encore un effort, les voilà quatre ; bientôt
elles seront au nombre de huit. Un peu plus tard nous
pourrons en compter jusqu'à seize. Si le même procédé de multiplication continue à se produire; et
pourquoi s'arrêterait-il tant que le milieu s'y prête?
les seize cellules passent au nombre de trente-deux !
La multitude des parties croît donc en proportion
géométrique pendant que l'éternité se déroule en proportion arithmétique. Si la matière assimilable ne lui

faisait défaut, la plus humble des plantes, admirez la fécondité de la nature! se ferait un jeu d'envahir le monde.

Mais ce n'est pas seulement la *faim* qui arrête cette invasion fantastique dont le microscope permet d'apprécier le danger, c'est surtout le conflit des mille sœurs qui se pressent les unes contre les autres pour arrêter l'élan de l'ambitieuse. C'est un acharnement qui ferait croire à une volonté propre si l'on ne pensait qu'elles en sont incapables. En les contemplant on comprend, sans les excuser, toutes les folies de la philosophie allemande.

Au premier abord le microscope semble montrer que le principe de lutte et d'antagonisme triomphe jusque dans les derniers replis de l'être. On pourrait croire que Darwin a raison d'enseigner que la faim, ignoble, vorace, est le seul instrument de progrès dans le monde.

Ce n'est pas seulement le carnivore qui vit de destruction, mais aussi l'herbivore qui procède sans relâche à une hécatombe de végétaux, les plantes qui se disputent la terre féconde, l'ivraie qui étouffe le froment lorsqu'elle n'en est point étouffée. Un misanthrope pourrait dire qu'aucune des parties du plus innocent végétal ne reste en paix avec elle-même, que l'on retrouve partout la trace de la violence, tandis que l'on cherche inutilement l'asile de la fraternité!

Mais est-ce que notre merveilleux instrument d'optique ne nous donne point une justification admirable de la prévoyance et de la bonté de la nature? Ne voyez-vous point que c'est la vie qui contient la vie, de sorte que les molécules sont obligées fatalement d'obéir à la force organisatrice qui les pousse. La postérité d'aucune de ces ambitieuses n'arrive à conquérir le monde, mais elle entre dans la composition de tissus organisés; elle est restée imperceptible, mais elle joue un rôle utile dans le plan général du Cosmos!

Le microscope ne trahira point ton divin incognito,

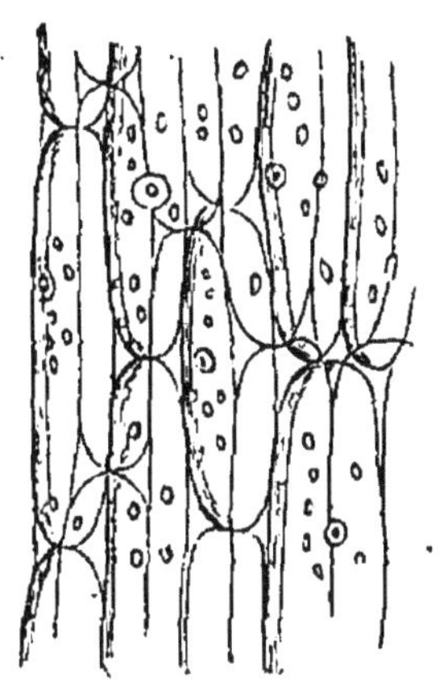

Fig. 61. — Cellules allongées.

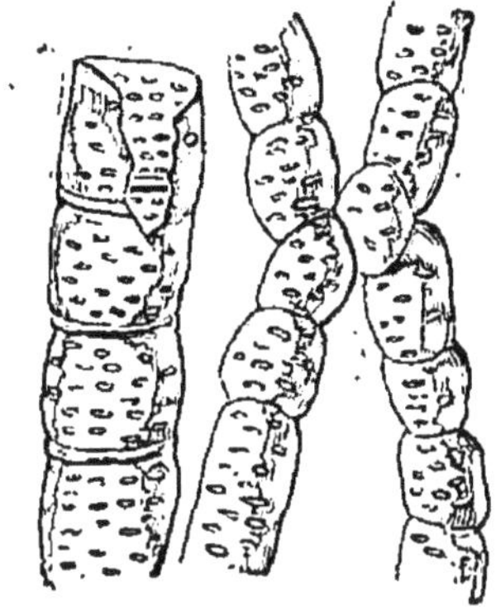

Fig. 62. — Vaisseaux ponctués.

force sublime qui soude ces globules verdâtres! Nul ne reconnaîtra le moment où commence l'action de la main mystérieuse à laquelle obéissent les innombrables bataillons de la grande armée de la vie! Nulle théorie n'expliquera pourquoi ces parties identiques se groupent sous l'action d'une sorte d'aimant invisible, comme les parcelles de fer doux viennent se ranger en longues files autour du pôle!

Poussées par un agent inconnu que nous ne cherchons point à définir, les molécules ne restent jamais à l'état d'isolement : une sorte d'harmonie s'établit entre les forces intestines, et les corpuscules juxtaposés semblent pénétrés d'une divine intelligence.

Bientôt vous verrez que les cloisons qui les séparent se déchirent. A la place de ces chapelets de granulations isolées vous verrez surgir des tubes de mille formes, de mille diamètres! Puis ces tubes se presseront les uns contre les autres, vous aurez la radicelle, la ramuscule, vous aurez la plante!

Regardez toutes ces courbes gracieuses, étranges, bizarres, ces vaisseaux ponctués, ces membranes soutenues par des fils en spirale; ces tubes qui ne semblent formés que de la juxtaposition des spires d'un fil replié sur lui-même! Voyez ces parois polygonales! Étudiez non-seulement les fibres normales, mais les irrégularités, les monstruosités de la plus sage et de la plus simple des plantes. Vainement vous épuiseriez votre vie entière, vous n'arriveriez jamais au bout de cette merveilleuse variété qui ne frappe pas les gens qui croient tout savoir, mais qui nous surprendra nous autres pauvres ignorants, précisément à mesure que nous étudierons davantage.

Que serait-ce si nous cherchions à apprécier l'agrégation de ces divers organes, la manière dont les nervures des feuilles se marient, dont les folioles s'entrelacent, dont le chevelu des racines se répand dans la terre, dont l'aubier se forme, dont les fibres s'incrustent, dont l'écorce se fendille, dont le bourgeon se prépare !

Vous ne vous refuserez point à reconnaître, quand vous aurez été mille fois arrêté par l'immensité du sujet, qu'aucune de ces parties n'est le produit du hasard, mais le fruit de quelque cause subordonnée

à une cause plus grande! Vous direz que, non-seulement la plante entière, mais encore toutes ses
parties, semblent obéir à une loi d'évolution secrète
dont la formule nous échappe.

Peu nous importe! est-ce qu'il ne nous suffit pas
d'avoir une pleine confiance dans la rationabilité du
monde, de saisir l'harmonie que nous constatons dans
chacune de ses parties? D'où qu'elle vienne, du ciel

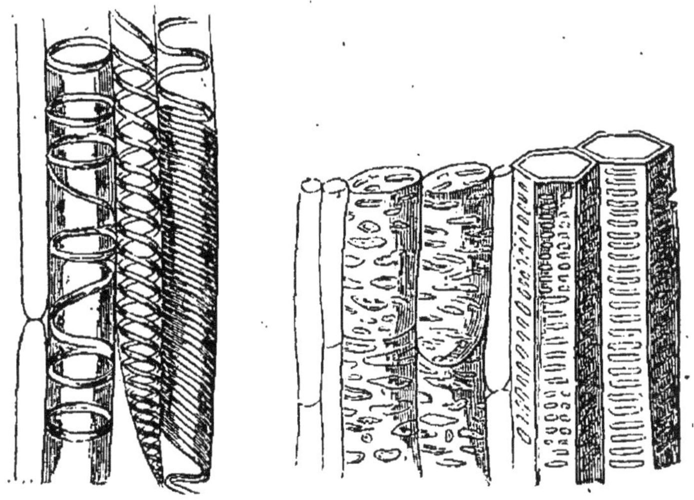

Fig. 63. — *Vaisseaux en spirale.*   Fig. 64. — Vaisseaux polygonaux.

ou de l'enfer, cette organisation est bien venue, et la
raison la considère avec ravissement.

Qui sait, s'écriait un physicien du moyen âge, si le
globe orgueilleux qui porte l'humanité et sa fortune
n'est point une simple granulation située au milieu
d'une des cellules de l'espace infini? Est-ce que cette
sphère orgueilleuse n'aurait pas été déposée dans
l'intérieur d'une enveloppe tellement éloignée de nous,
que nous ne pouvons jamais en rencontrer les parois?

Qui sait encore si les mouvements harmonieux des astres ne sont point des titillations que quelque Brown infini est en train d'examiner avec un microscope dont la lentille est formée par une agrégation de nébuleuses. Ne serait-ce point quelques atomes oscillant autour d'un point phosphorescent que nous nommons les astres. Sommes-nous sûrs qu'il est assez gros pour qu'on le puisse apercevoir, ce petit ver luisant que nous nommons, nous autres, le père de toute chaleur et de toute vie? Qui sait si cet astre radieux éclaire aussi bien notre globe sublunaire, que les vers luisants étincellent dans les nuits d'un monde supérieur? Mais peu m'importe pourvu que je sois prêt à mourir pour ma patrie, et à succomber aux cris de *Vive la France!*

XVIII

LA RESPIRATION DES PLANTES

Il fallait que certains êtres eussent été organisés pour débarrasser l'atmosphère des produits volatils de la respiration des animaux. Sans l'intervention des plantes, l'équilibre chimique de l'air eût été compromis ; car, malgré ses immenses proportions, l'océan atmosphérique aurait été souillé, empoisonné par les résidus de la combustion vitale. Des millions de poumons et de branchies travaillant sans relâche sur tous les points de la surface, depuis des centaines de milliers d'années, auraient absorbé jusqu'à la dernière molécule d'oxygène.

L'analyse microscopique seule nous met en état de nous rendre compte de la manière dont les végétaux peuvent s'acquitter de leur mission épuratoire, quoiqu'ils soient dépourvus de muscles, de diaphragmes.

Ils n'ont aucune cage thoracique qui leur permette de puiser le gaz qu'ils doivent débarrasser de son carbone; ils ne peuvent non plus le lancer de nouveau dans le monde. Notre conseiller ordinaire nous montrera comment il se fait que les plus humbles conviés au grand banquet de la vie terrestre soient aussi bien servis que ceux qui trônent au bout aristocratique, qui semblent présider à cette table où chacun mange jusqu'au jour, où il est dévoré à son tour.

L'épiderme de la plante est un véritable toit recouvert de tuiles serrées les unes contre les autres, ne laissant ni entrer une goutte d'eau, ni sortir un atome de vapeur. Le commerce avec le monde aérien serait donc impossible s'il n'existait dans ce tissu protecteur une multitude de cheminées, de lucarnes aussi bien pourvues de tabatières que les fenêtres de nos mansardes les mieux closes. Car chacun de ces orifices est garni d'un appareil pour garder l'eau au dehors et la vapeur en dedans. Cette espèce de fenêtre possède en outre la faculté de s'ouvrir et de se fermer d'elle-même au moyen d'un mécanisme d'une simplicité effrayante.

Quatre cellules, susceptibles de se gonfler ou de se contracter suivant l'état d'humidité de l'air, forment les bords de cette cavité, qu'il s'agit alternativement de fermer ou de tenir béante. Si l'eau abonde, les cellules grossissent, et ferment hermétiquement la petite caverne, scellée hermétiquement, et que la pression intérieure ne saurait ouvrir. Le nombre de ces cavités brave toute énumération. En effet, on les trouve par dizaines de mille dans chaque centimètre carré de surface de feuille.

Mais ce n'est pas tout, car ces réduits dont l'orifice

montre un art si parfait ont quelquefois une trame
silicieuse qui parait destinée à leur donner une forme
plus nette et plus précise. Enlevez au moyen de l'acide
nitrique la partie végétale, il restera un véritable
squelette conservant avec une surprenante délicatesse
les moindres détails de la plante vivante.

Si nous analysons le contenu de ces cavernes in-

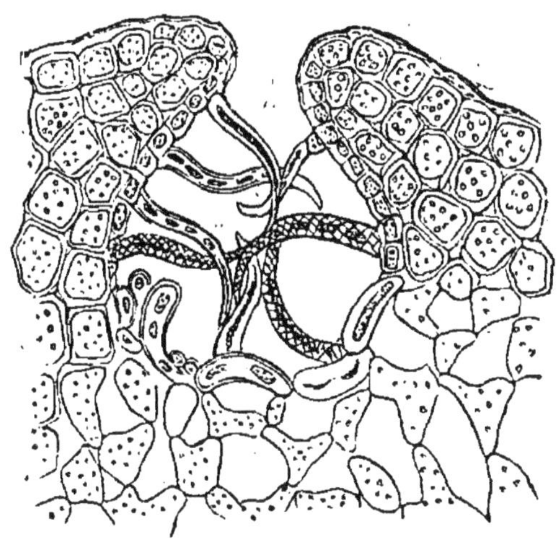

Fig. 65. — Stomates de feuilles.

nombrables, nous serons bientôt convaincus qu'elles
sont de vivants laboratoires où s'élabore la matière qui
donne aux feuilles leur teinte verdâtre, la gomme qui
coulera au moyen d'une incision, l'huile qu'on expri-
mera des baies mûres, le sucre dont on s'emparera
par évaporation.

Tantôt vous admirerez de petites glandes, montées
sur des tiges délicates, colorées de teintes variables,
tantôt vous les verrez briller comme autant de diamants lorsque les rayons du soleil viennent se briser

à la surface des géraniums, des saxifrages, des rosiers. Tantôt vôtre attention se portera sur les taches dorées qui couvrent le dos des feuilles du raisin noir, sur lés marbrures argentées de la rue ou du houblon. Tantôt vous trouverez dans l'épaisseur dés fruits, dans le tissu imprégné de chlorophylle, dans la feuille de myrte, dans l'écorce d'oranger, des millions de petits réservoirs remplis de produits spéciaux élaborés

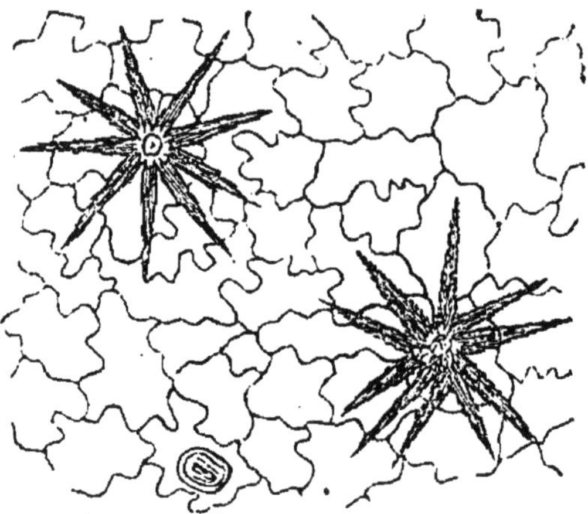

Fig. 66. — Épiderme de plantes.

par les organes de la plante. Mais ce qui vous jettera dans la plus vive surprise, ce sera de découvrir dans les profondeurs intimes de certains végétaux de véritables diamants, de merveilleuses stalactites ; quand vous les soumettrez à la lumière polarisée, vous leur verrez prendre des milliers de teintes éthérées, qui semblent ne plus appartenir à la terre.

Vous croirez rêver en étudiant la concrétion cylindrique de la Jacinthe! Les aiguilles des Cactus ne vous jetteront point dans une surprise moins vive. Que direz-vous quand vous admirerez les prismes rectangulaires de la Rhubarbe, et surtout le' cristal qui habite les cellules de l'Ortie?

Des micrographes ont eu la patience d'observer la formation de ce chef-d'œuvre. Ils ont vu apparaître au plafond de la crypte un léger gonflement qui va toujours en s'allongeant. Il ne cessera de grandir que lorsqu'il pourra servir.de support à la concrétion minérale. Alors se montre triomphalement un cristal d'oxalate de chaux suspendu comme un lustre au milieu de cette caverne déserte.

Rien ne nous permet de hasarder la moindre conjecture sur l'usage de ce merveilleux pédoncule. Peut-être faut-il croire qu'elles nous resteront constamment inconnues comme tant de mystères au milieu desquels notre raison doit, se mouvoir sans se briser. Nous sommes comme des oiseaux élevés dans un sanctuaire obscur, obstrué par une multitude de piliers de toute forme et de toute grandeur. A chaque coup d'aile ils peuvent se briser, et cependant ils voltigent sans relâche vers le jour, dont ils n'ont qu'un secret pressentiment, car ils n'entrevoient même pas sa lumière! Est-ce un génie malfaisant qui nous a enfermés dans ces ténèbres? Faut-il croire que le monde est, comme nous l'avons dit, l'œuvre d'un demi-dieu indiscret, esprit borné quoique infiniment plus sage que nous, et qui trop empressé de nous donner l'être, n'a point été à même d'assurer convenablement notre bonheur! A nous donc de compléter l'édifice inachevé et de conquérir par notre science ce qu'il n'a pu nous donner lui-même!

XIX

LE POLLEN

Les anciens croyaient que les arbres ont une âme, et
les fleurs étaient presque divinisées ; le beau Narcisse,
le malheureux Jacinthe, la triste nymphe du Lotos
étaient des héros familiers aux contemporains d'Ovide
et de Virgile. Les Dieux ont disparu de la botanique ;
cependant la poésie pourra revenir si nous le voulons.
Qui donc ne comprendrait point ce qu'il y a de réellement divin dans l'esprit de la nature, en voyant se dérouler devant le microscopé la chaîne admirable des
actes gracieux qui composent la vie d'une fleur? Qui
donc se refuserait à reconnaître dans cette délicatesse
et dans cette précision un reflet d'un monde supérieur
à celui que conçoit notre faible intelligence ; quels ravissements ne sont point réservés aux amis de la nature qui savent apprécier le charme de cette architec-

ture enchantéresse? Heureux ceux qui sont à même d'admirer la finesse des tissus de Flore, d'analyser ces organes d'où émanent de si suaves odeurs !

Ils peuvent suivre la main de l'homme, qui modifie les diverses phases de l'évolution florale, les retarde, les anéantit ou les accélère. Le jardinier sait faire manœuvrer à son gré les forces organisatrices du monde. Il collabore hardiment avec les puissances inconnues qui savent arriver à la création de nouveaux êtres. Mais il ne possède quelque puissance que parce qu'il est hors d'état de se soustraire à la moindre des lois générales qui nous dominent. Il ne pourra transformer les étamines en pétales et les pétales en feuilles, sans obéir à la fatalité supérieure qui régit la végétation tout entière.

Que de ravissements sont réservés aux amis de la nature, qui comprennent le charme de cette architecture enchanteresse !

Combien nous voudrions qu'il nous fût donné de nous livrer plus longtemps à l'étude de ces merveilleux chefs-d'œuvre, auxquels le Créateur a tout prodigué, la forme, le parfum, la couleur !

Mais, pressé que nous sommes par mille soins différents, nous nous contenterons d'ébaucher à la hâte l'histoire de la poussière fécondante impalpable que tout le monde connaît sous le nom de Pollen.

Vous négligeriez d'étudier un des plus merveilleux objets que puisse vous offrir la nature, si vous ne profitiez de toute la puissance du microscope pour admirer les sillons si fins, si menus qui en décorent l'enveloppe, qui en font un objet d'art inimitable. Prenez un grain de pollen de Rose trémière conservé dans du sirop de sucre. Admirez ces pointes aiguës tellement serrées que vous en pourrez compter des centaines sur une boule qui n'a pas un demi-millimètre de rayon. Entre ces aiguilles, vous verrez autant d'orifices disposés avec une admirable prévoyance. Cette granulation possède trois fois plus de portes que Thèbes Hécatompyle. Ce-

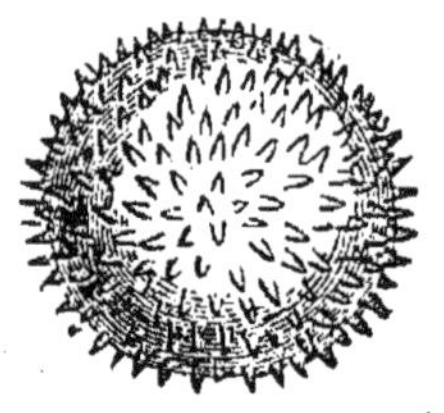

Fig. 67. — Grain de pollen de Rose trémière.

pendant aucune de ces ouvertures n'est superflue pour l'accomplissement de la mission que le pollen doit remplir.

Mais ce n'est point assez que de contempler l'enveloppe si prodigieusement ouvragée du petit véhicule de la vie *possible*; ouvrez la sphérule, faites-la éclater en l'imbibant avec quelques liquides spéciaux : vous allez mettre en évidence par des changements de toute nature les matières qui s'y rencontrent.

Vous y trouverez des substances azotées, de la fécule, de l'huile, des produits empyreumatiques, des teintures en quantités impondérables.

Tous ces corps sont destinés à réagir les uns sur les autres en vertu de principes inconnus, mais certains; c'est l'huile qui doit brûler dans la lampe dont les végétaux se servent pour transmettre des uns aux autres la flamme mystérieuse!

Les réactions auxquelles donne lieu ce mélange d'éléments nécessaires échappent à notre microscope; elles ne sont pas mieux comprises par le chimiste que la plupart des opérations qui ont été indispensables pour fabriquer le pollen lui-même.

Nous ne savons pas ce qui fait que cette matière, si bien renfermée dans la petite enveloppe, donne l'être à la graine; pas plus que nous ne savons comment la séve élaborée produit à la fois l'enveloppe admirable et les substances non moins merveilleuses qu'elle renferme dans son intérieur.

Que de complication dans la manière dont la sortie du petit messager de la vie a été ménagée! Que de génie pratique semble avoir été développé dans l'invention des artifices nécessaires pour que ce petit grain quitte la cavité dans l'intérieur de laquelle il a été sécrété!

Souvent le petit projectile est lancé par des organes cachés dans l'intérieur de l'étamine, et que la nature a fabriqués avec une industrie surprenante. On trouve dans ces cavités des spirales, des lames de ressort, de petites catapultes pour aider le pollen à franchir la distance qui le sépare du pistil.

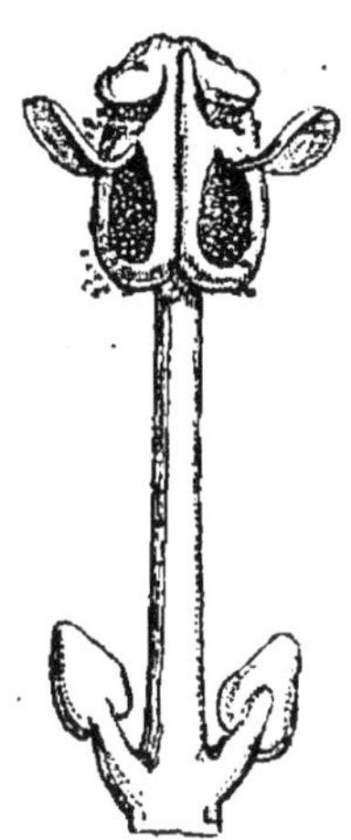

Fig. 68. — Anthère du Laurier de Perse.

Admirable prodigalité, qui serait folie si elle n'était indispensable! Ces armes ne serviront qu'une fois pour lancer des granulations imperceptibles, pour donner une impulsion que le moindre zéphyr viendra rendre inutile!

La nature agit comme un monarque qui posséderait des arsenaux inépuisables et dont le luxe consisterait à briser tous les canons qui ont servi. Que dirions-nous du fou canonnier qui mettrait son amour-propre à donner toutes ses salves d'artillerie avec des pièces vierges?

Si vous ne pouviez étudier la forme et la disposition du stigmate, vous seriez certainement hors d'état de comprendre pourquoi le diamètre de la poussière

fécondante de la Valériane ou du Pourpier dépasse
celui de la Capucine ou du Muflier. Rien ne vous permettrait de deviner à l'avance que le pollen du Myosotis
est plus gros que celui de la Belle de nuit ! Cependant
chacun de ces détails est réglé avec une infaillibilité
absolue sur ces nécessités profondes.

L'étamine semble régir la construction du pistil, et

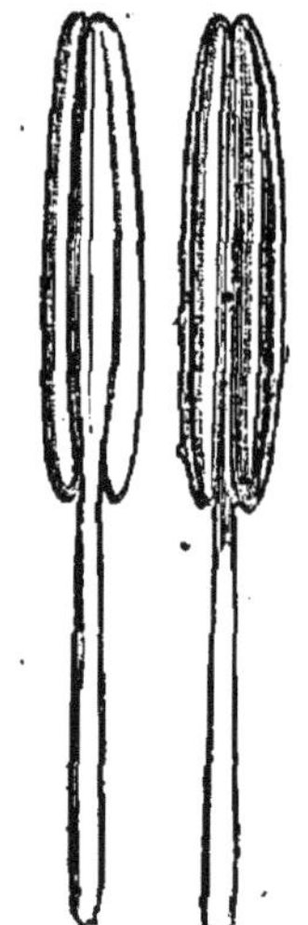

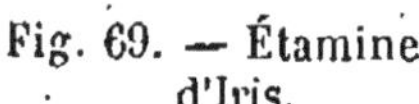

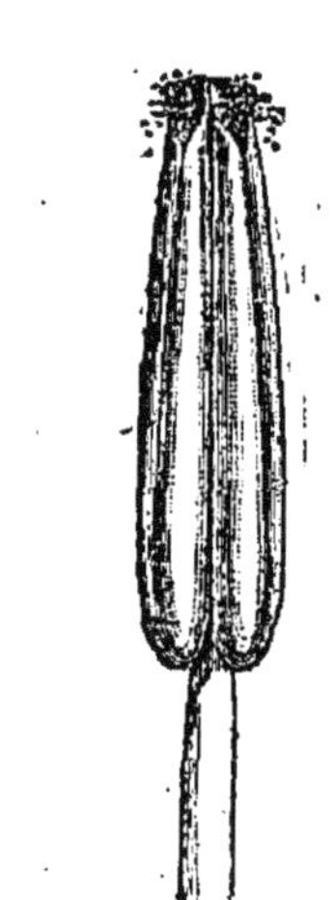

Fig. 69. — Étamine   Fig. 70. —Étamine de Pomme
    d'Iris.   de terre.

de son côté le pistil semble avoir déterminé la forme
et le nombre des étamines, quoique ces organes soient
quelquefois portés par des plantes différentes. Admirable subordination réciproque qui provient d'une
merveilleuse corrélation, tellement puissante qu'elle
engrène des êtres qui semblent n'avoir aucun rapport.

Considérez l'organe en lui-même comme un tout,
et vous arrivez à comprendre que chaque détail de la
construction d'une partie quelconque de la petite unité
organique agit sur l'ensemble. Ne vous imaginez point

que c'est sans raison que l'anthère d'Amaryllis est si singulièrement attachée au filet qui la porte! Ne croyez point que la position de l'ovaire du Pavot soit sans influence sur la forme de la colonnette qu'il surmonte! Persuadez-vous qu'il ne saurait avoir la même position que dans la Garance, sans jeter le trouble dans toute l'évolution de l'être.

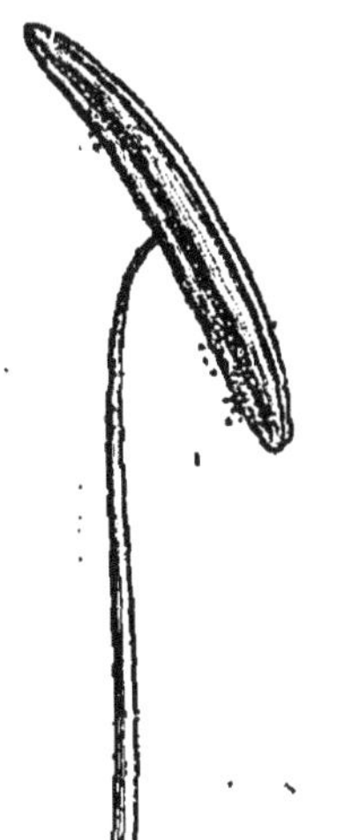
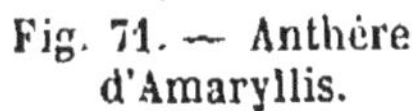

Fig. 71. — Anthère d'Amaryllis.　　Fig. 72. — Ovaire du Pavot.　　Fig. 73. — Ovaire de la Garance.

Rien ne doit être négligé comme trop petit pour avoir un intérêt réel dans la construction de ces merveilleux organes. Est-ce que le but le plus noble de l'étude de la nature n'est pas de saisir la chaîne qui lie les différentes parties d'un même tout? En effet, la sublime harmonie des objets, contribuant à l'accomplissement d'un but commun, nous permet de reconnaître en quelque sorte l'ombre d'une harmonie infiniment supérieure. Est-ce que nous ne devinons point, en quelque sorte, la présence de liens cachés rattachant des êtres isolés, s'ignorant quelquefois les uns les autres? Est-ce que ce petit grain de pollen ne nous met pas sur la trace du plan ineffable en vertu duquel nous sommes engrenés, sans nous en douter, dans le grand mécanisme de la nature naturante?

Où la grande merveille commence, c'est à partir du moment où le grain de pollen est abandonné à lui-même. Comment comprendre, en effet, malgré les précautions si multiples, si subtiles de la nature, qu'un infiniment petit parvienne à saisir l'infiniment petit, à la poursuite duquel il s'est lancé dans l'espace infiniment grand?

La nature emploie pour la fabrication des grains de pollen une proportion bien établie sur les règles de sa sage économie, entre la multitude des appelés à vivre, et le nombre infiniment petit des élus pour lesquels la vie n'est point une promesse menteuse.

Des myriades de grains avorteront, pourriront, sacrifiés s'il est nécessaire, pour assurer qu'un représentant de l'espèce arrivera au terme de l'évolution. Je citerai comme exemple les grappes polliniques de l'Orchis taché, que vous découvrirez sans peine dans les prairies ombreuses.

La Pivoine ne sera pas moins instructive : car la plante favorite de Pœan, le médecin des dieux, montrera un nombre non moins prodigieux d'étamines. Quelquefois les orages eux-mêmes vous donneront la preuve de la fécondité avec laquelle la nature produit les poussières destinées à servir de véhicule à la vie. Que de fois les populations ignorantes n'ont-elles point été frappées de terreur en voyant les campagnes couvertes de sphérules jaunes, rouges ou verdâtres, qu'elles prenaient pour un symbole de mort! Elles

n'étaient cependant que d'humbles voyageuses, cher-
chant sur l'aile des enfants d'Éole le pistil nécessaire
à l'accomplissement de leurs destinées.

Cependant la multiplicité indéfinie des germes est
une ressource [peut-être 'insuffisante. La nature a
donné à d'autres êtres l'instinct, l'intelligence que les
grains du pollen n'étaient pas organisés pour recevoir.

Si les gracieuses Orchidées , ces filles chéries du

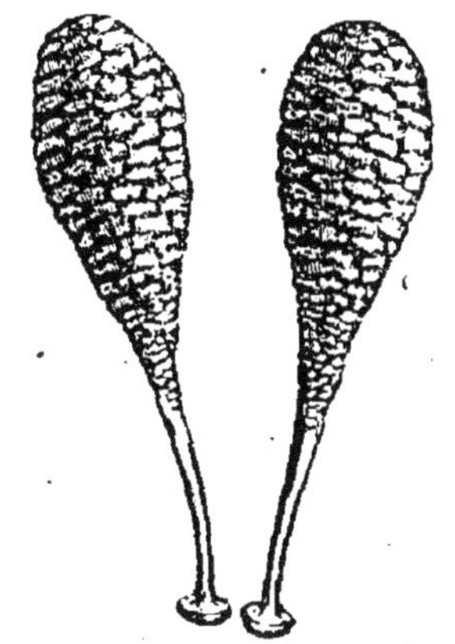

Fig. 74. — Masse pollinique de l'*Orchis maculata*.

Tropique, étaient abandonnées à la garde de Zéphyr,
leur race cesserait de parfumer les forêts mexicaines.
La nature envoie à leur secours des insectes, hôtes
gracieux, avides de savourer le nectar que la corolle
aérienne sait préparer. Ces petits vagabonds errent de
fleur en fleur ; tantôt ils grimpent, tantôt il se laissent
retomber, tantôt ils introduisent leur trompe dans les
cavités les plus secrètes, mais ils ne peuvent faire un
mouvement sans que les brosses dont la nature a garni
leurs pattes se couvrent de la substance résineuse où
le germe de la vie s'est déposé. Au milieu de leurs

ébats ils rencontrent le stigmate, qu'un contact involontaire suffit pour féconder.

Le microscope nous montre donc que les instincts et les besoins d'êtres inconscients de leur mission concourent à la fécondité de la plante dont le parfum les enivre. Croit-on que nos passions soient moins nécessaires à l'équilibre du monde? Nos actions sont une graine jetée dans le temps futur, atmosphère immense ; savons-nous quelle est la plante que l'avenir en verra sortir?

Quant à ces grains de pollen qui arrivent d'une façon si merveilleuse à leur dernière destination, on dirait de petites montres microscopiques où Flore aurait renfermé tout un mécanisme d'horlogerie prêt à se mettre en mouvement dès que l'on pousse un ressort.

En outre, contraste étonnant, avec tant d'impétuosité le pollen a autant de patience que le blé de la momie. Il attendrait pendant des siècles, si l'eau ne venait l'entraîner. Mais mettez-le dans une atmosphère humide, vous verrez la matière déborder, mais à tâtons, au hasard, comme ces malheureux que rien ne garde, ne soutient dans la vie et qui, sans avoir cherché à réaliser la justice, s'avancent vers la tombe. Si vous prenez une de ces graines, si vous la placez délicatement sur un stigmate, vous ne tarderez point à remarquer que les phénomènes semblent régularisés, réglementés. Dès que le contact a lieu, une des portes mystérieuses s'entr'ouvre, la substance diaphane s'allonge, guidée par l'action d'une puissance inconnue, menée par quelque magnétisme. Voilà un tube qui marche, marche toujours, qui écarte progressivement les parois du long conduit préparé

pour son passage. Ce tube ne s'arrête que lorsqu'il
est parvenu jusqu'au fond de l'ovaire. Voulez-vous
vous rendre compte de l'énergie de cette pénétration,
de la précision avec laquelle le tube se dirige dans ce
labyrinthe, regardez à un fort grossissement le pistil
du Datura. Vous vous demanderez
alors s'il n'y a pas de mystérieuses
analogies dans la nature avec les phénomènes qui ont l'homme comme
sujet et l'esprit humain comme
théâtre. Est-ce que cette force aveugle ne se transmet point jusqu'à
nous? Est-ce qu'elle ne passe pas
dans le breuvage que les bayadères
versent dans la coupe sacrée en
l'honneur de Brahma!

On peut dire que l'évolution du
pollen ressemble au développement
d'une graine. Seulement le milieu
favorable à l'expansion du tube
n'est pas la terre. Il faut le contact
du pistil pour le départ, il faut la

Fig. 75. — Grain de
pollen de Melon.

conquête de l'ovaire pour l'arrivée. C'est dans le sein
béni de l'ovaire que le pollen est arrivé à conduire une
matière qui n'échappe pas au microscope, mais dont
le rôle échappe à la raison.

Il s'accomplit dans l'intérieur de ce réceptacle un
mystère que l'on n'a jamais pu pénétrer, et qui peut-
être y restera éternellement caché.

Nous savons seulement que la matière qui était
dans l'ovaire se réunit avec celle qui arrive par le tube.
Bientôt, en effet, le tout ne forme plus qu'une masse
gélatineuse.

Un peu après on verra apparaître l'embryon, qui sortira d'une petite enveloppe suspendue au milieu du liquide comme Vénus dans son berceau océanique.

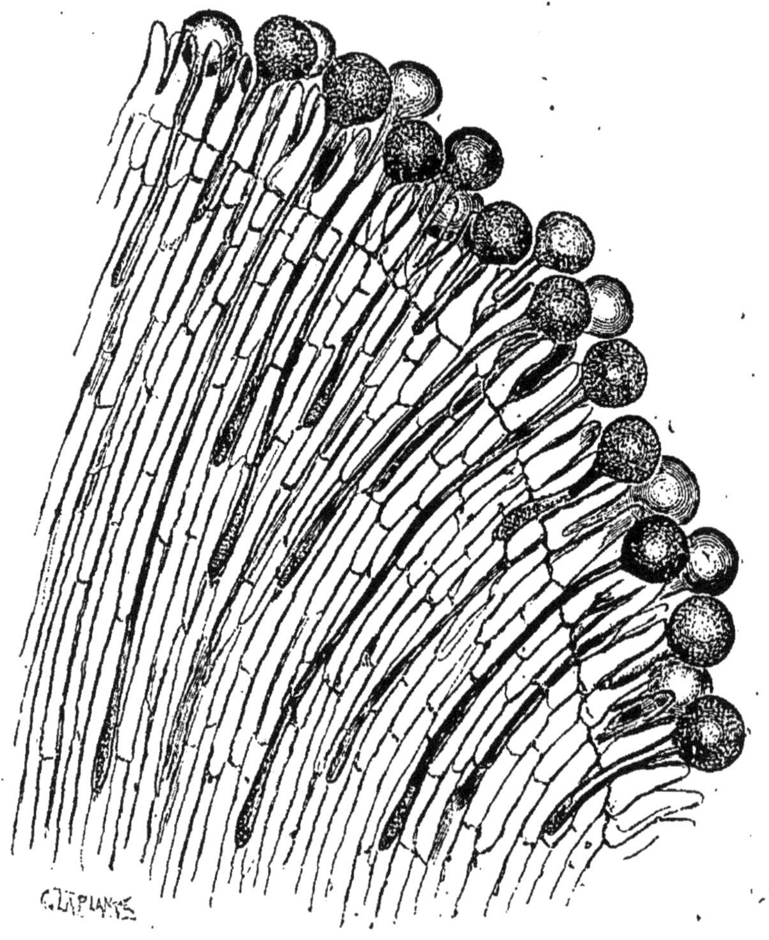

Fig. 76. — Pistil du Datura.

Une fois ce point mystérieux franchi, l'évolution de la graine n'a plus rien de caché, la nature développe des organes dont les dimensions finissent par être appré-ciables à l'œil nu. On ne tarde point à reconnaître la forme, la silhouette de la graine future, c'est en

Fig. 77. — Étamine lançant une myriade de grains de pollen.

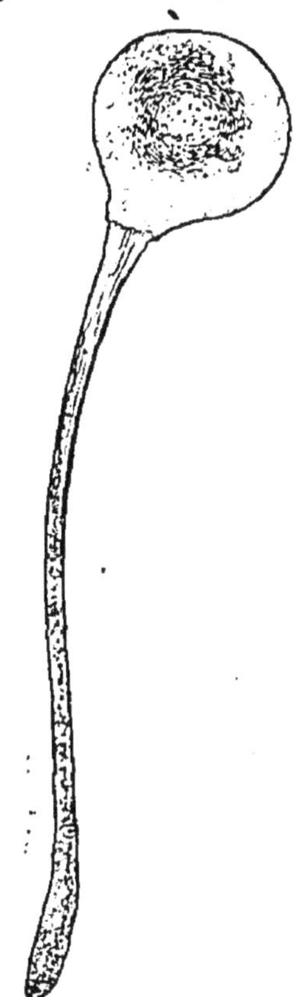

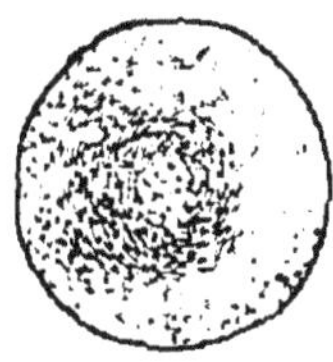

Fig. 78. — Un de ces grains de pollen dans son état normal tel qu'il est lancé dans l'air.

Fig. 79. — Le tube pollinique ayant atteint un développement plus grand et allant à la recherche de l'ovaire.

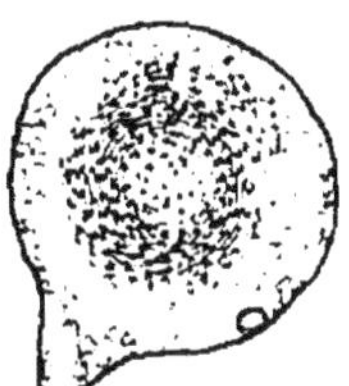

Fig. 80. — Le tube pollinique commence à se manifester lorsque le pollen est arrivé sur le stigmate.

quelque sorte la graine elle-même qui se montre.

Arrêtons-nous ici, car c'est un nouvel acte qui

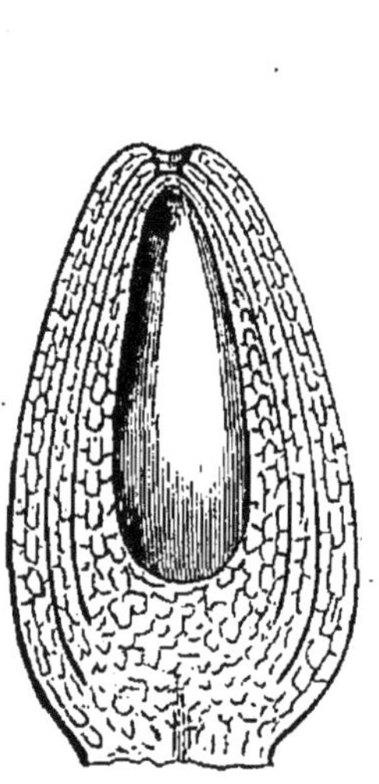

Fig. 81. — Ovaire avant que l'arrivée du tube pollinique produise la fécondation. Cette cavité intérieure se creuse au fond du pistil pendant que le grain de pollen mûrit dans l'étamine.

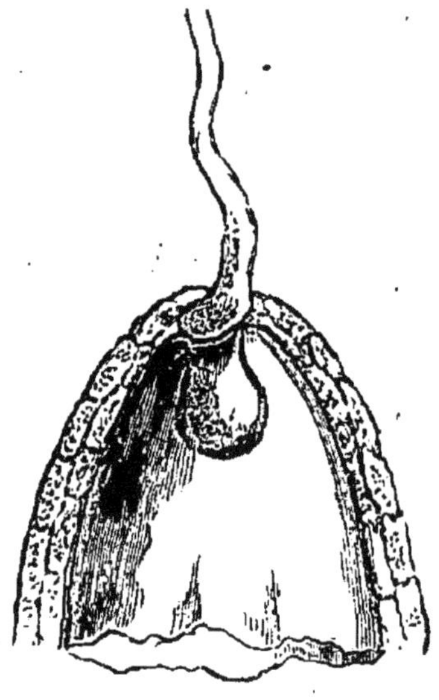

Fig. 82. — Ovaire pendant que le contact du tube pollinique qui a pénétré dans son intérieur produit la fécondation.

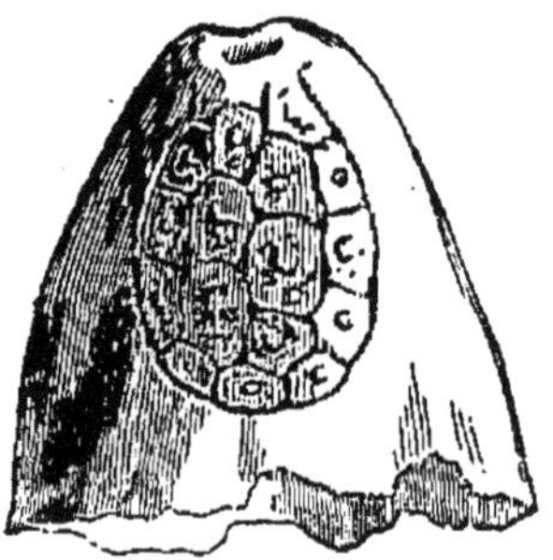

Fig. 83. — Ovaire après la fécondation. L'évolution de la graine commence.

commence dans le drame merveilleux de la création des êtres, drame mystérieux dont nous ne comprendrons jamais le sens, car les lois qui régissent ces phénomènes semblent planer au delà des sphères dans lesquelles pénètre notre raison.

La production de la graine n'est point en effet un but final, mais bien une étape dans le procès éternel, car cet être qui se forme ainsi dans le sein de la plante mère, combien il est loin d'être complet! Il n'existe que parce qu'il a dans le plan éternel des choses une mission plus importante que lui-même. Car c'est de cet atome presque sans forme que doit sortir la plante. Il porte en lui un type que l'on peut dire divin, car il échappe aux conditions matérielles, il se retrouve le même malgré les différences de temps et des lieux. S'il y a une certaine élasticité dans la formation des individus, n'est-ce pas uniquement afin que la variété soit introduite dans le monde, et que la puissance de conservation des types éternels soit plus merveilleusement établie! Il n'en serait pas autrement si chacune de ces créations distinctes était le fruit d'une des méditations de l'auteur de la nature.

Nous nous bornerons modestement à retracer un moment l'évolution de la plus humble des fleurs. Nous chercherons à faire comprendre le phénomène de la fécondation qui produit un atome, la graine messagère de la vie. Pour suivre le développement de la plante elle-même, ce ne serait pas trop du secours de la fantasmagorie. Il faudrait montrer la tige sortir de terre, pendant que les racines s'y enfoncent, les bourgeons naître, les feuilles s'épanouir, les sucs s'élaborer. Que serait-ce donc si nous avions l'ambition de montrer l'enchaînement des êtres, la succession des formes qui ont paru sur la terre, et leurs rapports avec celles qui les ont précédées!

La nature a produit comme couronnement provisoire de son édifice l'espèce à laquelle nous appartenons. Quand verrons-nous enfin surgir l'homme sage, *homo sapiens*, celui qui, sans désirer d'injustes conquêtes, saura assurer la liberté de sa patrie, et qui, sans annoncer qu'il a fait un pacte avec la mort devant laquelle il fuit toujours, saura verser glorieusement son sang pour sa défense !

XX

LES SPORES

Le monde de la végétation inférieure possède une richesse, une variété de détails qui épouvante l'imagination; on dirait que la vie, encore indécise sur les voies qu'elle prendra, se précipite au hasard dans une foule de directions différentes. Souvent la reproduction des plantes se fera, ainsi que nous l'avons indiqué, comme un simple accroissement de l'être lui-même. Alors on peut dire que la génération est réduite à un simple acte de nutrition. C'est la plante qui se brise après avoir grandi, sans que cette amputation tire à conséquence. Dans ces organismes élémentaires, le droit de sécession existe en permanence.

Voilà donc la reproduction supprimée, remplacée par une fonction ailleurs bien différente. Ne vous hâtez pas d'en conclure que l'organisme soit en réalité plus simple; car de pauvres moisissures, plantes très-humbles, nous montreront un tel fouillis de parties enchevêtrées confuses que nous pourrions les appeler supérieures, si nous pensions sur ce point comme nos bons amis les Allemands. Nous découvrirons même qu'elles possèdent des facultés auxquelles les autres ont dû renoncer. Nous nous demanderons si ces pro-

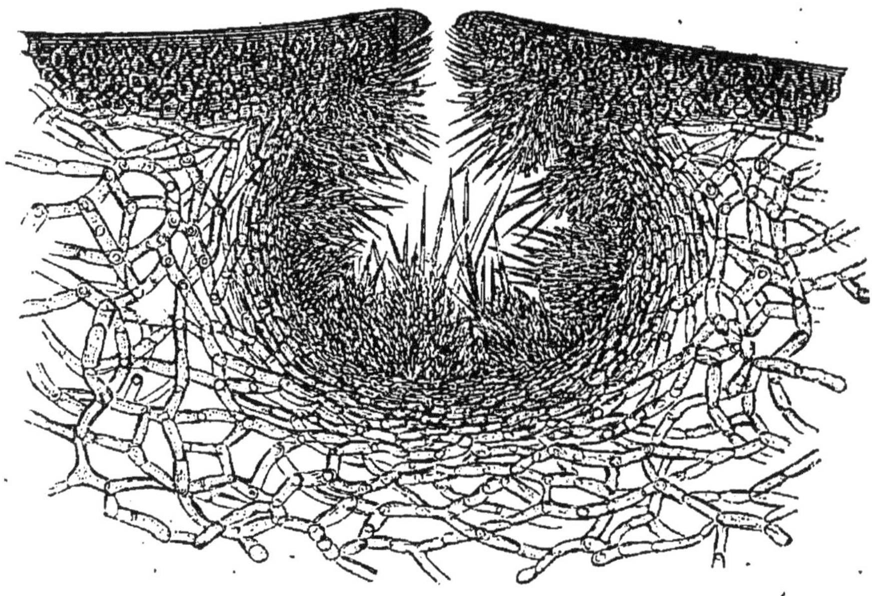

Fig. 84. — Conceptacle mâle du Fucus vésiculeux.

létaires n'ont pas quelquefois des mouvements volontaires inconnus au chêne.

Souvent la plante suspecte d'animalité produira des êtres armés de cils énigmatiques, mobiles, que nous n'oserons guère ranger parmi les végétaux, car ils se déplacent avec une vélocité qui rendrait jaloux plus d'un infusoire.

Mais une métamorphose étrange ne tardera pas à

s'accomplir, c'est Daphné dont les pieds se fixent à la terre.

Le Fucus vésiculeux vous montrera deux sortes de cavités, que, faute de mots, j'appellerai les unes mâles et les autres femelles. Les parois des cavernes mâles, que vous voyez couvertes de pointes aiguës, vomiront des voyageurs. Ces êtres très-voraces, très-petits, très-

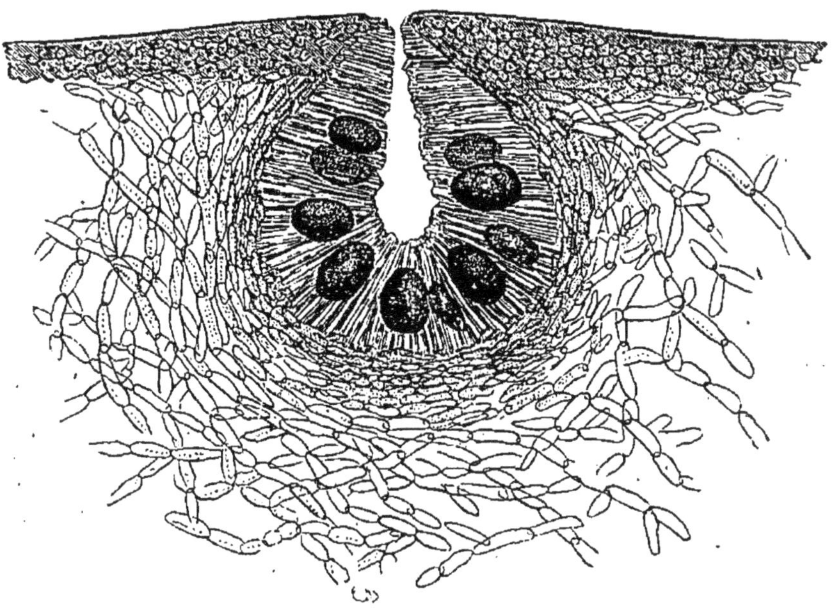

Fig. 85. -- *Conceptacle femelle du Fucus vésiculeux.*

agiles, se précipitent à la recherche des boules ovoïdes, que les cavernes femelles ont pareillement engendrées.

Lorsque les petits monstres vermiformes rencontrent leur proie, ils s'en emparent avec fureur, ils la pénètrent, la remorquent, la font tourbillonner avec une vitesse fantastique. Bientôt cette course désordonnée se ralentit ; le mouvement devient dorénavant inutile, car le grand mystère s'est accompli, la vie a

été transmise, une nouvelle plante va s'épanouir à la
surface des océans.

Le microscope vous permettra de rendre justice aux
formes naïves de ces végétaux si différents de nos roses.
Mais que l'admiration pour leur délicatesse excessive,
la richesse de leur couleur, ou la variété de leurs organes, ne vous empêche pas de reconnaître la grada-
tion dans le développement des formes, la coordination
dans la multiplicité croissante des facultés. Les conquêtes de l'optique ne doivent point vous éblouir par
excès de détails et vous faire perdre de vue la supériorité des plantes véritablement supérieures. La nature semble souvent en délire, mais ce délire est une
folie sublime, pareille à celle d'Hamlet, car en elle se
trouve incontestablement une méthode divine. Celui
qui n'admirerait pas le plus humble fucus montrerait
qu'il ne comprend pas son art ; mais celui qui ne pré-
férerait pas le chêne ferait voir qu'il est resté étranger
à la notion du progrès dans la génération successive
des espèces. Il serait capable de préférer la fourmi à
l'homme, et l'huître au lion. Il serait digne de grossir
ces écoles matérialistes où de tristes pédants, qui n'a-
vaient de français que le nom, ont préparé les orgies
d'une démagogie parasite, plagiaire de la vraie démo-
cratie française.

Il est nécessaire de saisir l'harmonie de cette sorte
de hiérarchie naturelle pour comprendre le rôle que
jouent les végétaux inférieurs, ceux que Linné a si sa-
gement nommés les prolétaires. En effet, ouvriers innombrables, ces végétaux initiateurs ont commencé
l'évolution de la vie à la surface de la terre ; quoiqu'ils aient beaucoup travaillé, ils ne sont point fatigués encore ; mais dans l'âge actuel, vous les verrez

marchant à l'avant-garde de la végétation chargés de
tous les gros ouvrages. Ils reprennent les corps organisés aussitôt que la vie les a abandonnés, et ils en font
des organismes nouveaux. Non-seulement ils réparent
rapidement l'œuvre de la mort, de la désorganisation,
mais ils font subir à la matière inerte, aux roches à

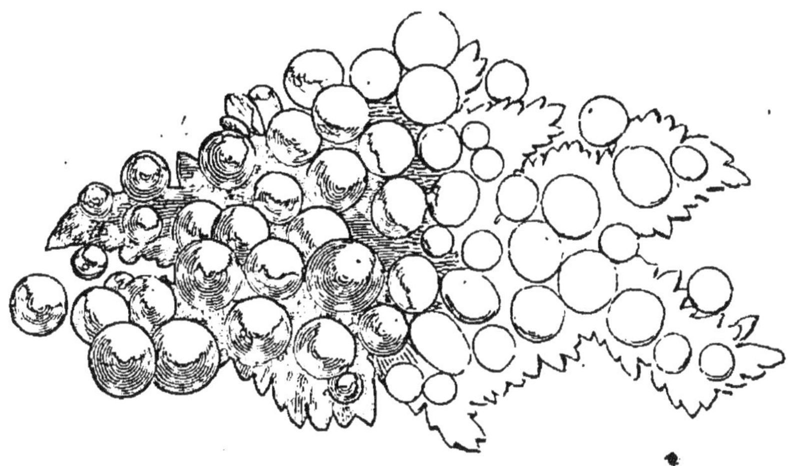

Fig. 86. — Végétations découvertes dans la neige.

peine désagrégées, une sorte d'initiation préalable.
Rien n'arrête leur indomptable courage. On les voit
germer au contact des aiguilles de glace. Le microscope nous montre des végétations cryptogamiques jusque dans la neige, dont la teinte rouge de sang plonge
dans la terreur les populations superstitieuses.

Comment arrivent-ils, ces durs travailleurs, à remplir cette mission si difficile? La spore, qui est l'organe de la propagation des végétaux inférieurs, ne
renferme point comme la graine un embryon pré-
cieusement environné des matières nécessaires à l'é-
volution de la plante future. La semence des robustes
pionniers de la vie tombe nue sur la terre nue. La

pauvrette n'a guère que des appétits, elle est obligée de tout trouver au dehors.

Malgré tous les dangers qui la menacent, ne craignez rien pour elle. La race des champignons, des fougères ne saurait périr. Ils ont été les premiers à naître, ils seront les derniers à mourir. Leurs formes affectent une suprême stabilité; rien ne peut ébranler leur simplicité naïve; c'est comme le paysan, ce crypto-game humain qui conserve sa foi et ses habitudes à travers toutes les révolutions; il est à peine atteint par les changements qui bouleversent les étages supé-rieurs. Les lichens n'ont rien à craindre de l'orage qui déracine les chênes. L'acide nitrique que la foudre laisse derrière elle, dans les airs qu'elle a traversés pour foudroyer les chênes, fait pousser les champi-gnons à merveille.

La nature a employé, pour propager ces propaga-teurs de la vie, la grande ressource: la multiplicité indéfinie des germes. Si les graines de pollen sont lancées par myriades, c'est par myriades de myriades que les spores sont vomies.

Le microscope montre dans certaines espèces de fougères des touffes composées d'un nombre incalcu-lable de sporules abritées derrière chacune des nervu-res. Les frondes elles-mêmes sont plutôt un organe de reproduction qu'une véritable tige; si ce n'était pour perpétuer son espèce, la plante dédaignerait l'atmos-phère et elle s'accommoderait très-bien de ramper sous terre.

Un naturaliste a eu la curiosité d'essayer un recen-sement de la multitude des graines que produisent ces tiges étranges, et les résultats sont si curieux, que je vous engage de les vérifier à votre tour.

Il a trouvé dans une seule fronde de Scolopendre de grandeur moyenne cinq à six mille paquets. C'est sans doute rester au-dessous de la vérité que de dire que chacun des paquets contenait une soixantaine de spores ; il en résulte que cette seule feuille aurait donné naissance à plus d'une dizaine de millions de fougères, si chacune de ces sphérules avait donné une fougère au monde.

La reproduction de ces plantes humbles, mais dures et tenaces, est donc un de ces tours de force que là nature produit non pas à coup de mille et de millions, mais à coups de milliards. Dans la végétation comme ailleurs, les multitudes sont indestructibles, l'infini résiste par la force du nombre.

Nous allons nous efforcer de mettre en lumière le mécanisme de la germination d'une *spore:* nous ne comptons qu'à demi sur les modestes figures que nous avons dessinées ci-contre. Aussi imparfaites que les gravures relatives à la graine, celles que nous donnons doivent être complétées par le lecteur lui-même. Il doit bien se persuader qu'il n'est pas possible de restituer par la pensée une portion de l'évolution à laquelle nous tentons de le faire assister. Mais il nous paraît superflu de lui faire remarquer que ce que nous saurons sur la végétation ne sera jamais qu'une faible portion de ce qu'il y aurait à savoir. Il n'y a que des esprits impuissants et inféconds qui puissent concevoir la pensée d'avoir épuisé le moindre recoin de la science. Sur ce point ne soyons pas jaloux de nos vainqueurs et laissons tout entière cette gloire aux fortes cervelles d'outre-Rhin. Pauvres et débiles Français, mettons notre orgueil à reconnaître notre impuissance.

MÉCANISME DE LA GERMINATION DES SPORES

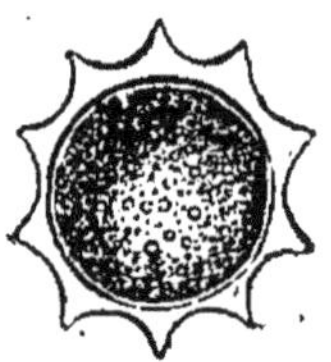

Fig. 87. — Spore re-
couverte d'une mem-
brane cellulaire dans
son état primitif.

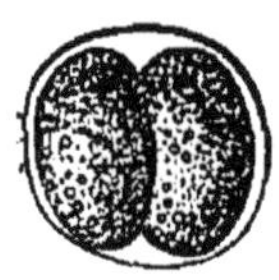

Fig. 88. — Matière
intérieure partagée
en deux segments.

Fig. 89. — Matière in-
térieure partagée en
un plus grand nom-
bre de segments.

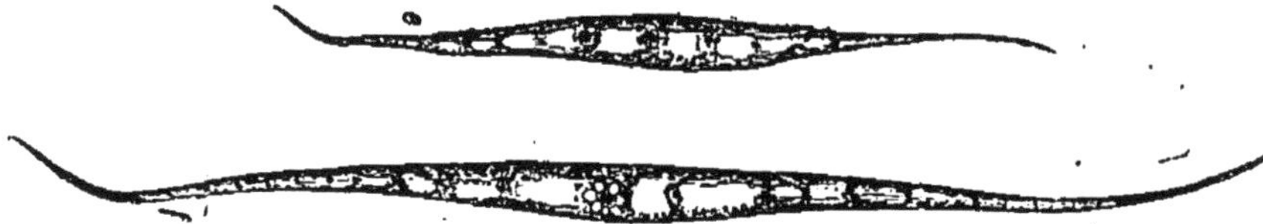

Fig. 90. — 1° Un des segments quelque temps après la rupture de
l'enveloppe, s'agitant d'un mouvement lent et saccadé. 2° Le même
segment s'agitant encore ; le mouvement a diminué d'énergie à mesure que le segment augmentait de taille.

XXI

L'ŒUF

Lorsque les naturalistes du moyen âge s'attachaient
à cet aphorisme : « Tout être vivant nait d'un œuf »
(*omne vivum ex ovo*), ils ne faisaient que résumer sous
une forme didactique les idées des brahmines, ces
mythes qu'ils conservent encore, quoique l'histoire
de la grande tradition indienne ait été perdue. En effet,
la mythologie des Védas raconte que l'œuf a été la
forme sous laquelle l'Être éternel et infini s'est mani-
festé au monde sensible. Le germe semé par la parole
divine à la surface des flots est devenu œuf, de cet œuf
est sorti Brahma, l'aïeul de tous les animaux soumis à
la loi des métamorphoses.

Le microscope semble avoir confirmé ces enseignements de la théocratie indoustanique, car une anatomie
profonde a appris que le petit Dieu de ce monde suit

pas à pas dans son incarnation celle de l'Être infini lui-même.

La graine, œuf imparfait si l'on veut, reçoit du monde extérieur l'humidité et la chaleur. C'est le soleil qui s'est chargé de la couver. Nous l'avons vue voyager insouciante à travers l'océan aérien.

L'enveloppe extérieure, la gaîne, est singulièrement ouvragée. On la trouvera marbrée, cannelée, articulée, frangée de toutes les manières possibles. Les graines de l'orchidée sembleront renfermées dans un réseau à mailles, disposition qui doit avoir une raison sans doute très-difficile à connaitre. Mille autres offriront des rainures compliquées. Il y a des raffinements inouïs de sculpture délicate. Quel ne sera point notre étonnement quand nous serons obligés de reconnaitre qu'un luxe pareil a été développé pour les grenouilles et les salamandres, pour les poissons osseux et les articulés en général, pour les mollusques et les zoophytes, même pour ceux qui ne s'occupent pas plus de leur progéniture que le cotonnier ne se demande ce que deviendront ses graines que le vent fait voltiger dans tous les sens. Qu'il commence par prendre les œufs très-petits, tels que ceux des grenouilles, des salamandres, des poissons osseux, des articulés, des mollusques, des zoophytes, de tous les êtres inférieurs, de tous ceux qui, comme nous le verrons plus tard, semblent avoir conservé, avec la végétation, plus qu'un air de famille.

Ces corpuscules, tantôt agglutinés les uns contre les autres, tantôt élégamment guillochés, sont transparents; leur développement a lieu à la température ordinaire. Vous pouvez donc sans grand'peine assister à la fabrication de l'articulé, du zoophyte, du poisson même. Vous le verrez subir des métamorphoses d'autant plus nombreuses, d'autant plus intéressantes, qu'il appartient à une espèce plus élevée dans la hiérarchie des animaux.

L'œuf d'oiseau est trop gros pour que vous puissiez jamais examiner l'ensemble. Le microscope a fini son œuvre; c'est le rôle de la fantasmagorie qui commence. Je n'ai pu encore découvrir l'artiste qui consentira à peindre le grand drame de l'évolution du poulet dans sa coquille. C'est une épopée que je ne saurais que décrire, car, hélas! sur ma palette, je n'ai que des mots froids et nus.

Jusqu'à ce jour, l'optique n'a guère été employée qu'à produire d'inutiles illusions, qui ne laissaient dans l'esprit qu'une impression fugitive. On ne s'est point aperçu que tous les procédés scéniques dont les décorateurs disposent dans les féeries sont à la disposition de ceux qui chercheront à montrer la nature dans son état naturel, c'est-à-dire exhubérante de vie, de poésie et de grandeur, de ceux qui s'efforceront de synthétiser sous une forme poétique les enseignements de la science. Qui donc aura l'audace d'employer les spectres du professeur Pepper à montrer les lois génératrices dans leur état dynamique?

Supposons que la lumière, habilement dirigée sur des verres colorés, vienne peindre l'histoire de la formation de l'organisme; figurez-vous que nous assistons à la création des différentes parties d'un vertébré. Le voilà, pièce à pièce, il vient se compléter devant nous.

Quel merveilleux spectacle, bien digne de donner une haute idée de l'ordre et de la régularité qui existent dans le monde! Chaque fonction nécessaire à la vie couronne le magique édifice qui semble se construire lui-même, et qui quelquefois a besoin d'organes temporaires, on pourrait presque dire d'échafaudages.

Les formes successives de l'être semblent s'engendrer l'une l'autre; le futur membre de la série vivante subit dans le sein de sa mère la grande éducation organique, l'apprentissage progressif de la vie, il est soumis aux épreuves que la série vivante subit elle-même dans le sein du monde. Quel est le but de cette évolution mystérieuse? Un Bouddha, un Confucius, un Tamerlan? Hélas non! un poulet, un lapin, un roquet peut-être!...

Alors seulement on pourra dire que le microscope aura permis aux anatomistes d'introduire le peuple dans le monde invisible, de révéler à l'homme encore inconscient de nos jours la règle fondamentale qui dirige l'évolution matérielle de tous les habitants de notre sphère égalitaire. Qui n'aimerait à voir l'embryon franchissant constamment toutes les formes élémentaires, à moins de faire naufrage en route et d'aboutir à un monstre? Quelle odyssée que cette route parcourue au milieu de dangers croissants, et d'autant plus rapidement que le petit Ulysse doit s'élever plus haut, qu'il obéit à des attractions plus sublimes! Mais, quelque glorieuses que soient ses destinées, il n'est dispensé d'aucune transformation essentielle. Il ne peut doubler les étapes, quand même il serait destiné à devenir un génie créateur, un des flambeaux du monde.

Nous comprendrons alors que le vertébré est comme le fils d'un prince que son père fait entrer dans l'armée par les rangs inférieurs. Il est vrai de dire qu'il passe successivement par tous les degrés de la hiérarchie militaire; mais il ne perd point sa jeunesse à attendre de l'avancement dans les grades subalternes; il ne prend pas pour modèle le soldat qui termine sa carrière en tirant de sa giberne, les galons de sergent, quoique le bâton de maréchal y soit renfermé, à ce què dit la légende.

XXII

LA DISSECTION DES INSECTES

Les merveilles que nous voyons à l'œil nu, lorsque nous nous mêlons de disséquer le plus humble rongeur, le moindre poisson, ont suffi pour arracher des cris d'enthousiasme à plus d'un chercheur. Cependant la nature ne nous prend pas alors tout à fait par surprise, quoiqu'elle nous mette devant les yeux tant de formes imprévues. Mais lorsque nous étudions un insecte, le microscope nous jette dans un monde que nous ne pouvions en rien prévoir.

Je me suis toujours étonné qu'il y ait en France des femmes comme madame Dacier pour traduire du bon grec en mauvais français, ou comme mademoiselle Sophie Germain pour torturer des équations relatives aux corps élastiques ! mais je comprends encore moins que madame Power et madame Marie Somerville n'aient point un plus grand nombre de gracieuses rivales de ce côté du détroit.

Il n'y a que le caractère féminin qui ait assez de grâce, de souplesse, pour entrer en communication avec les êtres devant lesquels nous sommes des Polyphèmes. C'est par des jeunes filles que Gulliver fut apprivoisé lorsqu'il tomba entre les mains des géants.

La grâce et la beauté ont seules la vertu sublime de descendre jusqu'à ces infiniment petits qui ressemblent tant aux fleurs.

Le plus triste portrait qu'on ait pu faire d'un féroce empereur romain, c'est de dire *qu'il n'y avait pas même une mouche avec lui!*

Nous autres hommes nous ne pouvons nous empêcher de tuer ces êtres délicats! Nous sommes malgré nous aussi barbares que le chimiste de Rothamsted qui, pour étudier les organes du bœuf et du mouton, doit étaler les membres pantelants de ses victimes sur le marbre de son laboratoire. Heureux quand nous ne nous livrons point à des vivisections plus affreuses que celles du Collége de France! Notre sensibilité s'émousse quand nous avons entre les mains des êtres qui ne voient rien de ce que nous voyons, qui n'entendent rien de ce que nous entendons, qui ne sentent rien de ce que nous sentons, qui sont et seront toujours des étrangers dans notre monde.

Qui sait, du reste, si la statue d'Osymandias n'était pas le symbole de la nature?

Est-ce que la grande inconnue ne semble pas nous dire, comme l'orgueilleux monarque : « Si tu veux comprendre ma grandeur, essaye de détruire mes œuvres! »

Cette nécessité sublime nous permet d'éviter le

reproche de cruauté, et nous permet d'imposer silence à nos sentiments; sommes-nous maîtres en effet de résister quand la curiosité inextinguible nous dit :

« Poursuis toujours la vérité, même au sein de l'être vivant! »

« Ne crains pas, pour deviner ce que c'est que la vie, de sacrifier la vie elle-même! »

Mais le plus souvent, presque toujours, rien n'empêche de les engourdir et de travailler sur leur corps lorsqu'il est tout à fait insensibilisé.

La meilleure manière d'apprendre à faire des préparations, c'est de commencer à les acheter toutes faites. On les pourra observer avec la loupe à trois segments mobiles autour d'un pied fixe, au lieu d'être tenues à la main.

Quelquefois les insectes atteignent un volume assez grand pour qu'il soit possible de les fendre avec des ciseaux; alors vous étendrez leur cadavre avec des épingles sur une plaque de liége ou de cire. Vous isolerez soigneusement chaque nerf, chaque muscle, après avoir augmenté la consistance des parties tendres en les plongeant préalablement dans l'alcool.

Vous pourrez même employer un subterfuge très-ingénieux, qui consiste à ensevelir le patient dans une petite quantité de ciment, comme les musulmans le firent, dit-on, du corps de saint Jéronimo d'Alger ; puis vous couperez le solide ainsi obtenu en lanières que vous soumettrez à l'inspection microscopique.

Si vous prenez ces précautions, vous ne tarderez point à reconnaître que ces insectes appartiennent à un monde singulièrement semblable au nôtre. Si l'on prend d'un seul bloc tout l'ensemble de la classe, on peut même dire que c'est une nation naturelle : c'est

la société indienne parfaite avec des castes indestructibles. Vous trouverez, en effet, dans les rangs de ce
peuple articulé, des animaux exerçant, de droit divin
et sans apprentissage, presque tous les métiers des
hommes : il n'y a qu'une différence, c'est que l'ouvrier
est créé en même temps que son outil. Le tisserand
vient au monde avec sa navette, le menuisier avec sa

Fig. 91. — Loupe composée de trois loupes simples.

varlope, le maçon avec sa truelle. Quoique la nature
ait façonné à l'avance tous les instruments nécessaires
à ces travailleurs, elle ne les a pourtant point dis-
pensés de toute participation active à l'évolution de
la série vivante. Malgré l'orgueilleuse affirmation de
Darwin, il est impossible de comprendre comment le
conflit vital pourrait être un instrument de progrès
chez ce peuple des articulés. Il devrait pourtant être
le premier à se perfectionner de la sorte, si le progrès
nous venait par la lutte en férocité. Quoique le plus

petit, il contient à lui seul plus d'espèces que tous les autres ensemble. Nulle part on ne voit tant de monstres aussi parfaits obéir à des instincts aussi dévorants. Le citoyen articulé ne possède d'autres traditions que celles qui se trouvent écrites dans son organisation même. Il en résulte qu'il n'a pas besoin d'annales, car il est lui-même une histoire vivante. Nous autres nous avons conscience des efforts que nous faisons pour améliorer l'outil qui nous appartient et auquel nous n'appartenons pas. Nous ne sommes point des automates, acteurs muets dans le plan providentiel de la nature naturante. Quoiqu'il y ait beaucoup de choses machinales en nous, plus que ne le suppose notre orgueil, nous sommes autre chose qu'une horloge plus ou moins bien montée.

Que de choses nous apprendrons si nous étudions les œuvres de ce petit travailleur que la nature elle-même a sacré chevalier, et dont toutes les œuvres ont par conséquent une perfection inconnue dans les nôtres !

Le microscope nous ouvrira un champ infini d'inventions qui ne seront pour la plupart qu'une mauvaise imitation très-grossière des découvertes de la nature, qui heureusement ne réclame pas de droits d'auteur. Si les ingénieurs avaient l'intelligence de devenir docteurs en mécanique vivante, ils trouveraient souvent réalisé dans la mouche ou l'araignée ce qu'ils cherchent inutilement dans leur raison.

Un de mes amis, inventeur de génie, est mort avec le chagrin de n'avoir pu étudier suffisamment la chenille qui se tapit dans les boiseries où elle fait *tic tac*. Il pensait que cet animal lui aurait livré la solution d'un grand problème qui devait le conduire à la fortune et à la gloire! Dans son lit d'hôpital, il se plaignait d'avoir perdu tant de temps à étudier de sottes formules analytiques au lieu d'apprendre à imiter ce que la nature avait inventé avant nous.

L'étude d'un insecte suffit pour occuper la meilleure partie de la vie d'un homme. Strauss Durkheim a mis vingt ans à dessiner la monographie du hanneton.

Quand il eut fini, quelle fut sa récompense? Il comprit qu'il était digne d'être l'historiographe de l'araignée.

Mais Strauss Durkheim vivait à une époque où l'on n'admirait encore que les éléphants.

Cet autre monument de la gloire de la France, qu'est-il devenu? Hélas! il est probable que l'enfant chéri de la vieillesse morose, solitaire de l'auteur a été égaré dans quelque grenier.

Jamais sans doute le burin d'un artiste ne tracera ces lignes qui ont coûté à Strauss plus que la vie, car il est mort aveugle pour avoir trop bien voulu voir ce que la nature nous a caché, et nul ne s'inquiète de tirer parti des découvertes que ce grand voyant nous a léguées.

Cependant l'auteur de la *Théologie de la Nature* aura des imitateurs. Car rien ne détourne l'œuvre, ni la vieillesse ni la misère, ni l'ingratitude des contemporains, ni la cécité. L'homme d'esprit qui a raison éprouve tant de jouissances quand il lutte contre les niais ou les infâmes qui l'écrasent du haut de leur puissance et de leurs sacs d'écus!

La tête de l'insecte le plus simple est tellement chargée d'organes que l'expression de la physionomie est détruite. Ce ne sont que palpes sur palpes, que mâchoires sur mâchoires. Voilà quelque chose d'horrible, de terrifiant, qui ferait fuir le plus intrépide chasseur,

si le hanneton avait seulement la taille d'un gros chien ;
mais précisément à cause de sa monstruosité, cette
boule monstrueuse est excessivement facile à disséquer. Ce qui nous aide, c'est la complication des parties. Nous nous sauverons en quelque sorte par la
complexité du problème.

La tête d'une mouche, bien difficilement visible,
sera cependant préparée d'une façon très-simple à
l'aide d'une manœuvre singulièrement barbare ; nous
l'écraserons, j'allais ajouter entre deux meules, je dois
dire entre deux plaques de verre, après l'avoir humec-
tée d'une goutte d'eau.

Je vous engage à expérimenter par vous-même combien il est facile, avec un peu de délicatesse, de déchirer tous les téguments. En regardant à la loupe le
le produit de cette étrange trituration, vous serez effrayé de contempler tous ces organes semés dans un
désordre affreusement pittoresque, dont le cadavre
des animaux supérieurs ne vous donnerait jamais d'idée.
Les antennes, les mandibules, la trompe, les yeux,
tout cela pêle-mêle, semble dispersé par la colère, la
vengeance de quelque divinité outragée ! L'être a été
réduit en poussière.

Heureusement une fine aiguille plantée dans un
bouchon vous suffira pour mettre en ordre tout ce
chaos.

On a vu figurer à l'exposition universelle un ver à
soie en carton faisant partie de la collection d'anatomie plastique du docteur Auzoux, et ayant des dimensions colossales. Un autre de mes amis, que l'hôpital
attend encore, fut tellement frappé qu'il prétendait
qu'il serait absurde que l'on s'en tînt à ce premier
progrès.

Il demandait qu'on sculptât en marbre la forme de ces organes si bizarres, si fantastiques, que les in-sectes nous offrent.

Il réclamait au moins des dessins immenses représentant la goutte d'eau, la goutte de sang, l'armure de l'araignée, les dards de la puce, la trompe de la mouche. Il demandait que le peuple vécût en quelque sorte au milieu de toutes ces choses, qui sont, selon lui, les objets d'art de la nature.

Cet ami tenait parfois des discours étranges. Ayant appris qu'un professeur d'entomologie poursuivait une chaire consacrée à l'étude de l'homme, qu'il a réussi, je crois, à obtenir : « Le malheureux, s'écriait-il, il aspire à descendre ! »

Il ne pouvait comprendre comment les Français dédaignent l'étude de l'insecte.

« On dit que nous sommes un peuple curieux de tout apprendre ; amis de l'extraordinaire, parce que nous courons au-devant de l'éléphant, de la girafe, de l'hippopotame !

« Est-ce qu'il n'y a pas deux siècles bientôt que le grand Leuwenhœk nous a prévenus qu'il y a des tigres, des lions, des éléphants, des girafes dans ce monde inouï que nous dédaignons ! Éléphants plus étranges, hippopotames plus monstrueux, tigres plus terribles ! Nous pouvons les dompter sans avoir à craindre qu'ils ne dévorent les Domenico qui voudraient pénétrer dans leur cage.

« Non-seulement nous pouvons analyser la composition de leur corps, mais encore étudier leurs mœurs, sans qu'ils s'aperçoivent de la contrainte dans laquelle nous les faisons vivre.

« La fosse où les ours étouffent serait un univers

pour nos petits citoyens du monde invisible. Avec quelques heureuses combinaisons de lentille, notre œil suivrait partout leur liberté captive !

« Nous pourrions avoir nos combats de gladiateurs, terribles, acharnés, impitoyables, nous les verrions mettre en jeu les épées contre les tenailles, les cuirasses contre le dard, lancer le venin contre le venin, les trompes contre les trompes.

« Devant nous l'animal se transforme, il prend des ailes, il change de robe, il n'a plus rien de ce qu'il était, et cependant il est toujours le même. Comment se fait-il, direz-vous, qu'on n'ait pas de ménageries d'insectes, et qu'on laisse encombrer la vallée suisse du Muséum par les coûteux présents des monarques de l'O-rient ? »

Il ne tarit point aujourd'hui à ce sujet, et si les éditeurs le laissaient faire, il remplirait un volume de ces déclamations ; car il a été encouragé par un premier succès. On a suivi ses avis à l'exposition de la Société d'insectologie, qui se tient tous les deux ans au Palais de l'industrie. Malheureusement tout était improvisé : la sauterelle dépérissait, la fourmi n'avait pas de sucre et l'araignée mourait de faim. Depuis on a cherché à mieux faire, mais il n'y a pas au Grand Hôtel de gourmand aussi délicat que ces petits convives. On ne sait que leur donner à dîner.

Si je le rencontre, je me donnerai bien garde de lui parler de l'article que j'ai lu dans certains journaux qui prétendent que l'on m'a nommé membre d'une commission pour organiser une école pratique d'insectologie, à laquelle le conseil municipal de Paris a voté une subvention, car pour le coup il ne me lâcherait pas avant que j'eusse consenti à mettre des microscopes

dans toutes les galeries! Les loupes dont il se serait contenté avant le 4 septembre ne lui suffiraient
point aujourd'hui ; si la France devient ce qu'elle doit
être je ne sais quel instrument pourrait le satisfaire.
l serait évidemment insatiable si Dieu nous accordait
ce que chacun de nous désire.

XXIII

COMMENT VOLENT LES INSECTES

Un des services rendus par le microscope sera de
. rétablir une espèce d'égalité dans l'anatomie des êtres.
Les écailles, les muscles, les nerfs, les trachées des
plus petits hyménoptères sont aussi faciles à étudier
dans leurs derniers détails que les vertèbres d'une baleine ou le tibia d'un éléphant. Je vous défie de citer
une pièce de la cuirasse de la plus petite des fourmis,
ou de la moindre des araignées, qui se dérobe par ses
inappréciables dimensions à notre analyse.

Pas plus dans la nature que dans l'ordre social, la
petitesse n'est une garantie de simplicité; c'est ainsi
que le gouvernement de Taïti dépasse en complication
celui de la république américaine. La mouche possède
deux pattes de plus que le cheval; le hanneton est
un composé d'un centaure et d'un dragon volant collés

ensemble. Pour se soutenir en l'air cet humble coléoptère fait vibrer deux fois plus d'ailes que le goëland.

Quand vous vous serez familiarisé avec ces formes bizarres, vous trouverez plus facilement la trace des lois universelles qui, appliquées d'une façon plus sobre et plus sévère, régissent la construction des animaux supérieurs. La réaction des parties qui se balancent pendant la période d'évolution de l'être sera d'autant plus facile à saisir que les membres seront plus nombreux, plus rapprochés les uns des autres. Quand vous reconnaîtrez que chaque anneau d'un insecte possède régulièrement la force de donner naissance à quatre appendices distincts, deux pattes et deux ailes, vous pourrez commencer peut-être à comprendre comment il se fait que la nature ait tracé le cycle que parcourt le poulet.

Mais en même temps vous serez obligés de reconnaître que cette activité formatrice, quelque grande qu'elle soit, est loin d'être inépuisable.

Les pattes ne peuvent prendre un développement considérable sans que les ailes en souffrent tellement, qu'on a le droit de dire qu'elles sont atrophiées.

Sur le premier anneau viennent se greffer des membres robustes mais les ailes ne s'y rencontrent jamais.

On pourrait dire, comme je ne sais plus quel naturaliste, que les insectes sont des fédérations d'organes ; mais cette indépendance relative des parties n'est possible que parce que toutes sont indistinctement subordonnées au plan général.

Ainsi la libellule n'a pas besoin de l'instinct qui lui dit de s'équilibrer pendant toute la durée du vol, parce qu'elle s'équibre elle-même. Le premier anneau du thorax est assez pesant pour contrebalancer l'effet de la gravité sur les autres parties du corps.

C'est la loupe à la main qu'il faut étudier le mécanisme à l'aide duquel la nature a construit ces machines volantes, que l'homme doit s'efforcer de comprendre, mais qu'il doit se garder de chercher à contrefaire, car l'art humain n'est pas destiné à être une parodie de l'art divin.

Ainsi l'on verra des insectes chez lesquels la partie antérieure du corps ne prendra en aucune façon part au travail de la locomotion aérienne. Ils pourraient, comme le prince de Talleyrand, répondre à quelqu'un qui l'avait frappé au-dessous du dos : « Je ne m'occupe pas de ce qui se passe par derrière. »

Grâce à un raffinement que la nature n'a appliqué à la construction ni du milan ni du faucon, la libellule n'a pas besoin d'interrompre un instant le mouvement de ses ailes pour dévorer sa proie. C'est en courant à des festins nouveaux qu'elle trouve le moyen de se repaître.

Heureusement la nature a modéré par une sorte de loi somptuaire le choix de l'échelle destinée à régler l'exécution des organismes destructeurs. Presque toujours la taille varie en raison inverse de la puissance. Que deviendraient les passereaux si les aigles n'avaient pas besoin de retourner à leur aire pour dévorer les cadavres !

Malgré son talent, M. Maret ne fera pas voler devant l'académie des sciences sa mouche de fer. L'insecte mécanisé ne se détachera point du tube ombilical qui apporte incessamment la provision d'air.

Tout ce qui luit n'est pas or, dit le proberbe, qui a raison et auquel on pourrait ajouter : Tout ce qui remue n'est point aile volante. Que de précautions n'ont point été prises pour protéger par un solide bouclier la fine dentelle qu'un grain de poussière déchirerait !

L'élytre est du reste un admirable chef-d'œuvre de marqueterie patiente.

Vous passerez de longues heures à regarder les merveilleux dessins dont la nature s'est servie pour damasquiner ces gaînes flottantes. Il était plus difficile de les sculpter que de forger le bouclier d'Achille.

Que disent ces arabesques que la nature a gravées sur les élytres ? Contiens-tu quelque devise hiéroglyphique, scarabée que les prêtres de la Grande Déesse vénéraient à l'égal d'un dieu?

Si vous examinez à la vue simple, et par conséquent à plus forte raison au microscope, les ailes des insectes, vous verrez que généralement elles ont été garnies par la divine ouvrière de ligaments élastiques propres à tendre les membranes lorsque l'aile se déploie.. N'est-ce point ainsi qu'agit la plume du faucon, de l'aigle et du colibri ? Mais la plume produit son effet par sa construction même ; le jeu d'une infinité d'organes spéciaux semble avoir été rendu inutile par une disposition plus savante.

Dans le temps où nous vivons il est dangereux de s'attirer des haines, et j'ai senti plus d'une fois le poids de celles que j'avais le droit de mépriser. Aussi dois-je me hâter de déclarer que je n'ai point eu l'intention de nuire à la juste considération dont jouit la mouche, et que son aile me paraît après tout une merveille.

Je voudrais pouvoir prendre un terme de comparaison plus gracieux, mais, faute de mieux je demanderai la permission de dire qu'elle ressemble à une sorte de parapluie dont les baleines auraient été remplacées par des tubes de fer creux et qui auraient une double enveloppe de soie.

Dans l'intérieur de ces tiges admirablement ramifiées, l'air et le fluide nourricier circulent avec une égale profusion.

En y regardant de bien près avec un éclairement oblique, vous parviendrez, j'en suis sûr, à comprendre au moyen de quels fils la nature a tissé cette étoffe légère.

En effet, vous reconnaîtrez les traces des différentes cellules qu'elle a amalgamées les unes avec les autres. De temps à autre nous rencontrerons comme de légers jalons laissés par la main invisible pour que le plan de sa féerique construction frappe nos regards. Guidés par ces vestiges, nous pourrons peut-être nous élever jusqu'à la conception d'un des procédés employés pour cette œuvre. Nous saisirons comme le fil conducteur que l'Ariane anonyme s'amuse à nous tendre pour voir si, par hasard, dans la foule des niais que dévore le Minotaure, il ne se trouve point quelque Thésée.

Orgueilleuse à bon droit d'avoir produit ces chefs-d'œuvre de grâce et de légèreté, la nature semble avoir pris plaisir à les couvrir d'objets dont le seul but paraît être d'exciter notre admiration ! Les ailes d'un nombre innombrable d'espèces, appartenant à l'immense tribu des lépidoptères, vous offriront des dessins d'une richesse inouïe.

Ne vous arrêtez pas trop longtemps à étudier ces ailes diaphanes, ces détails imprévus, car la beauté de ces tissus merveilleux, la perfection des formes, ne doit point vous induire en erreur. L'insecte, cette merveille, ne dépasse pas l'oiseau ; cette autre merveille qui l'a suivi dans la chaîne des temps est le fruit d'un art plus parfait.

Ce qui vous a frappé dans l'inspection de l'aile, c'est la présence de ces admirables plumes qui augmentent si bien les contacts avec l'air, et qui font pour ainsi dire que le vol, cette pierre philosophale de la race humaine, est un jeu d'enfants pour les moineaux. L'insecte n'a rien qui ressemble à cette substance merveilleuse.

Nouveau venu, tard venu, l'oiseau est mieux pourvu que l'insecte, ce contemporain des espèces hideuses ; mais la nécessité qui a créé la plume existait déjà sur la terre des Trilobites et des Plésiosaures. Les articulés, dont l'origine remonte à ces temps lointains, ont donc quelque organe analogue, et leur aile n'est pas uniquement couverte d'une membrane dont rien ne vient augmenter l'action.

L'anatomie, la mécanique maintiendront les droits du vertébré à l'empire du monde! Ceux qui prônent le plus *lourd que l'air* ne comprennent pas l'importance accordée à la plume. Ils ne voient pas que par ses énormes surfaces l'oiseau prend une puissance d'adhésion, que le duvet mis en mouvement se hérissant, se contractant, arrive à se cramponner à l'air, à faire corps avec lui. Si la nature n'avait adopté mille raffinements trop compliqués pour ses premiers débuts, elle eût été obligée de donner au vautour autant de force qu'à un éléphant!

La libellulle, ce puissant carnassier, n'a que la menue monnaie de l'aile du moineau franc.

La nécessité de donner à l'insecte bien doué deux paires d'organes de vol, une de chaque côté, procédé relativement grossier et rudimentaire, a conduit à la

création d'organes accessoires dont nous pouvons reconnaître après coup la nécessité.

Obligée de planer longtemps au-dessus des plantes
pour choisir les corolles qui lui offrent un pollen suffisamment mûr, l'abeille ne peut accorder beaucoup
d'attention à la manœuvre de ses ailes. C'eût été lui
faire un présent bien dangereux que de lui donner
deux paires d'ailes si elle avait été exposée à les accrocher, comme il arrive trop souvent avec les avirons
aux rameurs inhabiles. Le bord postérieur de la première aile porte des crampons, et le bord postérieur
de la seconde est creusé de rainures. A l'aide de cette
disposition si curieuse, les deux couples d'ailes sont
solidarisées chaque fois que l'insecte le désire.

Mais ce procédé lui-même est bien compliqué, direz-
vous. Certes vous en auriez inventé un plus délicat si
vous aviez été appelé aux conseils de la nature. Est-ce
que la nature en serait restée à ce subterfuge que
vous-même vous avez déclaré grossier ? En aucune
façon, car elle n'a pas eu besoin de votre expérience
pour même faire mieux encore. La libellule est pourvue de deux systèmes complets d'ailes indépendantes
l'une de l'autre. Chacune est aussi solide autour de la
charnière qu'une porte autour de ses gonds. Fixés
ainsi les uns au-dessus des autres, ces organes permettent au rapide insecte de diriger son vol avec une admirable précision. L'inconvénient, quel est-il ? C'est, il
est presque inutile de le dire, que les ailes doivent
toujours rester étendues. La libellule ne peut jamais
carguer ses voiles admirables. Je ne sais si je préfére-
rais être abeille, mais en tous cas j'aimerais mieux être
colibri.

XXIV

PATTES DE MOUCHES

Si les ailes de nos petits volants sont inférieures à celles des oiseaux parce qu'elles sont trop peu articulées, les pattes de ces êtres singuliers pèchent par un défaut contraire. En effet, l'on n'y compte pas moins de cinq segments, dont le dernier se compose quelquefois, à lui seul, d'une quarantaine de pièces distinctes.

C'est vous dire quelle épouvantable variété doit se trouver dans un pareil jeu d'échecs. Non-seulement ces organes sont plus nombreux que les nôtres, mais chacun d'eux se compose d'une série étonnante d'organes juxtaposés.

Si, par un effet de soudaine métamorphose, nous étions obligés de nous servir d'organes pareils, rien que pour porter la nourriture à notre bouche, nous

serions exposés à jouer le rôle du renard dans le repas
que la cigogne avait apprêté.

Il est presque impossible de comprendre nettement
comment les insectes coureurs s'y prennent pour se
servir des six jambes dont la générosité de la nature
les a pourvus.

Le nombre des allures qu'ils peuvent prendre est en

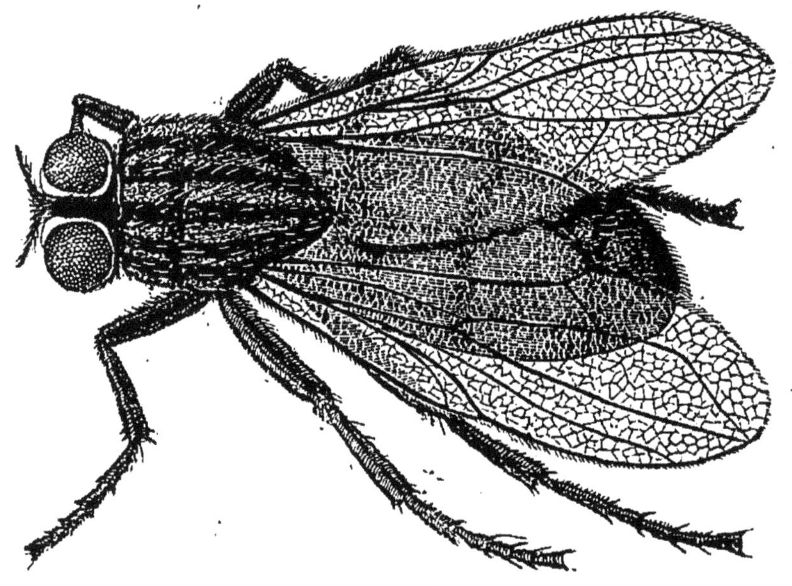

Fig. 92. — Mouche commune.

quelque sorte incalculable. On se demande si le devant
du scolopendre ne prend pas quelquefois le galop
sans que le derrière se soit aperçu qu'il faut changer
d'allure.

La patte se compose de cinq parties distinctes, et
vous pourrez constater par vous-même que la forme de
chacun de ces segments est merveilleusement appro-
priée aux mouvements dont l'animal ne peut se passer.

Ainsi, lorsqu'il est nécessaire aux fonctions vitales que les membres puissent opérer une sorte de rotation comparable à celle dont notre avant-bras est susceptible, les membre sont fabriqués *ad hoc*. Ils se trouvent terminés par une pièce globuleuse, sorte de petite sphère logée dans une cavité destinée à la recevoir. On dirait un palier ajusté par un mécanicien pour supporter un axe en fer ajusté par le tourneur. Quand au contraire les mouvements doivent s'exécuter dans une direction tout à fait invariable, la hanche est aplatie. Elle se trouve maintenue de manière à ne pouvoir broncher ni dans un sens ni dans un autre. Quelquefois les pièces sont si intimement unies les unes aux autres, qu'on a du mal de les distinguer; mais il n'est pas difficile de reconnaître pourquoi la nature s'est donné la peine de les river si solidement. Vous pourrez examiner à loisir, dans l'anatomie des maîtres nageurs, comment cette disposition a été utilisée lorsqu'il s'est agi d'assurer l'énergie des mouvements produits dans l'eau. La rame est solide, elle saura triompher de tous les frottements engendrés par la résistance du liquide.

Les carnassiers, mauvais voiliers, seraient incapables de suivre leur proie dans les airs : le second article de la jambe reçoit un développement tel qu'ils sont transformés en échassiers, et font des enjambées si prodigieuses que de l'aile absente ils peuvent admirablement se passer.

La cuisse ne nous fournira pas moins de remarques curieuses; car vous verrez sans peine qu'elle possède, chez les puces et les locustes, un développement tel qu'il est impossible de les examiner avec quelque attention sans deviner les mœurs des sauteurs auxquels elles appartiennent. Rien qu'à la voir, il est facile de comprendre qu'elle a été destinée à se débander comme un ressort. Le microscope vous donnera la clef de la construction d'épines, de rainures, de plaques polies, d'entailles, d'arêtes; il vous expliquera la destination d'une foule de parties que l'intelligence la plus vive ne saurait jamais concevoir. On peut dire sans paradoxe que le soin avec lequel le membre est sculpté augmente à mesure que l'ouvrier invisible approche de la fin de son œuvre! S'il brille, c'est dans le coup de *fion* qu'il sait toujours donner.

Le bord extérieur de la jambe est garni de dents, de protubérances aiguës chaque fois que l'insecte appartient à l'immense nation des mineurs. Quelquefois il ne suffit pas de creuser des galeries en terre. Alors la courtilière a reçu des jambes en forme de faucille, afin de pouvoir couper les racines qui viendraient l'arrêter dans son industrie minière. Les abeilles ont au contraire, comme nous l'avons déjà remarqué, reçu des faisceaux de poils destinés à caresser doucement les étamines, à ramasser la poussière fécondante qu'elles produisent. Il fallait bien que ces êtres, dont la bouche est garnie d'une trompe innocente, pussent trouver un moyen de défense, quelque imparfait qu'il fût. Aussi certains lépidoptères portent-ils un ergot pareil à celui des coqs.

La manière dont la patte de la mouche se termine semble avoir été le fruit d'une combinaison destinée à lui donner la faculté de courir sur nos vitres les plus polies et sur les plafonds de nos demeures, et elle fut inventée à une époque où l'homme lui-même n'avait pas été créé. En effet, ce membre, qu'on pourrait appeler prophétique, se termine par une admirable ventouse qu'à l'aide des électro-aimants nos escamoteurs ont pu contrefaire.

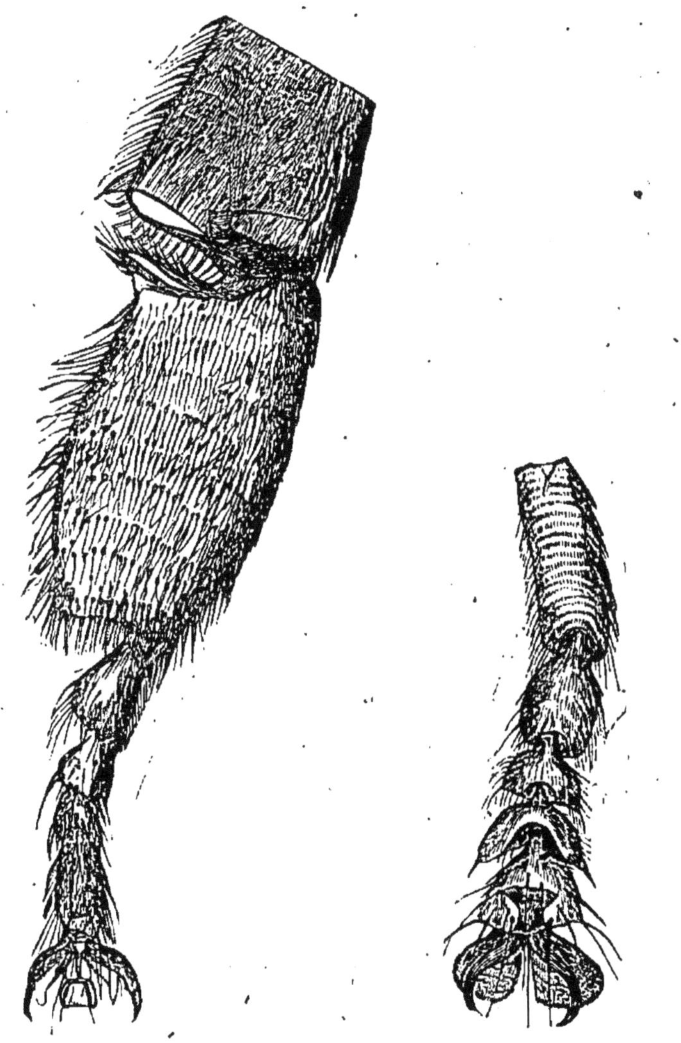

Fig. 93. — Patte d'abeille.   Fig. 94. — Patte de mouche.

Que ce soit la forme des ongles qui varie de manière à remplir l'office de pinces, de tenailles, de serres, de tire-bouchons, vous n'aurez jamais de peine à deviner la cause finale quand vous connaîtrez les habitudes du propriétaire. Vous aurez encore de grandes découvertes anatomiques à faire dans les parties qui semblent le plus explorées, le plus vulgaires : ne craignez point que l'occasion de vous distinguer vous manque, même en étudiant des insectes que chacun peut avoir en main tous les jours. Personne ne sait encore indiquer le motif de la singulière conformation de la jambe des grillons. On ignore également pourquoi les cribraires ont des jambes antérieures transformées en une sorte d'écusson percé de trous, comparable au tamis dont on fait usage pour trier les grains suivant leur grosseur. Supposons qu'on vous présente un insecte inconnu ; vous pourrez facilement par un travail inverse, en étudiant la forme de ses pattes, déterminer son genre de vie sans aucune chance de vous tromper. De même si on décrit devant vous les habitudes d'une espèce nouvelle que vous n'avez jamais vue, vous pourrez devancer les indications du microscope, en admettant que vous ayez suffisamment pénétré les lois de la philosophie anatomique.

Grossissez le nombre des intelligences d'élite qui, comme le grand Agassiz, ont eu confiance dans l'idée immortelle de la rationalité infinie du monde. Ne vous laissez point détourner de votre route par ceux qui vont jusqu'à nier l'existence de la Force, afin d'éviter qu'en s'élevant de Force en Force ils ne parviennent à entrevoir la Force suprême, le Régulateur universel des choses. Interrogez votre conscience, sondez les profondeurs de votre pensée, et vous verrez que la philosophie tombe d'accord avec la science de la nature, que le disciple de Descartes parle comme celui de

Swammerdam! Il n'y a rien d'arbitraire dans la nature, pas même notre déraison.

Rien n'échappe à l'invincible enchaînement non-
seulement dans la forme de notre organisme, mais
encore dans la manière dont nous transformons les
sensations qni donnent naissance à notre pensée.

L'esprit sublime qui entrevoit l'infini et l'absolu
dans un monde où tout semble fini et relatif, ne saurait parvenir à se soustraire aux conditions générales
de la vie.

Ses conceptions les plus grandioses portent la marque et l'empreinte du milieu dans lequel il poursuit
ses méditations. Est-il surprenant du reste qu'il ne
puisse soustraire ses pensées à la domination de lois
tellement puissantes que dans ses œuvres les plus
merveilleuses la nature elle-même ne saurait leur
échapper un seul instant? On dirait qu'elle-même est
esclave d'une nécessité supérieure, trop élevée, comme
les dieux d'Épicure, pour que nous la puissions apercevoir. Mais nous découvrons à chaque instant la trace
de ses pas sur le limon fangeux où ils se sont imprimés.

XXV

TROMPES, AIGUILLONS ET MACHOIRES

Le système le plus simple que l'on puisse imaginer
pour mettre un animal à même de dévorer sa proie
est évidemment celui qui est réalisé chez les vertébrés,
et notamment chez l'homme. En effet, notre mâchoire
se réduit essentiellement à une partie mobile placée
au-dessous d'une partie fixée à la base du crâne. Elle
offre par conséquent un appui solide à bien peu de
frais.

Les insectes sont bien loin d'avoir été aussi favorisés
que nous dans l'organisation de la partie la plus essentielle de leur organisation. Car l'empire du monde
est sans doute aux êtres qui mangent avec les meilleures mâchoires. Le mouvement de ciseau qu'ils im-
priment aux pièces osseuses qui terminent leur tête
est en quelque sorte l'enfance de l'art.

Je n'ai pas l'intention de faire le procès à la nature, ni de l'accuser d'inexpérience à aucune époque de la durée. Tous les êtres qu'elle a produits, depuis que la vie a fait son apparition sur notre globe, sont parfaits dans un certain sens. Au moins aucun matérialiste n'a signalé des défauts qui nous empêchent d'admirer la manière dont ils sont adaptés au milieu ambiant, pour un certain but spécial en vue duquel ils ont été créés. Il semble que l'insecte nous ait devancé dans l'histoire du monde, et qu'il ait paru sur la terre à une époque où la sagesse universelle ne pouvait encore réaliser ici-bas que des machines compliquées.

L'étude microscopique nous montrera que la nature semble n'être jamais partie du composé qu'après l'épuisement des formes préparatoires qui lui ont servi comme d'ébauches préliminaires. Elle agit tout à fait comme le ferait un ouvrier doué d'une habileté qui nous surpasserait infiniment, et dont les premiers tâtonnements seraient des chefs-d'œuvre susceptibles de confondre notre raison, mais qui n'en serait pas moins à l'école de l'éternité ! Aussi serons-nous obligés, pour ainsi dire à chaque instant, de nous écrier : « Mais il y a un ordre et une méthode dans tout ce qui semble exister de plus incohérent ici-bas ! »

La trompe de la mouche vous semblera avec raison un appareil digne de la plus haute admiration. Vous prendrez un plaisir en quelque sorte inépuisable à contempler les détails que le microscope révèle. Mais jamais vous ne consentiriez à recevoir un présent pareil pour remplacer les organes dont vous êtes en possession. Le plus farouche misanthrope serait trop puni s'il était affublé de la sorte. L'armement de l'abeille ne ferait pas envie le moins du monde à Rousseau. Si vous comparez l'insecte à ce que vous êtes vous-même, vous le trouverez relativement grossier et imparfait ; c'est comme si vous mettiez l'ancienne machine de Marly à côté d'une pompe à vapeur. Cette machine est grossière, direz-vous, c'est possible. Mais ne fallait-il pas que quelque chose précédât l'invention qui ne pouvait sortir tout armée de la tête de Watt et de Stephenson ?

Nous pouvons désirer vivre de nouveau dans un siècle futur, ou nous trouver transporté dans un astre éloigné ; mais la forme d'un animal quelconque, fût-ce un aigle ou un lion, ne nous tentera jamais. Le plus grand des châtiments que trouve le bon Ovide n'est-il pas de métamorphoser les scélérats dont il nous dé_peint si gracieusement les crimes.

Oui la nature est irréprochable, merveilleusement habile, infiniment supérieure à nous. Mais on pourrait dire qu'il a existé à toute époque de la durée une sorte de maximum mobile et progressif de perfection. Figurez-vous une frontière du côté du bien infini, qui se recule indéfiniment devant les forces inconnues et mystérieuses qui travaillent sans relâche. Cette limite, qu'il est toujours possible d'entrevoir, n'est jamais franchie ; mais par suite de cette évolution vers la per-fection absolue, les êtres semblent doués de qualités de plus en plus éminentes, de plus en plus nombreuses. Ce qui nous paraît le sublime de la grâce et de la beauté n'est peut-être qu'une étape bien éloignée en terme. Qui sait si les jeunes filles les plus charmantes de nos âges ne seraient point considérées comme des femelles hideuses dans des siècles lointains, si elles ne sont pas destinées à être remplacées par des êtres inconnus, innomés, qui introduiront dans le monde

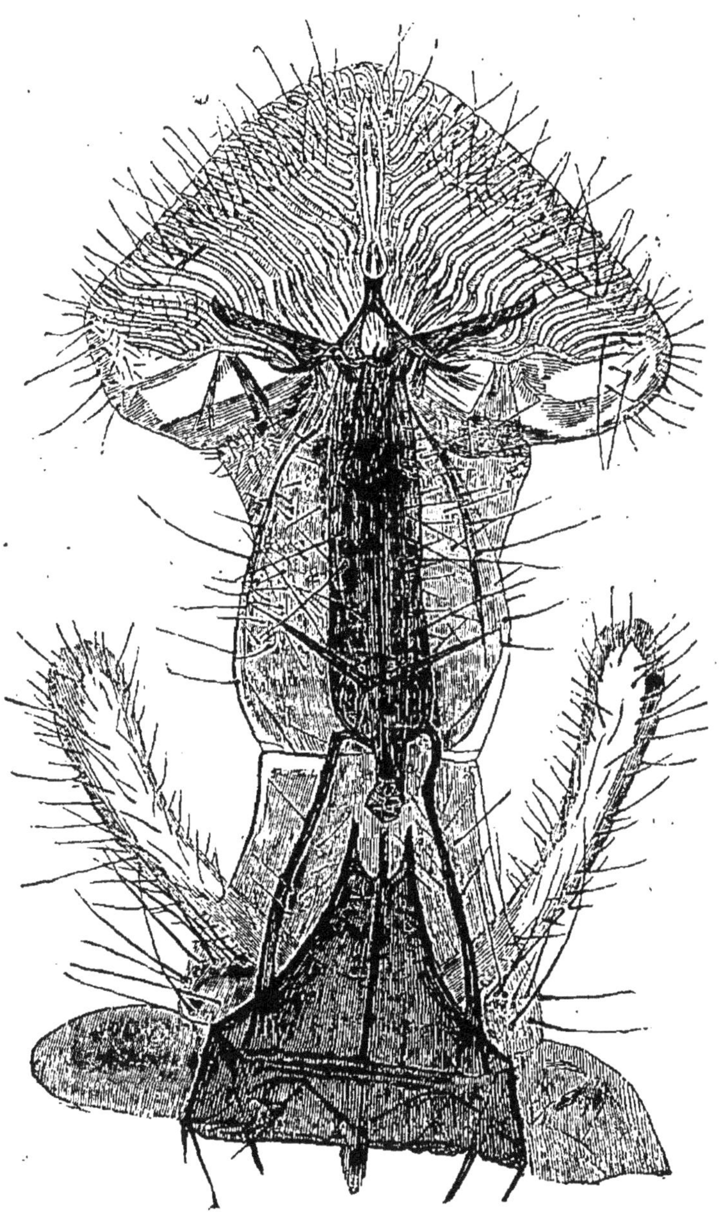

Fig. 95. — La trompe de la mouche.

étonné des éléments nouveaux de grâce et de beauté !

Lorsqu'elle en était encore aux insectes, la nature se croyait obligée de mettre leur squelette à l'extérieur, elle devait leur donner une cavité buccale formée par un très-grand nombre de pièces, afin d'être suffisamment dilatable ; sans cela cette poche n'aurait pu se conformer à la grandeur de la proie, ainsi qu'à celle de l'appétit. Cette antichambre de l'estomac, faite de pièces de et morceaux devait avoir à sa disposition une foule d'organes, destinés à pallier les inconvénients résultant du plan primitif.

Un des usages les plus intéressants que vous puissiez faire du microscope sera d'étudier la construction intime des organes dont l'insecte se sert pour explorer sa nourriture avant de l'introduire dans l'intérieur de son corps. Ces palpes si compliquées sont destinées à remplir les fonctions de douanier. Elles reconnaissent les marchandises suspectes avec autant de sûreté que les papilles dont notre langue a été garnie, et dont nos pères ont fait usage pendant tant de siècles sans se douter que la nature les en avait pourvus.

Quoique les parties particulièrement destinées à la préhension soient pourvues de tout ce qui peut rendre un râtelier superflu, elles ne peuvent suffire à la satisfaction des robustes appétits d'ouvriers chargés de débarrasser la terre de toutes les causes de putréfaction.

Aussi les premières pattes sont-elles, comme les mains de singes, des organes de préhension en même temps que de locomotion, et de plus sont-elles garnies de parties dures qui les font servir à la mastication.

, Ce n'est pas tout, car dans le voisinage de l'orifice supérieur du tube intestinal la nature a développé

toutes ses ressources avec une étonnante profusion.
L'insecte porte à l'endroit où nous aurions nos mous-
taches deux vraies pinces à l'aide desquelles il maintient les aliments qu'il dévore. Supposez de petites
mains sortant de notre crâne et pouvant suppléer à
l'imperfection de mains sans doigts convenablement
articulés, vous aurez l'idée de la mine que nous aurions
si nous étions pourvus de ces singuliers appareils.
Quelque commodes qu'ils puissent être pour manger,
je doute que le baron Brisse puisse les envier aux
crabes et même aux hannetons.

Comme vous le voyez nettement d'après l'énumération qui précède, la bouche de nos petits mangeurs ne
peut fonctionner que parce qu'elle est garnie d'une
multitude de parties accessoires. Tout serait détraqué
si l'insecte qui mâche de droite à gauche n'avait deux
lèvres, deux mandibules, deux mâchoires, sans compter les parties supplémentaires. Aussi cet attirail hideux, encombrant, donne à l'insecte le plus innocent,
au mouton coléoptère, l'air plus farouche que celui
d'un tigre du Bengale, il est clair qu'au lieu d'être le
miroir de l'âme, le visage de l'insecte n'est que le miroir de son estomac.

La *miss* la plus gracieuse dévore à belles dents
le bifteck saignant, Socrate ou Confucius, dans leur
temps, n'ont pas ménagé les troupeaux ; mais au
moins nous n'étalons pas à l'endroit le plus apparent
de notre face nos organes de destruction : Nous avons
la pudeur de cacher le jeu cruel de nos mâchoires.

Cette dissimulation est tout à fait inconnue aux insectes ; chez les infiniments petits, chacun se montre
toujours avec son arsenal complet, aiguillons ou trompes. Le gibier sait à quoi s'en tenir sur les instincts du

chasseur quand il le voit passer au coin d'une haute
futaie de brins d'herbe.

Certes la tête du cousin est merveilleusement armée,

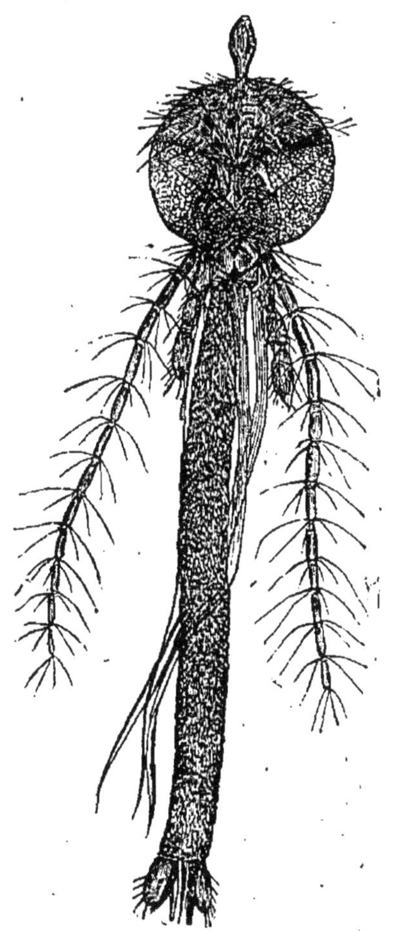

Fig. 96. — Tête de cousin.

comme vous le montre le dessin ci-dessus. Il n'y a pas
d'armurier à Birmingham qui oserait se charger de
fabriquer une arme aussi parfaite qu'un aiguillon d'a-
beille ou celui d'un œstre.-Il faudrait un volume pour

décrire l'usage de toutes ces parties, dont le nombre est si grand que l'œil éprouve à les voir une sorte de

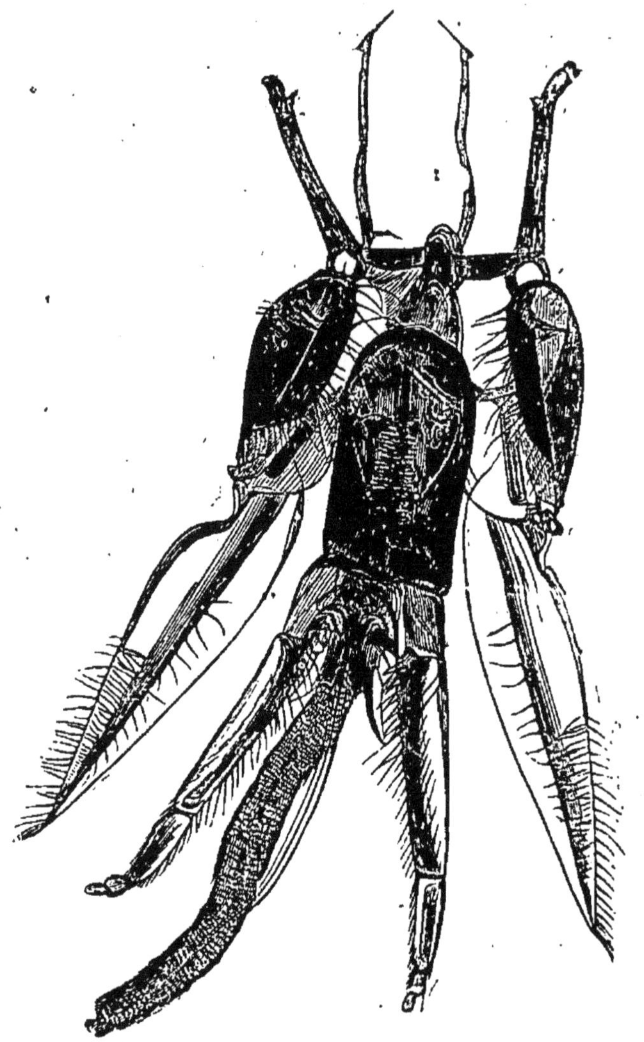

Fig. 97. — Aiguillon d'un œstre.

vertige. Cependant qui oserait prendre sur lui de supprimer un cran, un poil, une pince !

L'infériorité de l'insecte, comme nous avons essayé de le faire comprendre, c'est que chez lui il n'y a point de soldat laboureur. Tout guerrier porte son fusil à aiguille depuis sa naissance. Est-ce en réalité un désavantage, me disait un rêveur, et n'est-il point à désirer que la nature ait donné une livrée de carnage aux hommes de proie ?

Cette conception était fausse par ce qui fait précisément notre grandeur : c'est que les Voltaire ont besoin d'employer toute leur raison pour percer le masque dont se servent les Frédéric pour les séduire.

Si la nature avait cru déroger en conservant le moule des êtres inférieurs, elle n'aurait évidemment peuplé la terre qu'avec des hommes. Mais ses favoris n'auraient pu vivre à l'état d'isolement. Un globe sans espèces sacrifiées est aussi difficile à comprendre qu'une société qui ne serait composée que de Socrates, de Platons et d'Épaminondas. Les brutes et les scélérats jouent le même rôle que les serpents et les loups dans l'harmonie universelle ; ils jouent les ombres à côté de ceux qui jouent les lumières.

XXV

LA VIE DES INFINIMENT PETITS

Les naturalistes qui ont étudié l'anatomie des insectes ont été fort surpris de ne point retrouver chez ces êtres d'organes analogues à notre système respiratoire. Mais ils n'ont point tardé à reconnaître cependant que l'échange d'éléments gazeux avec l'atmosphère est aussi actif que chez nous, et même que chez les oiseaux. En effet, le corps de ces petits animaux est entièrement pénétré par le fluide vivifiant, il circule dans des conduits construits avec un art admirable. Le système respiratoire de la mouche est un modèle de ce que nos ingénieurs pourraient inventer de plus perfectionné pour assurer la distribution de l'eau, du gaz d'éclairage dans nos maisons, dans toutes nos cités! Figurez-vous des tubes formés par des membranes très-fines, séparées l'une de l'autre par un fil

roulé en spirale. C'est sur ce modèle que les aéro-
nautes semblent avoir copié les manches dont ils se
servent pour gonfler leurs ballons.

La perfection est telle, dans les moindres détails,
que vous ne vous lasserez jamais d'étudier les orifices
qui terminent cette merveilleuse canalisation. Vous
verrez chacune de ces embouchures terminée par une
forêt de petits poils disposés de manière à arrêter les
poussières les plus ténues.

Aucun des atomes que nous voyons étinceler sous
les rayons de soleil n'échappe à une aussi étonnante
filtration.

Le corps de l'insecte peut être considéré sans exagération comme un vaste poumon courant, sautant, volant
avec une vitesse inouïe. Car ces trachées, dont le diamètre ferait pâlir les plus fins tubes capillaires de nos
physiciens, pénètrent dans les plus intimes profondeurs.

C'est grâce à cette disposition surprenante qu'un être
si petit peut développer une énergie aussi grande.

— Tant que l'animal se repose, l'air entre avec quelque
lenteur dans le réseau dont il est pénétré. Mais du
moment que l'insecte commence à se mouvoir, la vitesse du déplacement de son corps augmente les contacts avec le fluide. Des masses d'air relativement énormes passent par l'intérieur du système respiratoire.
Les insectes ne sont point pareils à ces pauvres humains,
que la moindre locomotion suffoque. Le mouvement
nourrit le mouvement de nos hercules lilliputiens. La
course la plus précipitée ne fait que donner à l'animal
l'ambition de courir plus vite encore. C'est comme si
on soufflait sur le feu qui est allumé dans tous ses organes.

Aussi quels singuliers phénomènes de production instantanée de chaleur dans ces fourneaux si bien réglés! Le sphinx devient brûlant dès qu'il voltige autour d'une fleur; à l'état de repos, sa température dépasse à peine celle de l'air ambiant.

Les efforts qu'une organisation aussi formidable rend possibles donnent des chiffres effrayants non-seulement dans l'air, mais encore à terre, seul endroit où j'aie trouvé le moyen de les mesurer commodément. J'ai constaté de la sorte qu'une mouche peut parcourir *à pied* une longueur de 450 mètres en une heure de temps.

Comme l'écart des jambes n'est pas d'un millimètre, on peut dire que l'agile dyptère fait plus de 500,000 pas. Un piéton qui en ferait autant irait avec une vitesse de près de 400 kilomètres!

Le nombre de coups d'ailes que les insectes peuvent donner n'est pas moins effrayant. Écoutez le bourdon, qui produit ainsi un son musical dont il est facile de prendre la hauteur. Il est certain que cette aile véloce ne frappe pas l'air moins de 600 fois par seconde. Elle donne plus de 2 millions de coups par heure. Aussi le diabolique insecte suivrait un cheval à la course; le taureau ne peut se débarrasser de l'œstre qui le rend fou de douleur.

La puce s'élève à une distance du sol que l'on peut évaluer à 200 fois sa taille. A ce compte, un homme se ferait un jeu de sauter par-dessus les tours Notre-Dame, ou par-dessus les buttes Montmartre. Il faudrait construire autour des prisons des murs d'un demi-kilomètre de hauteur pour maintenir captifs des prisonniers aussi alertes, si on les laissait prendre l'air dans le préau.

Nous en dirions bien davantage, si nous'n'avions lu, dans la pièce des *Nuées*, qu'Aristophane faisait un crime à Socrate de perdre son temps à enseigner de pareilles puérilités sous prétexte d'instruire la jeunesse. Précisément parce que nous ne sommes point un Socrate, nous donnerions. deux fois raison à nos petits Aristophanes, s'ils daignaient s'occuper de nos élucubrations.

Toutefois, encore une petite remarque qui ne blessera que messieurs les éléphants. Un naturaliste a fait remarquer que la terre serait trop petite pour nous, si nous étions doués d'une vitalité proportionnelle à celle des insectes, car nous arriverions trop facilement au bout du monde. Mais par une raison du même genre notre globe est beaucoup trop grand pour pouvoir être exploré par des hommes fourmis. Même quand ces lilliputiens seraient doués d'une intelligence supérieure à la nôtre, ils se trouveraient arrêtés à chacun de nos pas. Car tout brin d'herbe est pour eux un Wellingtonia, tout petit ruisseau un fleuve Amazone et toute mare un océan.

Malgré tous nos défauts, notre amour de la destruction, nous arriverions à dépasser leur science par cela seul que nous sommes plus grands. Nous triompherions de toute la hauteur de notre taille. Mais ne nous flattons pas que notre stature soit précisément celle qu'il faut pour explorer convenablement notre univers. Que nous sommes loin en effet de nous rendre compte de la forme des continents, de la distribution des montagnes, de l'harmonie qui doit éclater dans la disposition de toutes les parties de la sphère.

Peut-être la terre, comme le grand alsacien Strauss Durkheim a essayé si ingénieusement de l'établir dans sa *Philosophie de la nature*, n'est-elle qu'un immense animal. Mais notre œil n'est pas plus fait pour la contempler dans son ensemble que celui de la mouche pour se rendre compte de la forme de nos traits ou de l'expression de notre physionomie. Tout ce qui nous dépasse franchement nous surpasse. Notre raison a l'ambition d'explorer l'infini, c'est ce qui fait sa gloire mais aussi sa faiblesse; soyons donc très-circonspect dans les opinions que nous émettons sur la nature des choses, surtout quand ces opinions sont en désaccord avec notre conscience, qui nous révèle un Dieu sublime ordonnateur et créateur de la nature.

XXVI

FOURMILIÈRES ET FOURMIS

Si Aristote avait mieux connu la fourmi, il n'aurait certainement point écrit sa fameuse définition : « L'homme est un animal politique, » car la fourmi paraît s'entendre mieux que nous à organiser une société très-complexe, comme nos instruments d'optique nous permettent de nous en assurer. Il est impossible de comprendre qu'elle ait existé un seul instant à l'état sauvage. S'il y a un peuple qui soit un modèle d'ordre, c'est sans contredit au premier rang celui des fourmis, car il ne semble jamais avoir d'autre passion que celle d'obéir. Cette nation modèle n'est point son propre bourreau, comme nous autres qui paraissons avoir eu l'honneur tout à fait exceptionnel, dans la série vivante, de nous tourmenter nous-mêmes.

Si un Dieu avait voulu tracer pour les Haussmann de tous les âges l'éternel modèle des Babylones, nous n'aurions point étouffé pendant si longtemps au milieu des rues tortueuses, dans des réduits obscurs, où les architectes marchandent l'air, l'eau, la lumière ! Les habitants de la cité divine auraient trouvé parfaite l'œuvre de l'éternel édile. Ils eussent été aussi fiers de leur patrie que les fourmis doivent l'être de la leur. On ne les aurait pas vus remuer les pavés de leurs rues, jeter les kiosques au milieu de leurs boulevards.

Quel misanthrope ne serait fier même de nos imperfections et de nos erreurs, en face de la monotone infaillibilité de ces insectes, dont la raison semble le chef-d'œuvre des forces universelles ? Qu'est-ce qui ne verrait point en face de cette vertu naïve, que c'est la crainte de nos défaillances qui nous donne nos sublimes élans ? Ces chutes et ces bonnes fortunes alternées font, en réalité, notre grandeur. Fussions-nous mille fois plus petits que les fourmis, nous les dépasserions de toute la hauteur de notre histoire ; ce n'est point, encore une fois, parce que nous sommes instinctivement plus vertueux qu'elles, c'est parce qu'ayant la liberté d'être des scélérats accomplis, faculté dont usent les Lacenaire, les Dumollard de tout rang, d'une façon très-satisfaisante pour justifier la liberté humaine, nous avons quelquefois des éclairs de dévouement fébrible, de fraternité sans bornes et d'héroïsme désintéressé !

Si quelques-unes des races humaines peuvent se vanter d'aimer le travail, la fourmi est plus active. Il n'y a pas d'Anglais ni de Yankee qui comprenne aussi bien le prix du temps. Mais le culte du beau ne compte pas un seul adepte dans ce petit monde, auquel, il faut bien le dire, nous ressemblons chaque jour davantage.

L'œil nu vous montrera que la fourmi peut faire des conquêtes qui feraient sans doute mourir de jalousie nos Césars et nos Alexandres ! Mais vous chercheriez vainement ses arcs de triomphe, et c'est en cela qu'elle est inférieure même aux empereurs de la décadence ; car ceux qui recherchent des victoires imaginaires prouvent au moins qu'ils savent ce que c'est que la gloire.

Les fourmis paraissent douées, il faut bien le reconnaître avec une égale franchise, d'un haut sentiment du devoir social. Leur société n'a qu'un défaut, mais il vaut à lui seul tous les autres, c'est de n'en point avoir : trop parfaite, elle absorbe l'individu, qui n'est plus qu'un organe de la collectivité, qui ne possède rien de ce qui constitue une personne, un citoyen, comme l'on dirait dans notre langue.

La vigilance des sentinelles est poussée à l'extrême ; chaque soir on barricade les portes, de manière que la fourmilière est close comme une place forte. La voyageuse attardée ne peut se faire admettre, à moins qu'elle n'ait quelque mot de passe à donner avec ses antennes, et qu'elle ne parvienne à se faire comprendre de quelque portier-consigné impitoyable dont nul ne trompe la vigilance. Si la malheureuse ne peut répondre, elle attendra blottie, tremblante, le retour de la lumière. Tant d'ennemis peuvent errer dans les environs de la capitale, et se glisser près des berceaux !

Voilà qui est merveilleux sans doute, mais le microscope ne nous montre pas de fourmis voyageuses, allant loin de la fourmilière explorer les régions inconnues. Ce ne sont point des fourmis entreprenantes qui auraient l'ambition de découvrir le pôle.

Si par malheur la race humaine se trouvait exterminée par quelque épidémie, c'est peut-être à la race des fourmis qu'appartiendrait l'empire du monde. Le singe est trop volage, le lion trop guerrier. Nos exécuteurs testamentaires ne seraient ni les aigles, ni les baleines, ni les géants de l'air, ni ceux du sol ferme, ni ceux de la mer. C'est parmi les insectes sans doute, les insectes même les plus petits, qu'on trouvera certainement les êtres qui nous ressemblent le plus par les grands côtés de notre nature.

C'est à peine si les fourmis nous respectent tant que nous sommes vivants, car nous sommes trop grands par rapport à elles pour qu'elles s'aperçoivent de notre grandeur. Nous, nous les trouvons si petites, que nous leur refusons l'honneur de figurer sur nos tables. Quelques tribus de nègres exceptées, nous leur donnons cette preuve de dédain suprême. On dit qu'il y a une espèce qui produit un miel digne de figurer à côté de celui des abeilles. Mais je ne m'y fierais point. La fourmilière nous est encore franchement hostile; sa révolte contre l'ordre humain n'est pas près de finir. Les fourmis géantes ont failli conquérir Sainte-Hélène !

Les grands carnassiers sont en train de disparaître; on les chasse des cavernes de l'Atlas !

Mais la fourmi règne encore dans nos forêts, dans nos champs; elle pénètre jusque dans l'intérieur de nos cités. Il n'y a que les parasites qui nous serrent de plus près; mais ils n'ont pas l'audace d'élever des monuments à côté des nôtres.

Voyez la forme svelte et décidée de ces lilliputiens si actifs. Ne dirait-on pas que la nature a poussé la

Fig. 98. — La déroute des fourmis.

prévoyance jusqu'à leur donner la livrée du travail.
Ils ne portent point la robe brochée d'or et de soie
de l'opulent scarabée; notre prolétaire n'a pas d'ailes
traînantes couvertes d'écailles constellées d'opales, de
turquoises, d'émeraudes, de diamants de la plus belle
eau.

Il porte une blouse, vêtement rustique, attaché par
une ceinture de cuir, et roulé autour de sa taille
svelte.

Ce travailleur marche toujours armé de sa pince,
qui doit être lime, tenaille, que sais-je? Aussi les mandibules sont-elles énormes et fouillées de telle sorte
qu'il peut, suivant les besoins du moment, couper,
tailler, rogner, percer, raboter.

La partie intérieure est garnie d'aspérités comparables à celles qui garnissent les mâchoires d'un étau.
L'animal peut donc employer la force énorme qu'il
possède à soulever un fêtu de paille. Jamais le poids
ne lui fera lâcher prise, jamais le cylindre ne glissera.

Ce n'est, il est vrai, que chez les neutres que l'on
trouve ces instruments formidables. Les femelles, destinées à être servies comme des reines, n'avaient pas
besoin de fatiguer leurs corps délicats en traînant l'ou-
tillage de tout un atelier.

Les femelles portent encore des mandibules; mais
fines et délicates, elles semblent servir plutôt d'ornement que devoir être utiles en réalité.

Quant aux mâles, ils semblent n'en avoir reçu que
par pitié. Le rôle de ces paresseux se borne à aimer,
ou plûtôt à tourbillonner étourdiment autour de l'objet
de leur passion, pendant un éclair d'existence. La nature ne leur a donné aucun moyen d'imposer leur volonté. Ils ne peuvent même se défendre contre les ca-

prices des volages compagnes avec lesquelles ils folâtrent pendant l'unique journée où le soleil luit pour eux ; car les ombres de la mort viennent les envelopper en même temps que descendent les ténèbres de la nuit. Qu'ils se laissent donc entrainer sans souci et sans remords par le souffle embaumé du zéphyr ! Qu'ils ne désirent point le sommeil, car ils ne s'endorment jamais que pour ne se plus réveiller !

Tous et toutes, ouvrières, femelles et mâles, portent indistinctement des antennes, que la nature n'a refusées à aucun d'eux. Ces antennes sont de merveilleux instruments de communication électrique. Le nombre des segments parait d'autant plus grand que l'intelligence est plus développée, que la nation myrmicienne appartient à une race plus élevée.

Regardez à la loupe ce nombre infini d'articles, et vous serez effrayé du nombre de signes qu'ils peuvent exécuter. Voilà, vous écrierez-vous, un organe susceptible de servir à une mimique passionnée. Peut-être y a-t-il parmi ces infiniment petits des Cicérons, des Démosthènes qui entraînent les populations à la défense de la patrie, peut-être aussi à la conquête d'une cité étrangère ?

Erreur ! les fourmis ne vont pas sur la place publique entendre des représentations que leur donneraient des Eschyles déclamant, gesticulant les infortunes de quelque Œdipe à mandibules, ou de quelque Prométhée porte-antennes.

Toutes les fourmis sont petites ! c'est bientôt dit. Notre orgueil se plaît à les renfermer dans une seule épithète. Mais que de nuances de grandeurs entre leurs nains et leurs géants !

Quelquefois la taille de nos ennemis téméraires

descend jusqu'à un millimètre; c'est la taille que ne
dépassent guère les pygmées que l'on rencontre parfois
errantes sous les pierres de nos prairies. Quelquefois il
paraît que l'on en rencontre dont la taille s'élève,
paraît-il, jusqu'à trois centimètres. Il faudrait une
trentaine de ces naines mises bout à bout pour arriver
à la longueur d'une Goliath. Entre ces races extrêmes,
il y a autant de différence de taille qu'entre le chat et
le tigre, le sanglier et l'éléphant, le rat et l'homme.

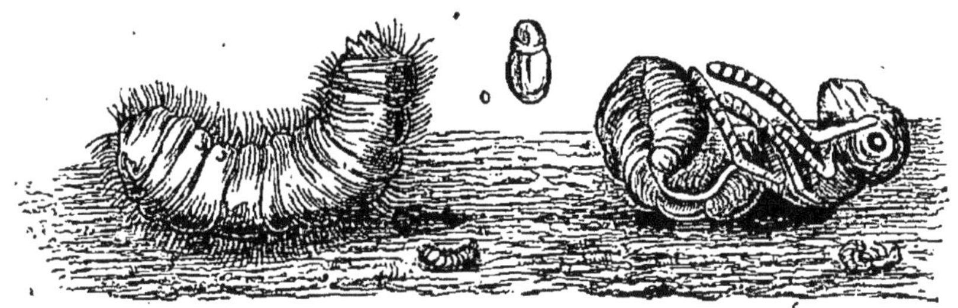

Fig. 99. — Larve et nymphe de fourmi.

Cependant tous ces insectes sont fourmis, très-fourmis,
ce qu'il y a de plus fourmis au monde! Il y a des
fourmis blanches en Afrique, des fourmis noires en
Europe et des fourmis cuivrées partout. Y a-t-il des
mulâtresses, des quarteronnes, des Eurasiennes? Nul
ne le sait, ni jamais peut-être n'arriverait à le savoir
sans le microscope, qui permet d'étudier toutes ces
choses aussi facilement que les mœurs et les modifi-
cations des verrats et des truies, des béliers et des
brebis unis selon le caprice des éleveurs.

Ce qui dépasse toute imagination, c'est la manière
dont la substance azotée qui forme le corps de ces lilliputiens est surmenée.

Supposons une ville de fourmis aussi peuplée que

Glasgow ; le poids total de ses 400,000 citoyens équivaudra à peine à celui d'un homme ordinaire. Généralement la matière d'un enfant de notre race, détaillée en 100,000 individus, anime toute une cité de Myrmex.

En mettant bout à bout le chemin parcouru par ces êtres si actifs, on arriverait à reconnaître que les habitants de ce tas de sable et de paille font en un jour un tour entier de la terre.

La nature, en organisant les trois sexes, semble avoir pris soin d'établir une sorte d'aristocratie. L'exploitation de la fourmi par la fourmi repose en effet sur des bases indestructibles, beaucoup plus solides que celles de l'exploitation de l'homme par l'homme.

La fourmi prolétaire ressemble à l'homme tel que Jupiter l'avait créé, et qui, juste assez intelligent pour obéir, ne l'eût jamais été assez pour s'affranchir, si Prométhée ne lui avait passé une étincelle du feu dérobé.

En effet, le peuple n'est pas assez éloigné des aristocrates pour que les grands de la fourmilière aient besoin de faire le métier de berger ou de charretier. Les oisifs de la fourmilière ont des chevaux qui n'ont pas besoin d'être dressés, car ils mettent leur plaisir à s'atteler eux-mêmes. La supériorité de leurs maîtres est l'alpha et l'oméga de leur foi.

Au-dessus de cette masse laborieuse qui porte sur son corps et dans son esprit la marque de son infériorité, le symbole de son esclavage, trônent les nobles dames, les galants chevaliers. Aux fainéants la vie noble, les jouissances ; aux travailleurs la satisfaction immense d'accumuler les mets qui figurent dans les aristocratiques festins.

Les fourmis destinées au plaisir sont ornées d'ailes gracieuses et légères; mais celles dont le lot est un éternel labeur se traînent humblement à la surface des champs !

Il est probable qu'il y a dans la fourmilière quelque tribunal secret dont le conseil des dix de Venise ne fut qu'une pâle copie. Il semble en effet que ce soit une grande affaire de ne point trop multiplier le nombre des oisifs, sans cela la plus opulente fourmilière ne tarderait point à tomber dans la dernière misère. Bientôt la cigale n'y trouverait plus le moindre grain de mil à emprunter. Il faut évidemment diminuer le nombre de mâles. On ne doit, en bonne économie publique, en fabriquer qu'autant qu'il en faut pour réparer les vides d'une guerre, les sinistres d'une épidémie, les désastres d'une potée d'eau bouillante.

Sans doute les nourrices ne sont point inflexibles ? Elles se laissent séduire plus d'une fois par la gentillesse des nourrissons qui sont rangés dans leurs crèches. J'ai toujours eu bonne opinion des insectes : je ne peux m'imaginer que c'est infructueusement que la pauvre chenille prodigue ses caresses à la gardienne bienfaisante qui tient son sort entre ses mandibules ; elle se laissera toucher sans doute cette sœur de charité sublime, qui peut l'élever pour le bonheur et la gloire rien qu'en lui donnant la pâtée des nobles ! Si la nourrice montre quelque humanité, la larve verra pousser les ailes diaphanes qui sont l'instrument et le signe de sa haute dignité.

Ce qui rend surtout la fourmi digne de nous servir d'exemple, ce n'est point cette parcimonie bourgeoise que la Fontaine a célébrée, c'est qu'elle possède à un incompréhensible degré l'amour de l'enfance.

Si cet instinct sublime ne les attachait pas à leur devoir, les capricieuses iraient bien des fois vagabonder à travers les brins d'herbe. La nature, si belle déjà pour nous qui foulons aux pieds ces civilisations sans nous douter que nous écrasons des Palmyres et des Babylones, doit être ravissante pour ces petits observateurs qui la voient de beaucoup plus près.

Il faut un irrésistible sentiment du devoir, une patriotique énergie, que nous ignorons nous autres, les grandes fourmis bipèdes, pour construire de pareilles merveilles, auprès desquelles les pyramides ne sont qu'un jeu d'enfant. L'hexapode qui reste dans les galères de la fourmilière est un forçat qui n'a pas besoin de garde-chiourme, tant le bagne a pour lui d'inconcevables attraits.

La fourmi qui suit péniblement les sentiers frayés, c'est un patriote incorruptible, serviteur dévoué d'un maitre abstrait qu'il n'a jamais vu, qu'il n'a jamais pu voir, qui n'a besoin ni de prison ni de décorations, ni de récompensés ni de réprimandes pour rester fidèle à sa mission. Quoiqu'il n'y ait pas de chroniqueurs dans son monde, le héros saura mourir pour sa fourmilière, comme le chevalier d'Assas pour la France.

Nos philosophes qui ont étudié les contradictions de la nature humaine ont plus d'une fois perdu le fil de leur discours. Quel vertige ne saisirait pas leur raison s'ils s'avisaient de faire l'analyse psychologique de la fourmi! Quelle embarrassante alternative pour ceux qui regardent trop curieusement dans l'intérieur des choses!

Si les fourmis sont esclaves, pourquoi donc ont-elles tant de ressources d'esprit? Si elles sont libres, pourquoi font-elles preuve de tant de soumission, de

sorte que chacune d'elles mérite d'être citée comme
un modèle de vertu ?

Supérieures sous tant de points de vue, les fourmis
se laissent distancer par des espèces bien moins éminentes ; car chez elles les mères ne connaissent point
ce sentiment héroïque de tant d'espèces déshéritées.
Il y en a qui savent que la maternité va les tuer, et qui
nonobstant passent toute leur vie à préparer cet heureux moment. Véritablement dignes de l'admiration des
Spartiates, elles abrégent leurs jours pour placer les
enfants qu'elles ne connaîtront jamais au sein de l'a-
bondance. Ne pouvant rien faire pour l'éducation de
leurs rejetons nécessairement posthumes, elles ne les
abandonnent pas ; il y en a, comme la pauvre cochenille, qui ne pouvant disposer que de leur cadavre, le
consacrent au bonheur des larves qui sortiront de leur
dépouille mutilée.

La pauvre bête expire sur les œufs qu'elle vient de
pondre. Sa peau desséchée forme un solide bouclier
merveilleusement adapté pour garantir le précieux dépôt contre les intempéries de l'air. Voilà un dévouement sublime, sans aucun doute. La cochenille dépasse
le pélican de toute la hauteur qui sépare Caton de
M. Prudhomme. Mais si la grande dame de la fourmilière
néglige ses devoirs maternels, la mère adoptive, la
nourrice prolétaire, est là pour veiller nuit et jour sur
le futur citoyen. Elle travaille sans relâche à la satisfaction des besoins de la larve, nue, sans ressources,
la plus misérable de toutes ; de toutes, sans doute parce
que la fourmi appartient à la race la plus noble !

C'est pour cette raison, je l'imagine, que les enfants
des hommes sont les plus dépourvus de tous les mammifères.

Les larves des fourmis ne sauraient pas mieux trouver leur nourriture que nos· enfants nouveau-nés
quand ils sont abandonnés à eux-mêmes. Il faut que
la cité soit une crèche; les larves sont si faibles,
elles ont tant de besoins, leur éducation est ·si monotone et si longue! S'il est déjà difficile de faire un
homme, il l'est encore plus de faire une fourmi.

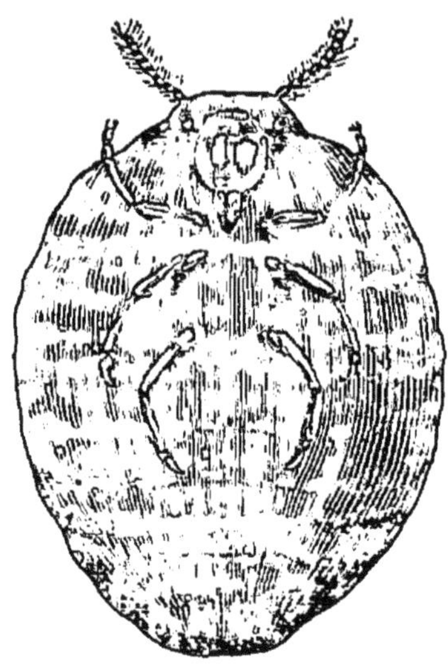

Fig. 100. — Cochenille subissant sa métamorphose.

Le peuple entier de travailleurs semble une légion
de petites sœurs des pauvres! Il est vrai, elles ne
connaissent pas l'art, avons-nous dit. Ni l'amour, ni
l'ambition ne sont sans doute, en· réalité, les moteurs
de leur dévouement; mais oserions-nous prétendre
que ces infiniment petits n'ont point dans leur tête
d'insecte le sentiment de quelque chose de plus grand
que la fourmi!

Probablement, le seul malheur de ces sociétés
d'insectes est la longueur et la fréquence des méta-

morphoses, qui se succèdent pendant la vie pénible
et laborieuse, à un point que nous ne pouvons comprendre! Car nous sommes nés à-peu près complets,
le cycle véritablement compliqué est celui qui s'accomplit dans le ventre de notre mère. Au contraire, dès que l'insecte est formé, il faut qu'il songe à
mourir : sa gloire n'est qu'une agonie déguisée. Chez
l'être humain, la transformation ne s'exerce guère
que sur l'intelligence ; cependant la vie la plus longue
suffit à peine pour l'éducation de la raison. Quel ne
doit pas être l'embarras d'un être arrivé cul-de-jatte
et manchot dans le monde, et qui cependant doit arriver à se fabriquer, tant bien que mal, je ne sais combien d'ailes, je ne sais combien de pattes, je ne sais
combien de mâchoires !

· Il résulte de cette imperfection des chenilles que
tous les insectes ne peuvent avoir de véritables loisirs.
Dans les fourmilières les mieux réglées, des légions
d'esclaves doivent travailler au profit d'une poignée
d'aristocrates. Ceux-ci se tenant fatalement en dehors
de toute production sérieuse, deviennent fatalement
incapables de progresser d'une manière quelconque.

Du moment que le labeur devient une spécialité
distincte du repos, labeur et repos sont fatalement sté-
rilisés l'un et l'autre.

Un des grands naturalistes qui se sont occupés de
Myrmex déclare expressément qu'il ne manque que
d'initiative, tranchons le mot, de génie initiateur. Ce
mot profond explique à lui seul toute la fourmilière ;
il expliquerait bien d'autres choses encore. N'est-ce
point que l'inspiration, fait provenant incontestablement d'un seul, doive être considérée comme un acte
purement personnel qui assure la découverte de

grandes idées salutaires et prépare peut-être le salut du monde? Est-ce que tous les mathématiciens médiocres qu'a produits notre sphère auraient pu découvrir le principe d'Archimède, ou celui des vitesses virtuelles, quand même leur tourbe aurait mis en commandite tout ce qu'elle a pu attraper des principes de la mécanique rationnelle?

Un observateur, des plus ingénieux qui se soient livrés à l'histoire naturelle, a observé une colonie dans un vase d'où elle ne pouvait sortir, et qui était pour elle ce que l'îlot du Pacifique a été pour l'équipage du *Boutmy*. Libres ou croyant l'être, les captives ont vaqué paisiblement à leurs occupations. Rien ne pouvait leur révéler la présence de l'être qui épiait leurs mouvements, mais qui était beaucoup trop grand pour que les petites prisonnières pussent concevoir la notion de son existence. Quelle était la fourmi assez intelligente pour s'apercevoir que les galeries étaient construites sur une table à fond de verre? Huber, nouveau Gygès, était sans doute pour ses pensionnaires ce que le destin était pour les nations de la terre. C'était la providence qui donnait du miel, apportait du sucre, accumulait des aliments de choix, substances délicieuses, incroyables, qui n'avaient jusqu'à ce jour figuré dans aucun menu.

Il ne faut pas croire pourtant que les maîtres de l'air soient d'une nature différente de celle des esclaves attachés à leur service par une merveilleuse attraction. Car ces pauvres neutres dont le sort est si dur, semblent de pauvres femelles avortées qui n'ont pas reçu tout leur développement, arrêtées par le régime imparfait auquel elles ont été soumises par les nourrices marâtres. Que de neutres humains ne doivent donc pas être fabriqués par arrêt de l'évolution mentale, faute d'une nourriture intellectuelle aussi nécessaire au développement de la raison que la pâtée alimentaire, à la croissance régulière du corps de la larve.

Nos petits émules ont pénétré le secret de produire à volonté des mâles, des femelles ou des neutres, des fainéants ou des travailleuses incapables d'aimer! Plus heureux que les eunuques de la fourmilière, les prolétaires de la ruche sont admis au partage de l'empire de l'air, et peuvent errer de fleur en fleur.

Mais les fourmis ailées doivent porter de quelque manière la peine de leur privilége, de la dégradante oisiveté dans laquelle se passe leur existence. Dès qu'elles ont perdu de vue leurs esclaves, elles deviennent incapables de vivre. La jouissance a altéré les forces qui permettent de supporter jusqu'au bonheur lui-même.

Un petit fil de platine rougi à blanc donnerait un point lumineux à l'aide duquel on verrait bien des choses dont les philosophes les plus clairvoyants ne se doutent certainement pas.

« Qui sait, me disait follement un ami à qui je confiais ce projet d'expérience, qui sait si nous ne surprendrons point alors les grands conseils de la nation; si nous ne verrons point les fourmis en prière, s'adressant à l'homme, ce grand inconnu qui leur donne de si bonnes choses, mais qui est cependant sourd à leurs supplications, puisqu'il n'entend rien à leur langue? Je ne serais point étonné de les voir à genoux à leur manière. Car des êtres qui ont un pareil dévouement pour leur mission sociale doivent avoir une notion au moins obscure et confuse de la Divinité! Est-ce que Dieu n'est pas charité et amour du prochain? Il me semble que ces sociétés d'hyménoptères nous représentent ce que seraient les sociétés humaines sans la révolte d'Adam ? Myrmex n'a point mangé la pomme, sans aucun doute, car elle aurait été beaucoup trop grosse. Qui sait pourtant s'il n'y a point une pomme accommodée à toutes les grandeurs ? »

L'emploi du microscope a déjà rectifié bien des erreurs qui se seraient perpétuées d'âge en âge. Souvent vous avez rencontré sur les routes de longues files de pèlerins transportant des boules blanches. Autrefois on les prenait pour des œufs, sans réfléchir que ces boules avaient des dimensions différentes eu égard à la taille des mères, et que dans la Nature tout est proportionné. Fort estimées dans la vénerie, ces sphères mystérieuses servent à la nourriture des jeunes faisans. Partout où on élève ces aristocratiques oiseaux, on en fait quotidiennement de véritables hécatombes.

Il a fallu que Leuwenhoek, aidé de son appareil, reconnût la nymphe prisonnière au sein du cocon qu'elle a filé et qui lui fait beaucoup d'honneur, trop dans certains cas, comme nous allons le voir.

Cette boule cotonneuse a été fabriquée avec un tissu excessivement serré, ainsi que vous pouvez vous en assurer. Il en résulte que l'insecte qui y est renfermé ne peut percer sans aide sa prison, lorsque l'heure de la liberté a sonné. Les nourrices doivent avoir l'intelligence d'épier les mouvements de leurs pensionnaires : c'est à elles que revient le soin de choisir le moment favorable pour déchirer ce lange qui pourrait devenir un suaire. Elles percent ou plutôt déchirent avec leurs mandibules ce tissu que la larve ne saurait entamer. Mais il faut qu'elles prennent garde de commettre une erreur. Si l'on se dépêche trop, la nymphe dont les membres sont encore trop tendres pour supporter le contact de l'air, périt rapidement, desséchée. Si l'on tarde, la malheureuse captive étouffe, on ne trouve plus qu'un cadavre.

Huber va même jusqu'à prétendre que la fourmi nourrit la larve qui habite le centre de ce cocon. La miellée déposée à l'extérieur pénétrerait de proche en proche par une sorte d'imbibition successive. Ce qui est certain, c'est qu'une des grandes distractions de la fourmi est de promener son cocon pour l'exposer aux rayons du soleil. J'étais prisonnier en Algérie quand j'ai vu arriver à travers une route une de ces processions dont j'ignorais le sens. Le défilé fut long et je le contemplai attendri malgré moi, car je savais combien d'amour passait dans la poussière où, pauvre proscrit, j'aurai trainé mes pas, pensif et solitaire. Le soleil, qui finit par traverser le feuillage des oliviers, m'obligea d'aller rêver plus loin, et je m'endormis à l'ombre d'une haie de cactus.

Que n'aurais-je point donné pour assister à la grande fête nationale de ces insectes, auquel jamais tyran n'a ravi leur patrie ! Le spectacle du bonheur de ces petits êtres m'aurait sans doute distrait de mes tristes pensées. Mais une pareille joie ne devait point m'être réservée.

Quel jour, en effet, quand les jeunes conscrits de la laborieuse cité vont quitter la colonie pour se lancer dans les airs ! En voyant les ouvrières si heureuses du bonheur de leurs nourrissons, il est facile de voir que ce n'est point dans la fourmilière que l'égoïsme trône surtout sur la terre.

Lorsque les fourmis ailées prennent leur essor, on voit tourbillonner dans les environs de la ville souter-

raine une multitude innombrable. Les abeilles voltigent en bataillons moins serrés. Mâles et femelles
s'agitent avec une joie également folle doucement élec-
trisés par les rayons d'un soleil jusqu'alors inconnu.
C'est si beau pour la jeunesse élevée dans les ténèbres
qu'un magnifique jour de printemps, l'ivresse de la
lumière et le parfum des fleurs ! Mais bientôt les insectes, habitués à l'oisiveté dès le premier jour de leur
vie de larve, se fatiguent de cette course vagabonde ;
ils retombent lourdement vers la terre et roulent dans
la poussière ; les mâles et les femelles se tordent de
désespoir en voyant que l'air renonce à les porter. Des
mâles, nul ne se soucie ; leur rôle est accompli, ce ne
seraient plus que des membres inutiles. Les laborieu-
ses fourmis n'ont garde de leur donner l'hospitalité.
La mort est la triste issue d'un moment d'illusion.
C'est le châtiment d'une douce et innocente rêverie.
O réalité amère, sont-ce donc là toujours bien de tes
coups !

Quant aux femelles, elles portent dans leur sein le
germe des générations futures. Avec quel soin les ouvrières qui parcourent les environs de la cité recueillent les malheureuses ! Avec quels égards elles entraînent les gracieuses compagnes de ces mâles inutiles,
de ces vagabonds condamnés à mort ! Comme elles les
traînent, comme elles les portent ! Car, pour que la
patrie soit sauvée, il est nécessaire pour le salut de la
république que les fugitives regagnent le toit qui les a
vues naître.

Mais il faut enlever à ces belles inconstantes jusqu'aux moyens mêmes de fuir dans ce monde, ce vaste
monde dont elles n'ont entrevu qu'un coin, mais d'où
elles rapportent de si doux, de si cruels souvenirs !

Aussi les nourrices ont-elles le courage de faire subir aux belles éplorées une opération bien cruelle. Elles leur arrachent impitoyablement leurs ailes, les ailes dont elles se sont servies dans leur grand jour de fête.

Que dis-je ? la victime elle-même semble sentir la nécessité d'échapper aux tentations qui pourraient la troubler. Elle veut prendre le voile, pour se consacrer à l'amour plus divin que l'amour, aux soins de la maternité !

Huber a surpris des femelles héroïques ; avec leurs pattes impitoyables elles s'arrachaient les ailes, des ailes qui pouvaient encore les emporter dans les airs. Se croyant seules devant leur conscience, ces belles repenties accomplissaient en secret la mutilation qui devait précéder leur claustration définitive. On eût dit des nonnes qui, pour être plus sûres de ne pas retourner au monde, avaient le farouche courage de se défigurer.

Une fois rentrées dans le couvent, on ne les quitte plus ; elles sont accompagnées d'une garde d'honneur. Des espèces de sœurs grises, attentives à leurs moindres besoins, les suivent avec respect et cherchent à leur faire oublier la violence dont elles se sont rendues coupables, lorsqu'on les a arrachées au monde. Quand les œufs arrivent, ils sont recueillis, emportés dans des cellules convenables et soignés suivant la formule traditionnelle. Ce qui s'est fait une année se fera encore l'année suivante, pendant un nombre prodigieux de siècles.

Depuis que l'humanité écrit dans le livre de vie sa magique histoire, la fourmi recommence sans relâche à répéter chaque année la même page. Si elle renaissait de sa poussière, la fourmi qui a mordu le talon d'Adam, trouverait sa place dans la cité myrmicienne. Elle comprendrait les mœurs, la langue et les habitudes de ses nouveaux concitoyens.

Si Mahomet avait écrit son Coran pour ce petit monde, il n'aurait point inventé son bel apologue de la caverne des sept dormants.

XXVIII

LES FOURMIS, PEUPLE PASTEUR

C'est par les talents de l'esprit, et non par la force
ou par les autres qualités de la matière, dit Buffon
avec infiniment de bon sens, que l'homme a dû sub-
juguer les animaux. Il a fallu que le maître que la
nature leur avait donné se fût civilisé lui-même avant
de songer à les instruire et les commander. L'empire
qu'il exerce sur eux n'a été fondé qu'après l'empire
qu'il a dû exercer sur lui-même pour organiser les
sociétés primitives et découvrir les premiers arts. Si
les chevaux avaient su s'entendre, il n'y aurait jamais
eu de charretiers.

Comment se fait-il que les fourmis, incapables de
tous progrès, soient arrivées à conquérir une race
aussi précieuse à elle seule que nos bœufs, nos chevaux et nos moutons?

Les premiers micrographes ont eu beaucoup de peine à reconnaître franchement une vérité si blessante pour notre orgueil de bipèdes ; mais le sage et réservé Réaumur a trouvé des preuves si concluantes, que depuis un siècle et demi nul n'a cherché à perfectionner son admirable démonstration.

Les vaches à lait des petits civilisés hexapodes n'ont rien qui rappelle les nôtres. Leur organisation semble une satire de celle de nos bêtes à cornes.

Au lieu de traîner des glandes incommodes, mamelles pendant à leur ventre ou à leur poitrine, ces laitières perfectionnées portent des tubes qui sécrètent le liquide nourricier. La laitière des fourmis porte d'admirables pustules rangées sur le dos. On n'a pas besoin de les mettre au vert sur de vastes espaces où elles broutent une herbe tantôt abondante, tantôt rare. Sédentaires plus que leurs maîtres eux-mêmes, ces créatures merveilleuses restent fixées sur la branche où elles ont pris naissance.

Elles n'ont pas de mâchoires semblables à celles des hannetons et autres insectes qui dépensent tant de force pour remuer toutes les pièces d'un appareil gothique de mastication. Elles n'ont qu'à enfoncer dans le bois des jeunes plantes leur bec aigu et à teter la racine sur laquelle elles se sont collées.

Admirez l'assiduité de ces suceurs qui ne prennent pas le temps de lever la tête vers le ciel pour regarder au-dessus de leur trompe. Vous en trouverez plusieurs étages se portant épaules sur épaules et formant une pyramide vivante comme les hercules de nos foires.

Myrmex n'a pas dû éprouver de résistance comme Triptolème, comme les centaures, comme le premier paysan de génie qui imagina de faire du chien l'éternel

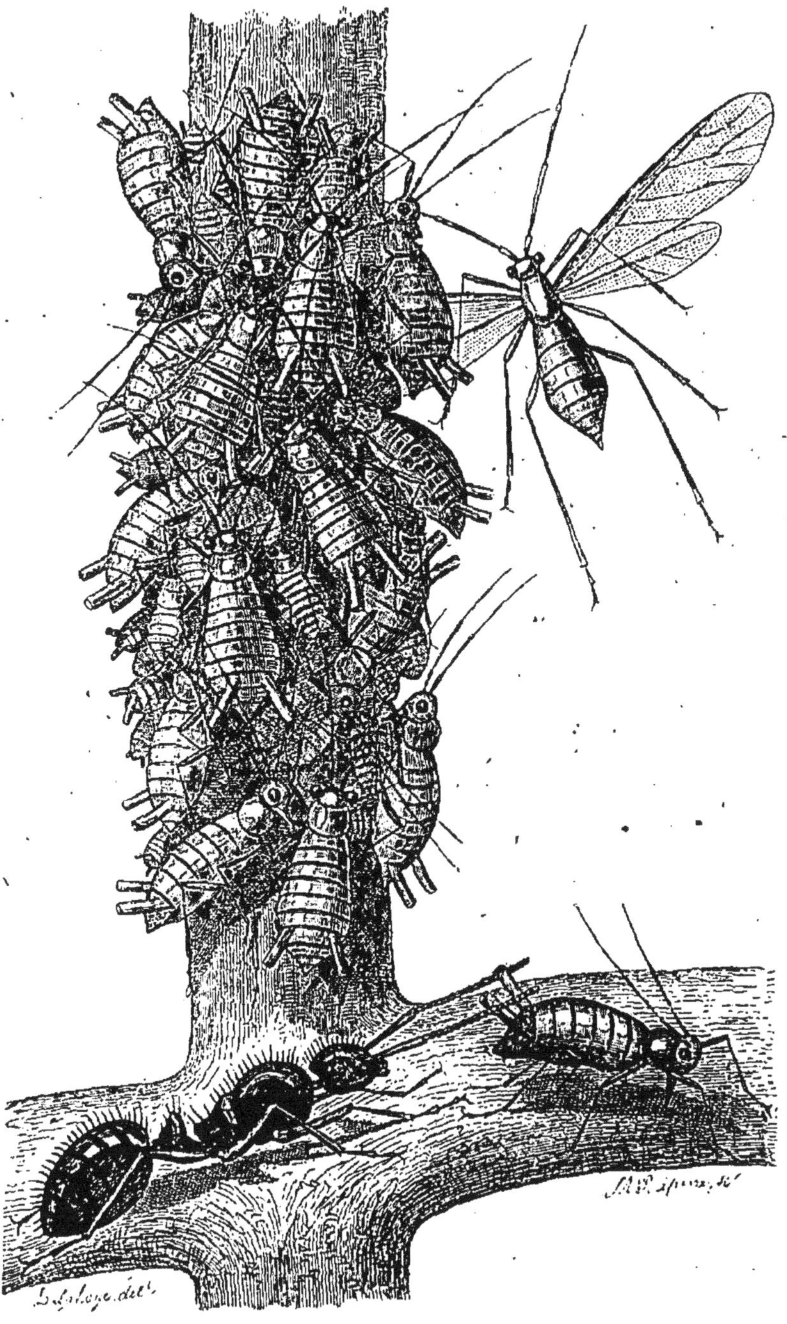

Fig. 101. — Les fourmis occupées à traire les pucerons.

ami de la race humaine. Le puceron est trop occupé pour jamais chercher à s'insurger. Que disons-nous? il est si bon prisonnier qu'il ne s'aperçoit même point quand il est incarcéré.

La fourmi n'a pas eu besoin d'inventer une jatte pour transporter sa miéllée. Elle sait dégorger à ses élèves, quand elle arrive dans la fourmilière, le nectar qu'elle a absorbé à leur intention. Comme Perrette, elle n'est jamais exposée à renverser son pot au lait.

Voilà, direz-vous, un procédé bien grossier! Mais auriez-vous découvert l'écuelle, vous bipède de génie, si votre gosier avait pu vous servir de vase? Si vos vaches n'avaient pas besoin d'aller aux champs, si elles n'avaient qu'à sucer la terre, vous auriez établi vos étables au cœur de vos cités, en face du grand Opéra. Myrmex n'a point attendu votre conseil. Beaucoup de fourmilières sont construites autour des racines d'une plante assez robuste pour que ces myriades de suceurs ne fassent que la chatouiller.

La racine exploitée est comme une prairie concentrée, et les souches vont chercher au loin les sucs de la terre dont elles sont parasites à leur tour. Ce cactus a-t-il poussé tout seul? Sort-il de quelque graine amenée par le vent favorable pour la cité naissante? Est-ce la nation qui a choisi la plante? Est-ce la plante qui a choisi la nation? Y a-t-il une fourmi savante, jardinière de génie, qui sait faire pousser les cactus? O alternatives! O ténèbres pleines de clarté! Il me semble que les hyménoptères savent semer des monuments qui sont dix fois, cent fois plus élevés pour eux que la grande pyramide pour nous.

Si vous faites courir une fourmi sur du papier teinté avec du tournesol, vous verrez que le petit hyménoptéré laissera derrière lui des traces rougeâtres; son corps perlera des sueurs corrosives presque nitriques. Ne comprenez-vous pas maintenant combien la soif de la douce miellée doit être ardente? Il fut un temps où l'on recueillait cet acide énergique en broyant les fourmis rouges dans un mortier d'agate après les avoir mélangées avec une quantité suffisante d'eau. Maintenant on soumet le sucre ou l'acide tartrique à l'action oxydante d'un mélange d'acide sulfurique et de manganèse oxydé. Si les fourmis savaient lire nos *Annales de chimie*, elles construiraient dans toutes les fourmilières une cellule en l'honneur de M. Dœbereiner, qui sauva du pilon plus de fourmis que nous ne sommes de bipèdes sous la calotte des cieux.

Des animaux aussi aigres doivent-ils avoir une morale tendre, sucrée, pourrions-nous dire? Qui oserait prétendre qu'ils se contentent d'emprunter au puceron la douce liqueur, le nectar, l'ambroisie? qui oserait affirmer que, plus humains que les hommes, ils respectent la pauvre vache à lait, quand elle ne laisse plus couler de ses tubes fatigués qu'une quantité de sucre insuffisante?

. Qui sait même si, affreusement cannibale, la fourmi ne sacrifie pas quelquefois la fourmi, ce qui est pour elle un crime plus grand que ne saurait être d'assassiner l'homme lui-même? Si j'ai bonne mémoire, il y a des naturalistes qui prétendent que de sanglants sacrifices viennent plus d'une fois ajouter à l'horreur qui règne dans les galeries des plus élégantes fourmilières, et que les sages de leur république adoptent la politique du roi des Ashantis.

C'est la fourmi qu'il faut évidemment consulter pour

savoir si la race des pucerons peut se propager en vertu d'une espèce de vitesse acquise, durant une douzaine de générations. Mieux que nous, évidemment, la fourmi est au courant des mystères de la parthénogenèse, à laquelle j'ai peine à croire ; car il me paraît indigne de la nature de créer des êtres, quelque hideux qu'ils puissent être, sans que quelque chose qui ressemble à l'amour préside à leur berceau.

Évidemment, si la fourmi pouvait parler, nous serions fixés. Elle est trop soigneuse, trop attentive pour ne point connaître un fait si important pour son économie ; car sa grande, son unique affaire, n'est-ce point la multiplication des troupeaux dont la possession est si importante ?

J'aimerais mieux encourir le reproche de m'être laissé séduire par les charmes du monde infiniment petit, que de me montrer injuste envers des êtres si économes, que de les accuser sans preuves de gaspiller leur fortune.

J'incline même, je ne le cacherai pas, à croire que les fourmis agissent avec plus de discernement que ne le suppose notre orgueil bipède. Même les termites aveugles en savent quelquefois plus que nos sages voyants. Toujours elles mèneront le puceron du rosier sur le rosier. Jamais elles ne le feront paître sur le sureau. Qui sait même si elles ne connaissent point les qualités spécifiques du liquide sucré provenant de certaines plantes? Qui sait si ce choix ne constitue pas une espèce de médecine très-perfectionnée?

XXIX

LES TOILES D'ARAIGNÉES

En effet, quel est l'homme qui nous a tendu le fil d'Ariane pour nous diriger dans cet étonnant labyrinthe? Quel est le savant pénétrant qui nous a montré pourquoi la fable antique avait inventé le mythe de la création des Myrmidons? Quel est l'auteur dont le génie a justifié Ovide quand il nous a peint les fourmis sortant de leurs galeries, se gonflant par degrés comme la grenouille d'Ésope, se dressant sur leurs pattes de derrière, perdant leur teinte fauve et devenant les utiles citoyens d'un florissant empire?

Est-ce un micrographe doué d'une vue solide et perçante, ayant tout un arsenal de loupes et de microscopes?

Non, c'est un pauvre aveugle, c'est l'incomparable Huber, dont la raison était assez pénétrante, assez sûre pour employer dans des recherches aussi subtiles les yeux d'un étranger.

De toutes les surprises que nous avons rencontrées sur notre route, celle-là est certainement la plus étrange, la plus instructive. Puisse-t-elle nous faire comprendre qu'il n'y a pas de nuit pour l'intelligence, ni de ténèbres pour le génie.

Une jeune fille de Colophon, nommée Arachné, était si fière de son talent de brodeuse, qu'elle ne craignit point de proposer un défi à Minerve. La déesse, qui brûlait de se venger de la victoire récente de Vénus, ne crut point déroger en acceptant le combat que lui offrait l'imprudente ouvrière.

L'art humain triompha, ce qui n'a rien qui doive nous surprendre. Si les Dieux sont à nous ce que nous sommes aux fourmis, notre art peut aisément surpasser leur science, au moins dans les détails, infimes pour eux sans doute, qui nous offrent de si immenses horizons. Minerve dut regagner l'Olympe, après avoir reçu une nouvelle humiliation, infligée cette fois par la main d'une simple mortelle.

Mais, avant de quitter la terre, la déesse, furieuse, comme on l'est trop souvent en haut lieu, brisa sa quenouille sur la tête de la malheureuse Arachné, qui se pendit de désespoir.

Jupiter eut pitié de cette grande infortune, il changea la pauvre fileuse en insecte. Devons-nous nous étonner que l'araignée dont le sang est celui de l'irascible fileuse, continue une lutte désespérée, sans trêve ni merci, contre le favori de Minerve?

Nous n'avons pas besoin de microscope pour nous assurer que souvent la victoire appartient à l'insecte. L'araignée fabrique un fil si aérien, qu'il est trop éthéré pour servir à tisser le voile de nos princesses.

Les savants, qui n'ont pu rien en faire, sont réduits à admirer l'art avec lequel est construit ce chef-d'œuvre dont Ovide avait deviné la perfection idéale. Ce n'est point, en effet, un simple filament de salive épaissie comme la soie du ver du mûrier, grossier cylindre dont nos élégantes se contentent.

Le *Bombyx Cynthia*, l'*Attacus* et les autres rivaux de ce ver n'ont rien de comparable à ce filament aérien, vrai fil de la Vierge, nom poétique expressif que les gens de la campagne ont eu mille fois raison de donner au produit merveilleux qui descend quelquefois du firmament.

Chacun des fils de l'araignée terrestre se compose de quatre brins roulés les uns autour des autres, sortant de quatre filières que la fille d'Arachné porte à l'extrémité de son corps. Chacun de ces brins est lui-même le produit d'une multitude de linéaments qui sortent de quatre boutons formés par un renflement de la peau, et percés comme une étrange écumoire.

Je me suis laissé dire que c'est la vue des fils d'araignée grossis au microscope qui avait suggéré aux ingénieurs l'invention des ponts suspendus.

Ce laminage, d'une délicatesse inouïe, permet de réaliser des économies prodigieuses de matière; aussi Arachné a-t-elle toujours du fil pour tout le monde! pour ses amis comme pour ses ennemis, pour les œufs qu'elle porte maternellement sur son dos, en vraie sarigue retournée, comme pour les insectes qu'elle dévore.

Tantôt elle tisse des toiles légères, si ténues qu'elles peuvent à peine briser les rayons du soleil; tantôt elle tapisse splendidement, d'un tissu soyeux, de mystérieuses retraites où la lumière ne pénètre pas ; tantôt elle fabrique des tentes plus parfaites que celles qui figuraient à l'Exposition universelle. Souvent elle laisse tomber des fils derrière elle, quand elle arpente les herbes qui sont chênes pour elle. Elle les sème sur les moisissures, où ils se balancent aussi gracieusement qu'une liane traversant un berceau d'orchidées !

J'en ai rencontré en ballon flottant dans l'océan aérien, ce qui m'avait, pendant quelques instants, fait croire qu'ils pouvaient être une écume légère déposée par les vents, une ficelle tissée par la main de l'aurore elle-même. Mais le microscope m'a détrompé.

Il y a des araignées bourgeoises qui ajoutent chaque mois une nouvelle couche de cordelettes à leur gentil hamac, et tapissent sans relâche leur chambrette. Jamais ces sybarites ne trouvent rien d'assez doux, d'assez mollet pour savourer à leur aise les égoïstes plaisirs de la solitude. Mais il y en a qui, vraies bonnes mères, ne savent reposer qu'au milieu de leurs enfants chéris. Celles-là emploient leurs loisirs à fabriquer, non la layette, mais de moelleuses poches où les œufs sont rangés, époussetés à merveille. Il n'y a pas de Rigolette qui prenne autant de soin de ses serins !

Méfiez-vous de cette gigantesque arachnide qui creuse une caverne fermée par un opercule mobile autour d'une charnière qu'elle a su forger sans enclume ni marteau. Sa taille ne l'éblouit pas, cette géante. Elle n'oublie pas de couvrir son volet de terre, afin que le furet vagabond ne s'aperçoive pas lui-même qu'il marche sur une proie cachée sous un peu de poussière.

Jupiter a traité la pauvre fileuse avec une mansuétude particulière. Il n'a point mis le comble à son désespoir en lui donnant ces affreuses mâchoires qui ne lui permettraient pas de se regarder dans les eaux sans se faire peur à elle-même !

.Des dards aigus, tubes creux, vrais suçoirs, lui servent à humer la vie de ses victimes. Sa nutrition n'est qu'une espèce de transfusion des liquides vitaux qui passent dans son corps, sans avoir le temps de se congeler. Les globules du gibier, quelque intelligents qu'ils puissent être, ne s'aperçoivent point qu'ils passent dans le corps du chasseur ! Jamais un être aussi favorisé ne saurait avoir de digestion pénible. Aussi que de légèreté chez cet animal étrange qui, sans avoir d'ailes, parvient cependant à triompher quelquefois des oiseaux eux-mêmes !

Si nous faisions l'anatomie de l'araignée, nous pourrions nous rendre facilement compte de sa supériorité. Nous verrions que chez elle le système nerveux n'est plus éparpillé. Chaque membre n'a point un atome de raison où l'esprit de *clocher* doit régner en souverain maître. N'est-ce point en effet dans le cerveau, capitale sublime, que les préjugés de l'estomac ne sont plus à redouter ?

L'araignée, qui possède une sorte de ganglion central, est douée de tout ce qui peut rendre les familles illustres dans un monde où règnent la force et la violence. Elle porte le signe de la noblesse certainement la plus ancienne, celle des grands conquérants ! N'a-t-elle point la vigueur et la précision des mouvements, les armes perfectionnées, et ce que j'appellerai la valeur personnelle !

Si la fourmi est excellente pour faire un peuple vertueux, l'araignée donnera des êtres extrêmes en tout, que ce soient des héros ou des scélérats ! Chez les

Fig. 102. — La mygale.

fourmis, nous avons vu le sentiment du devoir régler tous les mouvements, absorber toute l'activité ; la dominante, chez l'araignée, c'est la passion, une passion sauvage, impitoyable quand elle n'est pas admirable de douceur et de tendresse !

Mais la passion ! N'est-ce point par la passion que l'araignée ressemble le plus à l'homme ? N'est-ce pas par la passion que l'homme et l'araignée semblent faits pour s'entendre ? Le roi des vertébrés affecte de mépriser le roi des articulés ; mais peut-être y a-t-il du dépit dans notre dédain ? Cette royauté porte peut-être ombrage à la nôtre ?

On trouve l'araignée cruelle, et nul ne s'avise de la trouver malheureuse ! Cependant elle est poursuivie par d'horribles insectes qui la prennent, l'engourdissent et la scellent vivante au fond d'un tombeau obscur où sont renfermées les larves carnassières, complices de Minerve peut-être !

Tout assoupie, elle ne pourra se défendre, elle sera déchiquetée par morceaux, dévorée par lambeaux, et cependant vivante encore.

Avons-nous donc le droit de nous étonner que la crainte d'un pareil avenir la rende mélancolique, rêveuse ?

Nous autres, heureux bipèdes, qui chassons en grands seigneurs avec une fronde, avec une pierre, avec un fusil, nous trouvons le métier de Nemrod déjà bien dur. Que serait-ce si notre chasse vagabonde de demain demandait une mise de fonds, une partie de notre substance, s'il fallait que le ventre fût le banquier du ventre !

Nous faisons un crime à l'araignée de dévorer ses enfants ! Hélas ! n'avons-nous pas vu des mères humaines, ne pouvant protéger les leurs contre la misère, ne trouver d'autre moyen que celui de les tuer pour les dérober à une vie d'angoisses!

Ce n'est point seulement dans les sociétés humaines que les êtres délicats et intelligents sont réduits à vivre de hasards! Les dieux sont-ils justes d'exiger que l'araignée commence par s'affamer afin de trouver quelques chances de se repaître, elle qui est plus vive que la libellule, plus hardie que le fourmi-lion, plus sage que le scarabée lui-même!

Michelet trouve l'araignée laide, parce que son génie plein de lumières n'a pu comprendre cette beauté sombre, tragique. S'il a regardé attentivement l'animal au microscope, il a dû regretter avant de mourir de s'être fait si légèrement l'écho des propos qui règnent parmi les moucherons.

Il y a chez cet être étrange un je ne sais quoi de ferme et de fin qui serait certainement inexplicable si l'on ne savait qu'il partage notre amour pour la musique. Mieux que nous peut-être il peut apprécier Rossini.

Tandis qu'un simple coup d'archet ferait fuir à la fois les goujons et les baleines, c'est avec un violon que Pellisson apprivoisa l'intelligente araignée qui devait servir dans l'histoire comme dans son cachot de compagne fidèle à l'ami obstiné du surintendant Fouquet. Une araignée venait sur le piano de Grétry chaque fois que le compositeur mettait la main sur les touches. Michelet lui-même raconte avec impartialité l'histoire d'un jeune virtuose qui avait formé une amitié des plus vives avec une Clotho. La mère, femme impitoyable, moins artiste à coup sûr que l'araignée, écrasa d'un coup de savate la gracieuse amie de son fils, qui faillit en mourir de douleur.

Si le venin de la tarentule ne peut se guérir que par l'harmonie, c'est sans doute que l'insecte inocule son amour tempétueux pour la musique. Les néphiles, que l'on saisit si facilement sur les bords des prés, ne sont-elles point des rêveuses qui écoutent les chants soupirés par les zéphyrs !

N'est-ce point en quelque sorte un poëme qui vibre autour de la Clotho quand sa toile est agitée par le vent?

Qui n'a admiré l'ordonnance merveilleuse de ces câbles, charpente élastique mais solide sur laquelle repose l'œuvre entière ! Vous suivrez ces maîtresses cordes jusqu'à des distances souvent très-longues. Mais ne vous en tenez pas là, approchez-vous de plus près et employez une loupe. Si vous la trouvez assez forte pour que nos tapisseries vous semblent horribles, ces tissus vous paraîtront merveilleux.

Je ne crois point que vous parveniez facilement à voir comment l'araignée s'y prend pour jeter son premier fil. Les plus habiles observateurs y ont renoncé, tant l'ouvrière est timide.

Du moment qu'elle a commencé, elle est tout entière occupée à son œuvre : c'est une Archimède qui veut résoudre son problème. La petite architecte se laisserait écraser par le balai de la servante ; comme l'illustre Syracusain, elle serait percée par le fer du soldat de Métellus sans s'en apercevoir ; mais, en fille prudente, elle ne se lance qu'à bon escient.

Une fois qu'elle a jeté les fondements de son édifice, vous pouvez la voir travailler, la sublime fileuse ! Approchez lentement, sans prendre la loupe qui gênerait et porterait ombrage ; vous la verrez hardiment monter au sommet le plus élevé.

En ce point elle colle son fil au moyen d'une humeur dont elle connaît merveilleusement bien les propriétés, et dont l'analogue n'existe point dans l'industrie humaine. Cela fait, elle s'abandonne hardiment à l'action de la pesanteur, elle laisse dérouler son petit câble qui la porte jusqu'à la dernière travée de son édifice. Voilà son cadre soyeux partagé géométriquement en deux parties par une merveilleuse diagonale, plus précise que celle qu'eût tracée un compagnon charpentier.

Je vous engage bien à chercher comment elle peut s'y prendre pour trouver le point milieu sans compas, avec une exactitude telle que nos meilleurs tisserands en seraient jaloux.

Quand je vois cette divination sublime, je songe malgré moi, à la faculté mystérieuse des Mangia-melles, qui devinaient les nombres, qui lisaient peut-être dans le grand livre de l'idéal, où tant de réponses à nos questions sont enregistrées.

Les rayons de la toile se déduisent du cadre et de la diagonale par des procédés qu'un homme sans doute aurait inventés, je le confesse. Mais quel est l'ingénieur qui, sans le secours de la règle, de l'équerre et du niveau, arriverait à une précision si merveilleuse?

Il n'y a rien du tâtonnement de la hutte dans la première construction de l'araignée à peine adolescente ; c'est un palais aérien que l'insecte construit pour ses premiers essais.

Ce qui vous surprendra encore sans aucun doute au milieu de tous vos ravissements, c'est la rapidité fantastique de l'exécution de ce chef-d'œuvre ; l'Épeire diadème n'y met pas plus d'une heure.

Voilà une fileuse infatigable qui n'hésite jamais à reconstruire sa toile sur de nouveaux frais aussitôt qu'elle a été détruite ou dérangée par un accident quelconque ; ce dont elle est avare, c'est la matière qui lui sert à établir son petit palais aérien. Lorsque la toile a été brisée, l'Épéire en rassemble aussitôt les fils ; elle en forme comme un peloton qu'elle avale en s'aidant de ses pattes. Le sinistre est à moitié réparé, puisque le matériel est rentré en magasin. Il servira pour une seconde occasion.

Un coup de balai détruit son chef-d'œuvre, et la ménagère s'écrie : « Dieux, que c'est sale ! » Cependant elle hésiterait si elle savait que dans ce coin obscure, il y a une femme qui venge le sexe gracieux et faible des mépris du sexe brutal et fort. Car la femelle de l'araignée est impitoyable pour ceux qui ont le malheur de l'aimer : elle leur fait payer bien chèrement toutes les injustices que le sort réserve aux pauvres femmes dans nos tristes sociétés civilisées.

La voilà, la fille d'Arachné, qui trône sur sa toile, son chef-d'œuvre, entre le ciel et la terre ! Admirez comme elle est leste ! Comme elle brandit ses deux pinces redressées, armées d'un ongle aigu, sécrétant un venin subtil ! Il suffit qu'elle touche sa proie pour que la proie soit engourdie par un pouvoir magique. La Clotho semble foudroyer les ennemis à distance et n'avoir rien à envier à la torpille. Généralement elle est suivie d'un mâle, petit, grêle, contrefait, honteux de lui-même, craignant de rencontrer les regards de sa belle, mais qui pourtant ne s'éloigne pas de celle qu'il adore.

Dans le monde des araignées, ce n'est point la femme qui est une malade, c'est l'homme qui se porte mal, et qui est même en danger de mort toutes les fois qu'il se trouve en tête-à-tête avec sa terrible moitié.

Quelquefois la coquette infernale, au corselet miroitant, possède tout un sérail de maris, qui, jaloux les uns des autres, se livrent sous ses yeux des combats fougueux, désespérés. Elle les regarde comme l'araignée royale de Bourgogne regardait sans doute ses amants quand elle les voyait massacrer.

Qu'ils meurent, en effet, peu lui importe ! Est-ce qu'il n'en viendra pas d'autres? Il n'y a pas d'autre Néphile dans tout le canton. Quelle serait donc l'insolente qui saurait se vanter de posséder un si beau corselet lamé d'or et d'argent.

Regardez à la loupe ces escarboucles, ce thorax velouté, et vous comprendrez sans doute la puissance de la passion indomptable qui saisit le malheureux pour qui brillent les merveilles que nos sens sont trop grossiers pour voir directement sans secours étrangers.

Il y a de l'homme dans ce mâle tenace indomptable qui revient toujours dans la tour de Nesles, qu'habite la Marguerite. Quand le danger presse, il se dérobe, mais c'est pour revenir jusqu'à ce qu'il finisse par être dévoré !

Vous trouverez certainement, moraliste austère, que cet insecte est aussi fou que le papillon, usant ce qui lui reste d'ailes pour voltiger autour de la flamme qui va le dévorer. Mais c'est son phare à lui, sa lumière, que cette terrible Néphile qui se plaît à sucer la vie de ceux qu'elle aime !

XXX

LES ENNEMIS DE NOTRE REPOS

Les poëtes ont épuisé leur imagination, leurs mé-
taphores, à dépeindre le danger que les grands mammifères de la race féline nous font courir. Cependant
ces êtres, malgré leur férocité, ne sont que des ennemis méprisables par leur timidité. Ils ne nous attaquent guère quand ils peuvent trouver ailleurs leur
pâture.

Si les illustres écrivains dont la brillante imagination charme nos loisirs, avaient pris l'habitude de
manier le microscope pour étudier les réalités de ce
monde encore si peu connu, ils n'auraient point dédaigné d'autres adversaires beaucoup mieux armés,
beaucoup plus difficiles à réduire et beaucoup plus
braves que les tiges les plus téméraires.

Pourquoi les grands maîtres du langage humain

18

n'ont-ils pas célébré la vaillance de ces petits athlètes, qui oublient que la taille leur manque? Au lieu de se défier de ce qui brille comme tant de carnassiers, ils se précipitent également vers l'homme et vers la lumière; ils volent malgré tous les dangers vers le flambeau du monde matériel et vers celui du monde de l'intelligence. Admirable ambition de la clarté, signe d'un courage héroïque, image d'une âme véritablement supérieure !

Chez ces petits, tout est grand ! et la voracité elle-même est immense. Il y en a qui s'affaissent sous le poids de ce qu'ils dévorent, et qui, placés au milieu de la proie vivante, continuent à dévorer encore! Ils ne peuvent plus fuir, mais ils nous bravent d'une façon héroïque. Ces Gargantuas microscopiques s'enfoncent au milieu de notre chair, ils plongent en pleine nourriture.

La puce pénétrante, qui est type de la race des gloutons modernes, se tapit dans le talon des nègres. Elle s'y gonfle tellement que le volume de son abdomen devient cent fois supérieur à celui qu'avait tout son corps avant qu'elle parvînt à forcer l'épiderme, à s'introduire de force dans le sein de sa vivante pâture,

Sans perdre une portion appréciable de son poids, en dimimuant peut-être d'un millionième de gramme, un morceau de musc parfume aisément des millions de litres d'air. Ce millionème de gramme est disséminé avec une profusion si merveilleuse que chaque particule d'air en contient une parcelle suffisante pour agir sur notre odorat par voie de réaction chimique. Ne voit-on pas que les parfums complétement affranchis de la servitude du poids, semblent avoir été créés pour permettre à la nature de rétablir une espèce d'é-

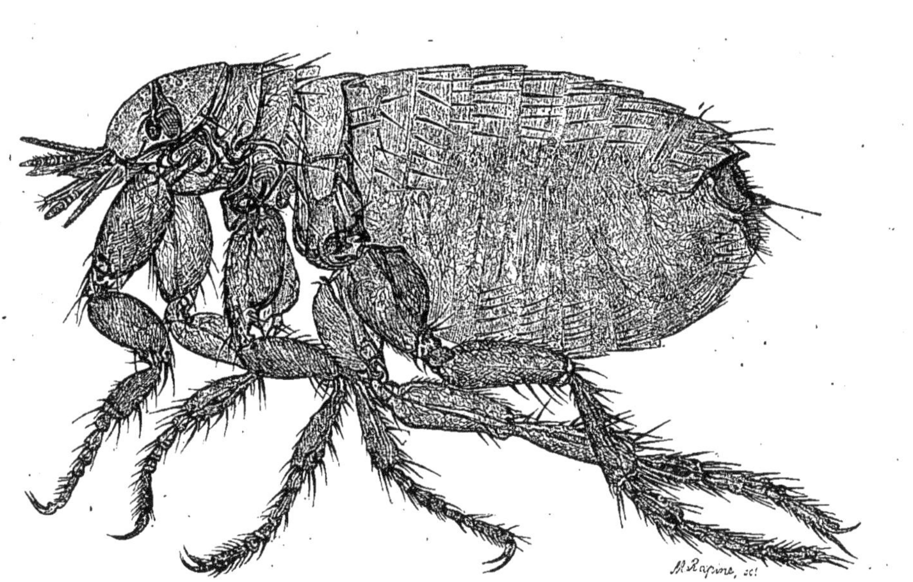

Fig. 105. — La puce.

quilibre entre la puissance des infiniment petits et la nôtre.

C'est en effet en blessant notre sens olfactif que nos petits ennemis se vengent des succès trop faciles que nous donne notre taille. La puanteur est comme une fronde entre les mains de mille affreux Davids. Elle leur permet de frapper le géant, qui recule d'horreur.

Que de fois les punaises ne remplacent-elles point les harpies de la Fable? Ne nous font-elles point songer à ces monstres souillant tout ce qu'ils touchent et aimant à s'égarer sur le sein le plus pur!

Que les insectes sont forts de ce côté hideux! Comme il est difficile de se débarrasser des poisons impalpables qu'ils versent dans l'air!

Pour cet office presque spécial aux petits, de l'infection offensive et défensive, la nature semble avoir pris plaisir à utiliser tout ce qui était disponible.

Les deux extrémités du tube intestinal ont été successivement employées, la bouche chez les carabes, et l'anus chez les dytiques.

Mais si l'insecte est terrible par ses odeurs, c'est par les odeurs qu'il faut le combattre. Employons ses armes, et nous serons sûrs de réussir.

Il suffit en effet de quelques effluves impalpables qui se dégagent de la poudre de pyrèthre, pour plonger nos ennemis les plus incommodes dans une léthargie qui qui les livre à nos doigts par bataillons pressés. Nous n'avons qu'à moissonner ceux qui sont tombés sur le champ de bataille. Cependant ne nous faisons pas illusion sur la portée de nos futurs triomphes.

Une société anglaise va entreprendre la destruction à tant par tête des tigres qui dévastent encore l'Indoustan. Elle réussira, de l'avis de tous les hommes compétents, plus facilement que ceux qui poursuivent

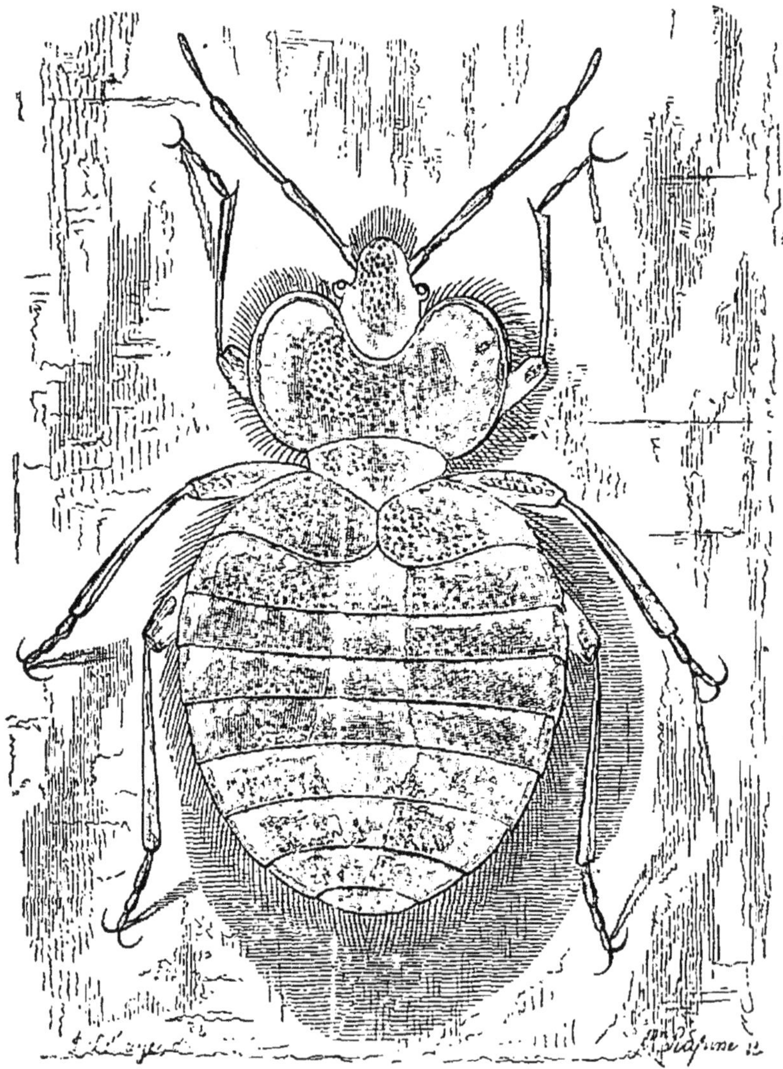

Fig. 104. — La punaise.

les rats dans nos égouts. Mais on enfermerait à Charenton le novateur par trop téméraire qui oserait rêver l'extirpation de races dont la fécondité ferait rougir les poissons, si les poissons savaient jamais rougir.

Il suffit qu'une femelle pleine échappe au massacre pour que la nation vermineuse soit sauvée des mains de la civilisation contre laquelle elle maintient victorieusement ses droits. Si les annales de la race pédiculaire étaient connues comme elles méritaient de l'être, elles jetteraient un grand jour sur les nôtres. On reconnaîtrait par la simple énumération de ses périodes de gloire combien ont été terribles les époques néfastes que quelques sophistes célèbrent encore comme le triomphe de l'esprit sur la matière. En enregistrant les victoires de cette race hostile, on verrait que les défaites de la raison, et les invasions de tribus barbares livrent les descendants des maîtres du monde à la vermine qui pullule dans les haillons.

Le parasite externe n'a point seulement pour lui la fécondité, mais la rapidité de la croissance, disons mieux, la vitesse vertigineuse avec laquelle ses générations se succèdent les unes aux autres. Il faut trente ans pour former un homme, trente jours voient naître et grandir une puce. La courte période d'un mois lunaire suffit au germe pour se changer en œuf, à l'œuf pour donner naissance à la larve, à la larve pour parcourir le cycle de son existence, pour filer le cocon où elle complète sa métamorphose. Trente jours après la conception, l'insecte parfait a terminé le cycle de toutes ses métamorphoses, il jouit de toutes les brillantes facultés qui le distinguent à la fleur de son âge.

Les armes qui ont été improvisées pendant ce développement si rapide, méritent certainement d'attirer l'attention des philosophes. Est-ce que ce ne sera pas une consolation pour nos piqûres, que de savoir que la nature a employé un art sublime pour armer le myrmidon qui nous déchire. C'est nous rendre en quelque sorte hommage que de nous faire tenailler avec des pinces et des tarières si élégantes et si sûres.

La première fois que je vis un pou vivant, c'était sur ma poitrine. Je venais de passer de longs jours sur la paille du lazaret d'Alger, où avaient défilé des milliers de prisonniers en débarquant des navires de guerre. Cette vue me fit horreur, je passai de longues heures à me laver, à m'éplucher de mon mieux, et la nuit je couchai sur la dure. Mais la vermine me gagnait malgré moi, et je dus me résigner à être changé en cité ambulante. Mes gardiens ne m'avaient point retiré une loupe qu'ils n'avaient pas vue en retournant mes poches, et je pris mon mal en patience !

La tête de la punaise, malgré deux gros yeux bien timides, un peu bêtes, dont elle se trouve ornée, ne semble pas douée d'une organisation bien terrible ni qui fasse beaucoup d'honneur à l'imagination de l'armurier invisible. Il faut la retourner sur le dos pour voir cet étui aigu que la naïve punaise cache à tous les yeux comme si elle en ignorait tout le prix ; qu'elle me paraît loin de comprendre son bonheur, de se douter que la nature lui a confié un de ses chefs-d'œuvre, une magnifique pompe à sang ! Qu'il est admirable en effet cet appareil hydraulique, que je crois sans analogue dans l'industrie humaine ! Figurez-vous, si vous le pouvez, un tube qui renferme, dans son intérieur, des soies d'une ténuité infinie, chacun de ces petits poils semble mené par une sorte de muscle organisé de manière à lui imprimer un mouvement individuel dont il a été fort difficile de comprendre le but.

L'animal ayant enfoncé son dard dans la peau de sa victime, ne se borne point à attirer le liquide vers sa bouche, de l'attirer par quelque mécanisme plus ou moins analogue à celui de nos pompes. Un spirituel naturaliste a comparé ce repas des punaises à un déjeuner de mandarins chinois saisissant leur riz grain à grain avec de petits bâtons. Mais que ce mandarin, parasite de notre épiderme, doit être plus habile que celui qui suce le budget du Céleste Empire, car il pêche un à un les globules qui nagent dans nos veines à l'aide d'une disposition que notre industrie n'est point encore parvenue à imiter. Le globule saisi à son passage monte de poil en poil; c'est en faisant la chaîne que le petit vampire amène sa proie jusqu'à l'extrémité supérieure de son tube intestinal.

Ni la puce ni la punaise ne nous font courir des dangers comparables au cousin, à cet être dont le nom seul nous démange; car, admirablement organisé pour le vol, comme nous avons été obligé malgré nous de le reconnaître, il l'est encore peut-être mieux pour le carnage. Nous avons déjà retracé ailleurs la figure élégante de ce redoutable buveur de sang dont tout le monde connaît malheureusement trop bien la forme svelte et hardie. Nous avons déjà fait admirer ses beaux yeux saillants, ses antennes merveilleusement frangées, son abdomen sculpté en anneaux délicats et flexibles; mais, pour rendre à ce petit carnassier la justice qu'il mérite, il faudrait le voir sur son terrain, acharné sur la proie qu'il poursuit, et perché hardiment sur le bras du colosse qu'il déchire, et suce à la fois.

Supposez que la trompe de l'éléphant renferme un glaive comme celui du narval, que ce long tuyau musculaire et flexible lui serve à la fois de point d'appui et d'étui, vous aurez à peu près l'idée de l'armure de ce dragon ailé.

Qui eût deviné que la gaine de ce dard acéré a été

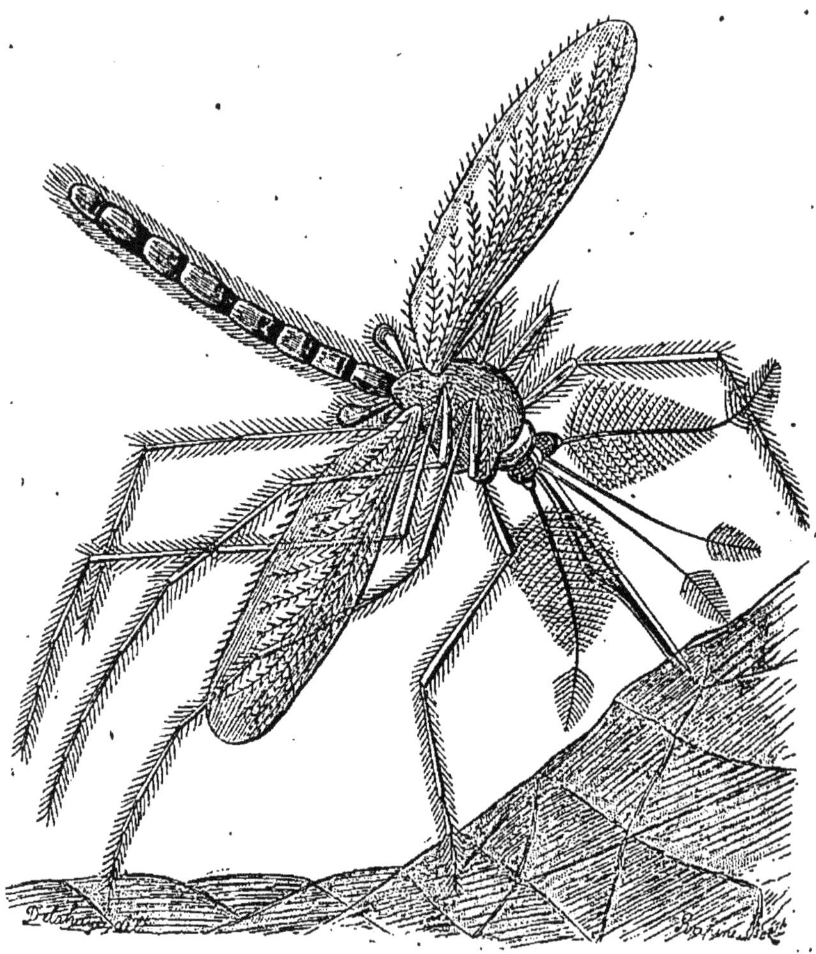

Fig. 105 — Le cousin enfonçant son dard.

pourvue d'une fente très-mince qui lui permet de se replier sur elle-même avec une facilité vertigineuse? Mais ce n'est pas tout, la nature a craint que ce petit

vampire ne fût troublé pendant qu'il creuse ce puits
artésien dans notre chair ; elle lui a donné en outre,
admirons ce raffinement merveilleux, une salive narco-
tique, qui jouit de la propriété d'engourdir toutes les
parties atteintes. Quand le suc soporifique s'est dissous dans nos veines, la réaction est terrible, la blessure
nous démange, mais hélas, il est trop tard pour châtier
le téméraire, qui a disparu.

Ne dirait-on point que ces êtres gracieux sont pré-
posés à la garde des eaux stagnantes qui vomissent
dans le monde tant de miasmes invisibles, ennemis
sourds mais terribles de notre repos, de notre vie
même ! Heureusement, leur aiguillon ne nous laisse
point de trêve ; il nous oblige à fuir ces lieux, où nous
pourrions dormir d'un sommeil trop souvent sans réveil.

Est-ce que les insectes qui habitent sur notre corps
quand notre indolence favorise leur développement,
ne sont point aussi un fléau éducatoire ?

S'il en est autrement, comment se fait-il que leurs
dimensions semblent calculées de manière à échapper
au doigt vengeur, à la portée duquel ils se trouvent
presque toujours lorsqu'ils exercent leur utile ministère ?

D'où vient alors cette règle, pour ainsi dire générale,
qui fait que la taille du parasite externe est en raison
inverse du carré de la douleur qu'il nous inflige ?

Suivez, si vous l'osez, la progression effrayante, et
vous verrez que le pou, nain pour la puce, est géant
pour le sarcopte de la gale. En effet, la puce ne fait
qu'une piqûre presque inoffensive, tandis que le pou
sait causer une démangeaison déjà bien vive. Quant au
sarcopte, qui paraît être le dernier terme, il produit des
brûlures pires que celles d'un charbon ardent.

C'est surtout parmi les petits de ces petits que vous admirerez l'armure admirablement construite pour le régiment auquel appartient le lutteur. Peut-il en être autrement pour un animal pâturant sur une prairie vivante qui tremble convulsivement de rage, et que l'ongle en délire vient labourer!

Combien le rostre de la taupe des hommes ne doit-il pas être plus parfait que le museau de la taupe des champs ! En effet, le sarcopte des prés fouille une terre inerte, qui ne cherche jamais à se venger des blessures qu'on lui inflige, et qui malgré tous les travaux des êtres qui l'habitent, parcourt imperturbablement sa route autour du soleil. Mais la taupe de l'épiderme trace son sillon rougeâtre dans la chair d'un être sensible et intelligent, dont la première pensée est une pensée de vengeance ; aussi le sarcopte est-il d'une agilité très-grande, non-seulement comme fouisseur, mais encore sur la peau comme coureur. En dix minutes, il se rend de l'épaule au poignet, distance immense pour lui, puisqu'elle dépasse trois ou quatre mille fois la longueur de son corps. Toute proportion gardée, c'est la vitesse d'un cheval au galop. S'il conservait sa rapidité en prenant la taille du célèbre *Gladiateur*, nul doute que le sarcopte n'arrivât à gagner une course de fond. Cet animal immonde me paraît merveilleux, parce qu'il réalise le type que j'ai rêvé, hélas! un jour où j'avais perdu un ami qu'un affreux mal de poitrine a fait mourir dans mes bras. Il me semblait qu'un pas nouveau dans l'organisation des animaux serait de les dispenser de respirer l'air atmosphérique avec des organes aussi délicats que nos poumons. La peau de ce sarcopte merveilleux est si fine et si rosée que les trachées indispensables au commun des insectes seraient du luxe pour un patricien qui respire à son aise sans pouvoir se douter de ce que c'est que respirer.

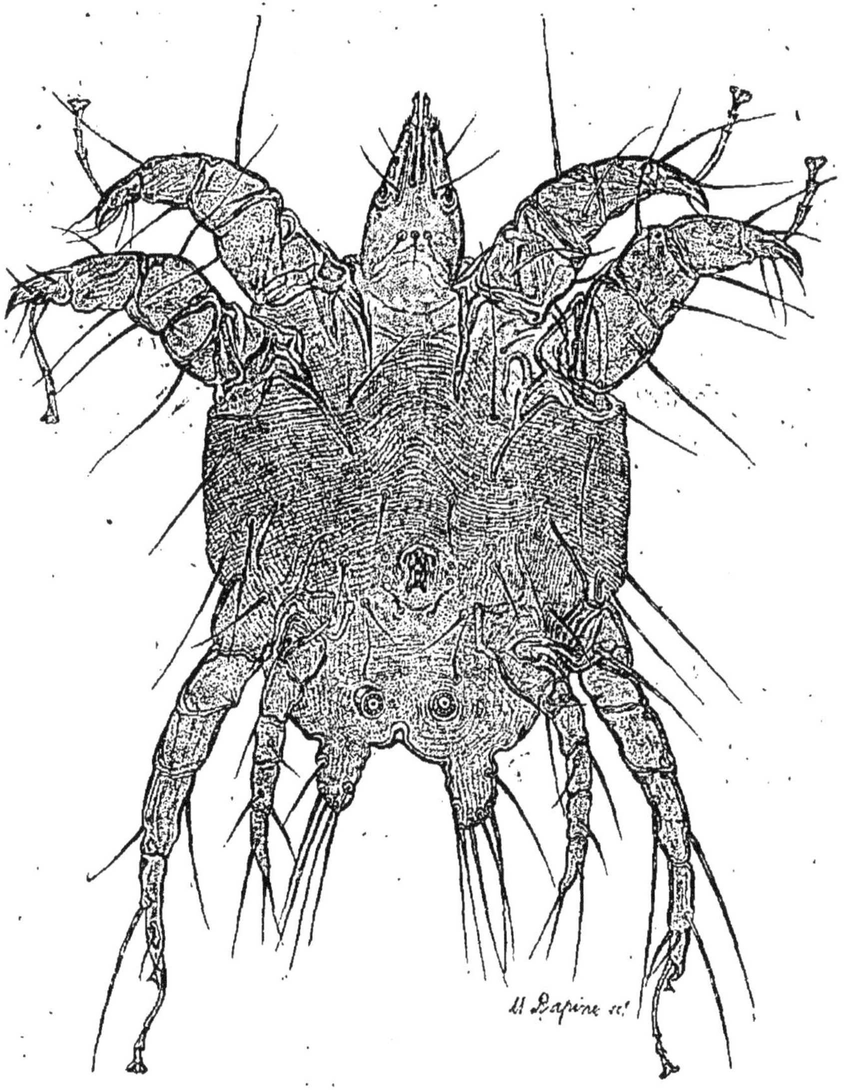

Fig. 106. — Le sarcopte de l'homme.

S'il voyage sur notre carcasse avec une vitesse si

prodigieuse, c'est qu'il est pourvu d'un magnifique squelette extérieur. Des plaques dures servent de points d'appui aux muscles robustes dont il fait un si bon usage.

Ce n'est point cependant qu'il soit vagabond de caractère. Rien n'est plus paisible que le mâle, si ce

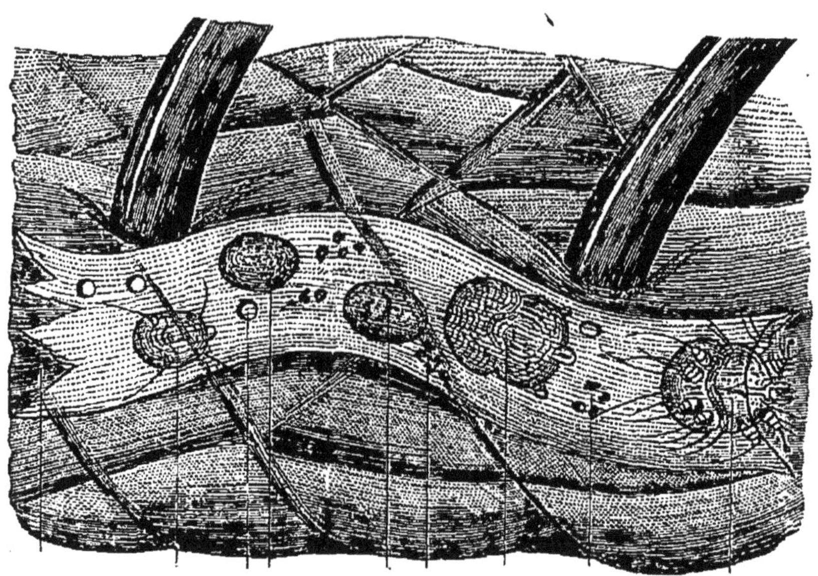

Fig. 107. — Sillon tracé par un sarcopte dans une peau humaine et passant près de deux poils.

n'est pourtant la femelle, qui est un modèle d'esprit de famille. Généralement cette bonne mère reste renfermée dans ses galeries sous-cutanées. Elle y vit à son aise à peu près comme le rat dans un fromage. Quand on explore son sillon avec un grossissement suffisant, l'on reconnaît ses bivacs à ses déjections, aux débris provenant de ses différentes mues. Entourée de viande fraîche et vivante, cette carnassière ne néglige rien de ce qui peut rendre sa vie commode et heureuse.

Comme il lui faut respirer à pleine peau, elle pratique, de distance en distance, dans l'épiderme de son hôte, des soupiraux quelquefois élégamment taillés en ogive. Cette recluse laborieuse a l'amour du gothique.

Les travaux gigantesques qui s'accomplissent dans notre chair, ces circonvallations rougeâtres, sont le fruit de l'amour maternel, sentiment qui fait accomplir à lui seul plus de merveilles que tous les autres ensemble, non-seulement à l'insecte, mais à l'être humain lui-même. Si le sarcopte ne se savait destiné à engendrer des êtres pareils à lui, il irait peut-être vagabonder de poil en poil, de duvet en duvet. Les paysages cutanés doivent être si séduisants pour un insecte ayant la moindre dose d'imagination!

Dès qu'elle a pondu, la femelle du sarcopte ne perd pas de temps à faire ses relevaillles : la vie est si courte et si précaire ! Elle répand à la hâte une sorte d'humeur vésicante, qui développe un petit bouton, tombeau vivant sous lequel sont enfouis les sarcoptes de l'avenir.

Comme on le voit, nous sommes transformés en couveuse involontaire par cette mère incomparable. Voilà une confiance qui nous fait beaucoup d'honneur.

XXXI

NOS INTIMES

Qui n'a contemplé avec effroi ces ténias enrubanés que les pharmaciens exposent souvent derrière les vitrines de leur officine, sans doute comme un moyen de réconcilier les passants avec la médecine?

On hésiterait moins à payer les drogues dix fois leur valeur, si l'on voyait les terribles crochets à l'aide desquels cet hôte effrayant de nos entrailles se cramponne aux parois de notre tube intestinal. L'on ne marchanderait plus l'écorce de grenadier en apprenant que chacun de ces mille segments aplatis est susceptible de peupler un monde, et que le monstre composé de tant de segments n'est qu'un long chapelet d'ovaires prêts à nous infecter.

Heureusement la nature a mis des bornes singulièrement efficaces à l'explosion de cette fantastique fécondité, car le grain de pollen a peut-être plus de chance pour fructifier un lointain ovaire que l'œuf de ténia pour tomber sur les conditions favorables à la vie du jeune être qui en sortira.

Le ténia ne peut se développer sans s'expatrier, sans quitter l'homme sa patrie, pour compléter son éducation dans une chair étrangère! Le porc et le mouton doivent l'héberger sous une forme intermédiaire, préparatoire. Le monstre doit parcourir les phases de cette existence provisoire, afin que les longs replis de sa forme définitive viennent se dérouler dans les replis d'un intestin humain. Le cycle de cette existence étrange comprend de toute nécessité le séjour successif dans deux hôtelleries différentes, deux hôtelleries dans lesquelles il doit être porté successivement par le hasard, car il n'a point d'organe pour courir au-devant de ses destins : il ne saurait hâter leur accomplissement. Pour lui le ciel doit tout faire. Ce n'est pas à lui que l'on peut dire : *Aide-toi, le ciel t'aidera.*

Comme le héros de la Fable qui était homme sur la terre et dieu dans les enfers, cet animal ténébreux prend deux formes distinctes, en harmonie avec les deux milieux qu'il habite l'un après l'autre. Il est humble cysticerque, le traître! chez les espèces inférieures; chez nous seulement il étale ses innombrables anneaux! Il y a même une partie de sa vie pendant laquelle il est renfermé dans le fond d'une cellule. La première partie de sa triste odyssée se termine par une captivité obscure, ténébreuse.

Le microscope nous permet de voir le parasite auquel le porc lègue sa vengeance. Il est enfermé dans le fond d'une caverne creusée au milieu des organes charnus de son hôte.

Abrité derrière cette masse de viande, il échappe à toutes les préparations culinaires préliminaires. Il attend que, trop épris du jambon mal fumé d'outre-Rhin, nous venions faciliter ses transformations dernières !

Quand j'étais jeune, je craignais le perce-oreille dont ma bonne Philiberte m'avait raconté l'histoire et je n'osais m'endormir sur les prés ! Qu'était ce danger chimérique auprès des tortures que ces hideux prisonniers peuvent nous faire subir !

Les anciens croyaient à l'existence de la salamandre, animal qu'ils plaçaient au milieu des flammes. Le microscope nous enlève presque le droit de nier cet être fantastique, car il nous montre des animaux qui naissent, grandissent et meurent au milieu de liquides destinés à dissoudre toute matière organique, et qui sont pour ce qui est en vie plus terribles peut-être que le feu lui-même.

Examinez également avec le plus grand soin ce qui se passe au fond des tumeurs, petits mondes fermés qu'habitent les cœnures. Surmontez le dégoût et l'horreur profonde que vous inspirera ce spectacle, et vous trouverez plus d'un enseignement précieux en étudiant cette image d'un enfer destiné sans doute à châtier les damnés de la dernière catégorie.

Vous y verrez un liquide d'odeur repoussante, habité par de petits serpents dont la tête est armée de crochets menaçants et qui se livrent sans relâche à mille contorsions hideuses. Leur corps, composé d'un nombre infini d'anneaux, est agité par des convulsions qui n'ont rien de terrestre. On dirait que ces êtres ont conscience de leur abjection, et que leur seul désir est de fuir loin de ce lieu d'horreur. Mais les malheureux

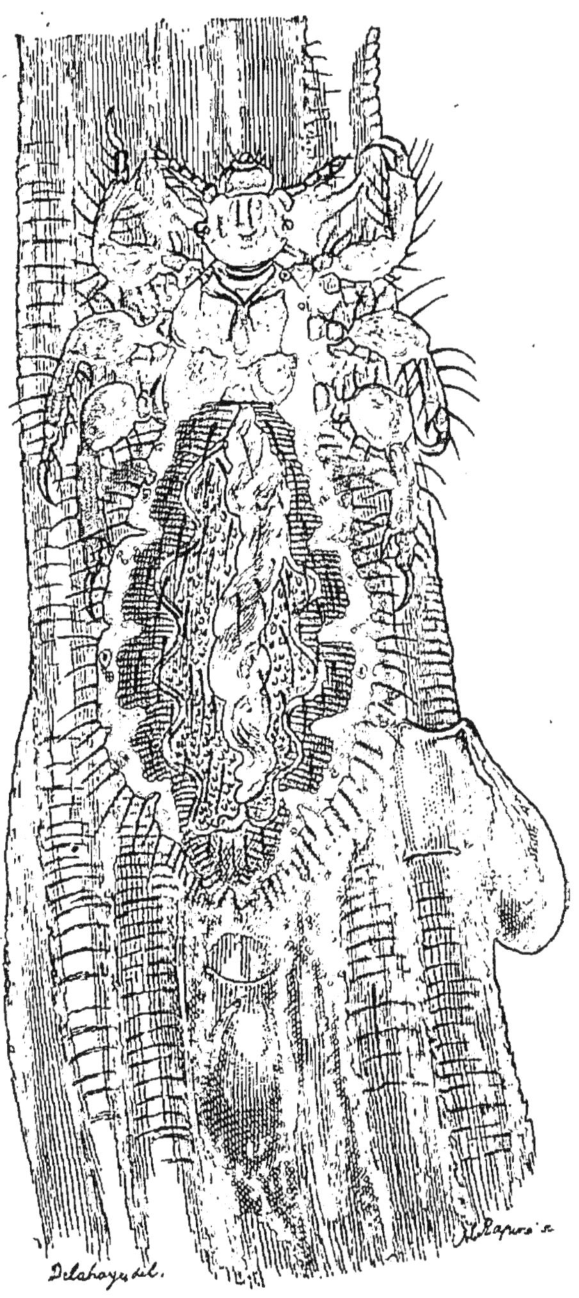

Fig. 108. — Le pou sur une mèche de cheveux.

sont doublement esclaves. Non-seulement ils se trouvent emprisonnés dans l'intérieur d'une membrane
dont l'épaisseur est pour eux prodigieuse, mais encore
la partie inférieure de leur corps est indissolument
attachée à la paroi même qui limite leur cellule.

Ne faut-il pas considérer les habitants de ces récep-

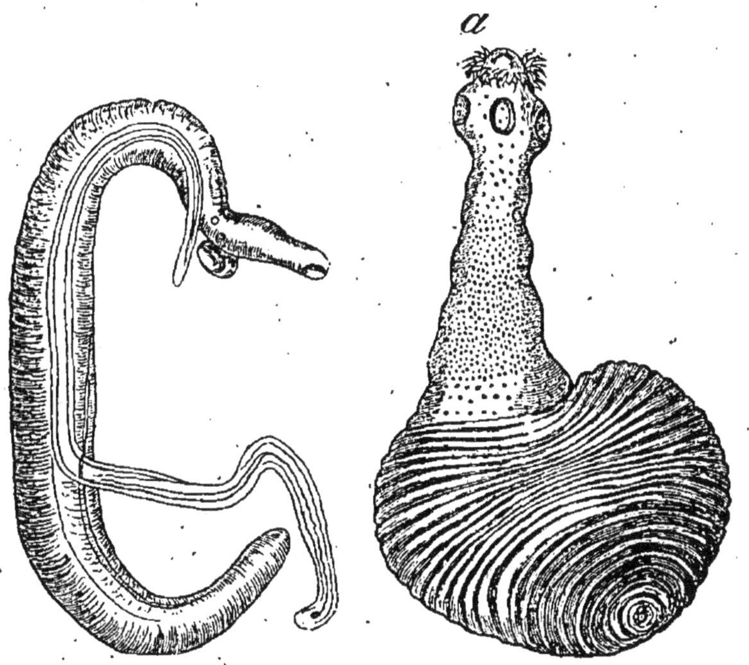

Fig. 109. — Parasite du sang.   Fig. 110. — Cœnure.

tacles infâmes comme des germes malheureux enfermés dans des limbes et qui n'ont pu être appelés à
l'honneur de concourir à la fonction d'êtres complets?

Car il n'y avait que cet instrument étrange qui put
leur donner naissance.

Si la lutte pour l'existence était, comme le veut
Darwin, un instrument de progrès, il y a bien des siècles que nous serions plus parfaits. Car la lutte com-

mence en nous : voilà que des affamés, la mouche de
la graine du chou et celle de la farine, se précipitent
dans notre tube intestinal. Ils viennent poursuivre leur
proie jusqu'au fond de nos entrailles ; ils bravent victorieusement, hélas ! le danger d'être digérés !

Voilà donc deux étages d'appétits, le nôtre et le

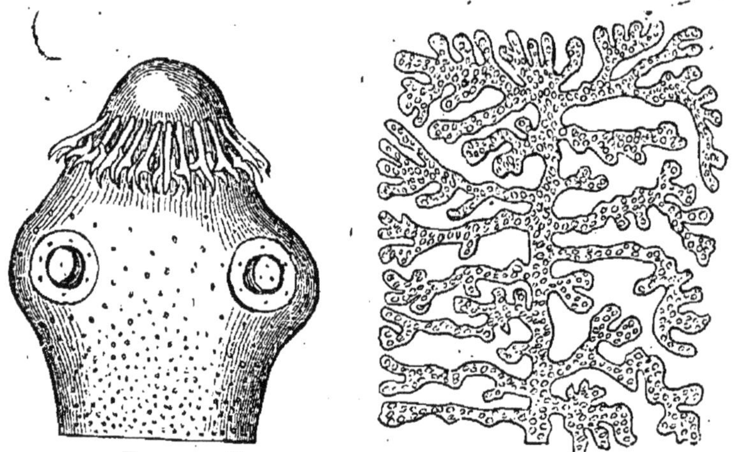

Fig. 111. — Tête du ténia
avec ses crochets.

Fig. 112. — Un des anneaux
du ténia.

leur, aux frais d'un être unique. Ce qui est étrange,
c'est que les parasites produits par ce que nous ap-
pellerons un démembrement de nos forces vitales, ne

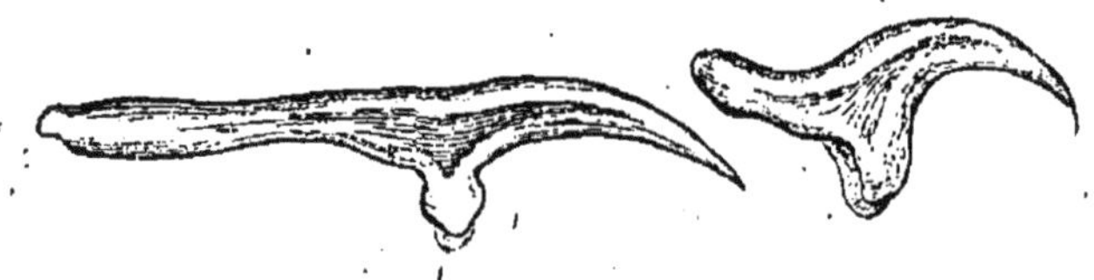

Fig. 115. — Crochets du ténia.

sont pas réellement dangereux comme les étrangers,
introduits par ruse ou en forçant les obstacles mis au
passage des Gibraltars ou des Dardanelles qui séparent

le microcosme du non-moi. Les intimes ne commencent à devenir gênants, que lorsqu'ils cessent de respecter l'hospitalité que nos organes paraissent destinés à leur offrir. Ils sont à peine désagréables aussi longtemps qu'ils se contentent des logements que la nature leur a préparés.

Les ascarides lombricoïdes peuvent exister par paquets dans les intestins des enfants sans apporter un trouble notable dans leur économie. La seule chose nécessaire, c'est qu'ils ne deviennent point assez nombreux pour obstruer mécaniquement les viscères.

Le grand danger ne commence pour l'hôte que lorsque les fils de la maison sont séduits par l'ambition des voyages, lorsqu'ils veulent faire leur tour de l'homme, qui est leur univers.

C'est ce sentiment désordonné auquel obéissent les larves remuantes qui labourent si cruellement la cervelle des moutons. Alors, en effet, ces hideux animaux creusent de longues galeries dans la pulpe blanchâtre, et leur victime ne tarde point à périr dans d'affreuses souffrances.

La manière dont les intimes viennent du dehors est aussi merveilleuse que les plus incroyables métamorphoses d'Ovide. Semez des œufs du ténia sur le fourrage, et le paisible herbivore qui aura le malheur de s'en nourrir récoltera dans son estomac ces terribles cœnures qui s'attaquent au centre mystérieux où la pensée s'élabore !

Par quels moyens le terrible voyageur sort-il du tube intestinal de sa victime ? Qui lui a donné l'intelligence de se diriger à travers la chair palpitante ? Va-t-il écouter la douleur, savourer les tourments que sa victime endure ? Quelle est la boussole qui permet à ce mineur de diriger ses chemins couverts? Où a-t-il puisé ces connaissances anatomiques profondes qui lui sont nécessaires pour choisir sa route dans ces ténèbres profondes? Car il ne saurait atteindre son développement, s'il n'était doué de la faculté de découvrir la seule porte par laquelle il puisse atteindre la masse cérébrale qu'il convoite. Qu'est-ce qui apprend à ce rôdeur étranger la place du trou occipital?

Il y a d'autres parasites, moins ambitieux, mais à peine moins cruels qui habitent les nerfs. Ceux-là voient passer les sensations que le cerveau recueille, les ordres télégraphiques que nous expédions à nos membres ; on peut dire qu'ils nagent en pleine intelligence. Ils ignorent cependant, sans contredit, l'existence de la raison. Ils nieraient certainement qu'il y a des idées dans le monde, ces vers dégradés qui habitent les vertèbres des penseurs. Sommes-nous moins coupables quand nous, qui vivons au milieu des splendeurs de la nature, nous nous refusons à reconnaître l'excellence de la divine raison?

Il n'y a pas d'organe où le microscope ne nous montre des habitants. Hier on découvrait un nématoïde qui a élu domicile dans le larynx d'un chanteur. Cet invisible, qui produisait un si grand trouble dans une des meilleures voix, eût-il été fondé à nier l'existence de l'harmonie?

L'autre jour on annonçait à l'Académie que le globe de l'œil des nègres du Gabon est le séjour favori d'un filaire. Ce ver étrange aime à vivre pelotonné sur lui-même. Quand on le laisse en paix, il ressemble à une granulation imperceptible ; mais est-il réveillé par crainte de quelque danger, il se développe avec une agilité surprenante, et sa longueur, dix fois, cent fois, mille fois centuplée en un instant inappréciable, atteint en un clin d'œil une longueur de plusieurs centimètres. Ce parasite, qui semblait le symbole de l'indolence, acquiert alors une agilité surprenante. Il faut développer une dextérité merveilleuse pour le saisir au moment où l'extrémité de son corps arrive à fleur de l'œil.

Nós eaux intérieures, c'est-à-dire les torrents qui circulent dans nos veines, dans nos artères, sont peuplés par d'imperceptibles carnassiers. Qui sait s'ils ne dévorent pas les globules si admirablement organisés, comme les barbillons et les brochets se saisissent des goujons et des gardons qui nagent dans la Seine?.

Nous avons nos poissons d'eau douce et nos poissons d'eau salée. Les uns restent confinés dans nos veines. Les autres se plaisent au milieu du sang vermeil. Les uns et les autres ne sont que de pauvres vers aveugles entraînés par de violents tourbillons dont ils ignorent la cause. Si le torrent qui les a vus naître se ralentit, sont-ils assez intelligents pour comprendre que nous tombons en syncope? S'il s'accélère, iront-ils deviner, je vous le demande, que nous avons la fièvre? Certes, nous ne devrions point nous attendre à trouver dans ces êtres une union si intime des corps que nous serons invinciblement conduits à songer à l'union des âmes. Cependant nulle part nous ne rencontrerons d'existences si intimement liées l'une à l'autre, tout en demeurant spécifiquement distinctes, car le mâle ne peut rester pendant un seul instant isolé de sa femelle; les deux conjoints sont nés l'un pour l'autre. Jamais ils ne se sont quittés un seul instant, ce Roméo et cette Juliette. Ils devront mourir à la même heure.

Le mâle, plus robuste, comme il convient à son sexe, porte sa femelle attachée à son cou. L'heureuse épouse, la dame de cet étrange galant, est renfermée dans un profond sillon creusé sur la poitrine de son seigneur et maître. C'est au fond de ce réduit qu'elle trouve abri, défense, nourriture.

Quelle voie féconde n'est point ouverte à la médecine par l'étude de ces intimes! Combien il serait essentiel de bien comprendre les mœurs, les habitudes des êtres qui produisent peut-être la plupart de nos maladies!

Peut-être, en effet, pourrait-on triompher de la phthisie la plus rebelle si l'on savait comment s'y prendre pour arrêter le développement du fucus qui habite dans les poumons des poitrinaires! Est-il sûr qu'il ne soit qu'un hôte indifférent, ce vibrion qui se trouve constamment dans les déjections de cholériques? Est-ce un hasard sans importance qui fait qu'un être voisin de ce ver lugubre sort du corps des malades atteints de fièvre typhoïde?

Souvent le monde extérieur nous envahit avec une violence inouïe, sans attendre que la mort ait livré notre dépouille à la putréfaction. Horreur! il y a des gens qui auraient besoin d'être embaumés de leur vivant.

Une foule de tribus barbares appartenant à toutes les tribus du monde des petits nous assiégent. Les paisibles coléoptères se mettent eux-mêmes quelquefois de la partie. A qui se fier si nous pouvons nous sentir dévorés par ces légumistes!

On a abattu des bœufs qui portaient dans l'œsophage des familles entières de sangsues avalées vivantes à l'état microscopique, et depuis lors attachées à la membrane qui est devenue leur patrie.

Quelquefois ces ennemis prospèrent si bien dans les voies respiratoires que leur avidité finit par leur être fatale. Gorgés de sang, il empêchent l'air de circuler dans les bronches. Amenant la suffocation de leurs hôtes, il ne tardent point eux-mêmes à périr, victimes de l'hospitalité involontaire dont ils ont abusé.

En Égypte, en Espagne, en Algérie, on a été souvent obligé d'ouvrir la gorge à des soldats qui étouffaient, parce que leurs hôtes se gorgeaient de sang. Jamais ils ne s'étaient trouvés à pareille fête dans les mares, les eaux croupissantes!

Il paraît que de jeunes punaises, animaux pourtant fort timides, s'introduisent dans le nez des dormeurs, qui sont perdus si, en dormant, ils ne peuvent éternuer assez fort pour balayer les importuns.

Nul abri plus sûr pour nos intimes contre les attaques de l'homme que les cavernes ténébreuses de notre organisme.

Parfaitement à l'abri dans les parties supérieures des narines, des insectes y vivent comme des chauve-souris dans une grotte dont les parois suinteraient une eau un peu visqueuse. Il n'est point étonnant qu'ils y subissent parfois toute la série de leurs métamorphoses, car on en connait que le suc gastrique ne dérange pas! Des mouches amenées dans l'estomac à l'état d'œufs ont échappé à la digestion; elles en sont triomphalement sorties à l'état de larves.

L'oreille parait une hôtellerie particulièrement fréquentée. On comprend, ma foi, qu'il en soit ainsi quand on voit combien certains vers sont peu délicats dans le choix d'un refuge; car on a saisi des rôdeurs qui se contentaient de loger pour ainsi dire à la nuit dans le fond d'une ulcération cancéreuse.

La larve de la mouche hominivore se développe avec une rapidité qui tient du miracle.

Ici c'est un jeune homme dont l'œil, attaqué par les chenilles carnassières, est dévoré avant qu'on puisse venir à son secours. D'autres fois, c'est un vieillard rongé par des vers établis dans l'épaisseur de ses joues, cantonnés dans l'intérieur de ses gencives; de ces retraites, il sort une armée comparable à une volée de sauterelles, à une horde de Tartares envahissant une Chine qui n'a pas de murailles.

Tout le monde a lu sans doute l'histoire de ce Cosaque, endormi près d'un charnier, et envahi par les chenilles émigrant des carcasses voisines. On ne put le débarrasser des vers qui l'avaient pris pour un cadavre et qui n'en eurent point le démenti.

On a vu un criminel dévoré vivant pendant les jours qui précédaient son exécution à mort et dérobé aux bourreaux par la vermine toute-puissante.

Ce ne sont pas seulement des malheureux abandonnés de tout secours qui sont ainsi déchiquetés vifs. Les peuples foulés aux pieds par les armées humaines ont été sauvés quelquefois par les vers. On a vu des conquérants arrêtés dans leur victoire, saisis par la vermine vengeresse, hideuse exécutrice des malédictions d'en haut, accomplissant l'œuvre de la justice humaine impuissante! Ne faut-il point avouer qu'elles ont trouvé le moyen de *faire grand* ces larves impitoyables dévorant des tyrans sur leur trône, au milieu de leurs gardes impuissantes!

N'attristons pas plus longtemps l'esprit du lecteur par des tableaux qui seraient immondes s'ils ne montraient la puissance du principe de vie, de ce principe qui ne saurait dégénérer, qui ne saurait déchoir!

Que ceux qui, contre toute évidence et contre toute raison, font du moi le pôle du monde moral, réfléchissent à ces épouvantables emboîtements d'existences, à ces luttes affreuses dont la personne humaine est si souvent le théâtre !

Quel enseignement ne devons-nous point au microscope, qui nous apprend que dans ce monde, où la place ne manque guère, nous sommes réduits de notre vivant à disputer à des existences étrangères la substance de notre propre corps! On voit bien qu'elle nous appartient à peine, que nous ne l'avons qu'en location. Si nous hésitons à déménager quand il faut payer le terme au grand propriétaire, des millions de petits huissiers viendront nous mettre dehors.

XXXII

LES HYDRES

Voyez-vous cette branche de saule que le vent d'orage arrachait il y a quelques jours aux arbres voisins? Elle flotte à la surface de l'eau que la chaleur a rendue fétide, elle nage environnée d'une écume verdâtre. Saisissons délicatement ce débris; regardons avec attention les feuilles à moitié putréfiées qui y sont attachées. Nous ne tarderons point à nous assurer qu'elles portent un nombre immense de cylindres visibles à l'œil nu. Quand Tremblay les aperçut pour la première fois, il les prit pour quelque dépôt de vase gluante ; il n'y attacha aucune importance. Mais il finit par reconnaitre, à son immense stupéfaction, que ces excroissances délaissées s'agitaient convulsivement toutes les fois qu'il les touchait.

Tout en s'occupant de l'éducation du jeune comte Henry Bentick, futur ministre du roi d'Angleterre, le laborieux précepteur, qui connaissait par cœur l'histoire de la sensitive, ne trouva pas que cette observation fût suffisante pour que l'on pût dire à l'être étrange : « Tu appartiens à la grande classe des animaux. » Il le mit en morceaux, et chaque fragment donna naissance à un individu complet. Ceci semblait indiquer une plante se reproduisant pas bouture. Beau mérite, belle récompense de tant d'observations! C'était bien la peine de battre si longtemps l'eau d'une mare puante! Cependant Tremblay ne se rebuta pas ; il regarda et regarda encore! Il reconnut, après avoir continué longtemps son espionnage, que l'être ambigu n'est point attaché aux branches. Si l'hydre fait corps avec la plante qui la porte, c'est que tel est son bon plaisir. Dites que c'est un végétal si vous y tenez, à condition que vous ajouterez que c'est un végétal volontaire.

En effet, quand l'hydre veut bien s'en donner la peine, elle marche, ma foi! aussi bien que les chenilles processionnaires.

Vous voyez d'abord la tête qui s'incline, et qui se rapproche lentement de la tige que l'animal veut parcourir. Bientôt cette tête fait prise et le corps courbé du petit promeneur se bande commé un ressort.

Mais, ô merveille! voilà maintenant la racine qui se détache, elle glisse lentement le long de l'écorce ; elle se rapproche de la tête ! Encore quelques instants, et les deux extrémités se touchent ; alors le corps se gonfle par un étrange effort de volonté, puis les rôles changent! Voilà la racine qui se fixe de nouveau, comme si l'hydre voulait choisir une nouvelle de-

304 LE MONDE INVISIBLE.

meure. La racine se colle à son tour, et la tête qui s'abandonne est lancée avec force dans la direction que l'être a visée.

Le génie déréglé des Orientaux a créé les sphinx, les harpies, les dieux à cent bouches, à mille bras, à quarante visages ; mais un animal qui n'a rien, et qui cependant peut posséder tout ! L'infini et le néant se donnant la main au fond d'un verre.

Si vous regardez l'hydre avec le plus puissant microscope, vous ne découvrirez pas la moindre trace d'un œil quelconque, ni rien qui y ressemble. Cependant, placez cet être sans yeux dans un bocal transparent, vous verrez qu'il se déplace lentement et se rend du côté de la lumière.

Quoi ! faut-il brûler tous nos livres et déclarer notre science impuissante parce que ce petit cylindre est en état de fournir une course de vingt centimètres par jour quand il fait bien chaud et qu'il se sent pris d'humeur vagabonde ?

A quoi nous sert-il d'avoir établi sur des bases solides notre supériorité en face de la fourmi et de l'araignée, si cet obscur habitant des eaux vient nous montrer que tout est vanité dans l'organisation si savante dont M. le Pileur a montré les merveilles[1]. En effet, sans organes spéciaux, des êtres infiniment plus petits que nous, peuvent accomplir des faits analogues à tous ceux de notre vie organique. Ils se déplacent sans pieds, ils se saisissent de leur proie sans main ils la digèrent sans estomac, peut-être pensent-ils sans cerveau, car il semble que sans œil ils aient la notion de la lumière.

---

[1] *Les merveilles du corps humain* (Bibliothèque des merveilles).

L'hydre, si elle était anatomiste, se rirait de bon
cœur de la complication des organes dont nous
sommes fiers. Comme elle se croirait déjà supérieure à
nous, d'une essence plus divine, si l'orgueilleuse pouvait se rendre compte de la multitude d'appareils dont
se trouve surchargé notre corps !

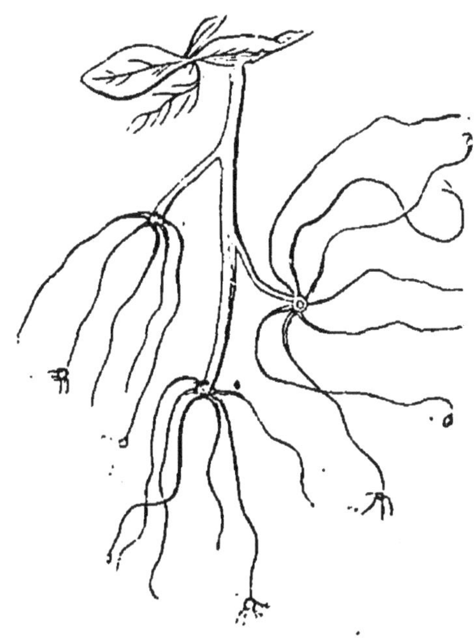

Fig. 114. — Hydre d'eau douce.

Faut-il admettre que cet animal favorisé peut contempler, sans intermédiaire d'aucune sorte, les rayons
du soleil avec lesquels nous ne sommes mis en rapport
que d'une façon si complexe. Ne valent-ils pas mieux
que nous? ne sont-ils point sculptés avec une chair
plus raffinée ces habitants innombrables des eaux féti-
des qui n'ont besoin ni de muscles, ni de nerfs, ni de

20

cristallin, ni de rétine, ni d'hémisphères cérébraux. O prodige des prodiges ! ô merveille des merveilles !

Retournez l'hydre comme un gant, l'animal ne semble pas s'en apercevoir ; il continue à digérer. Le dedans, ci-devant estomac, est une peau qui semble n'avoir exercé aucune fonction depuis la naissance. Quant à la peau, elle digère avec autant d'activité que si elle n'avait point fait un autre métier dans son enfance. C'est ainsi, s'il est permis de comparer les petites choses de nos révolutions humaines aux grandes évolutions des plus petits objets de la nature, que l'on vit lors de la chute du système de l'écossais Law des laquais monter dans le carrosse derrière lequel ils se tenaient debout jusqu'alors, et peut-être même des maîtres heureux de prendre la place que leurs valets avaient occupée jusqu'à ce jour.

Puisque vous tenez dans vos mains ces êtres, je vous engage à vous familiariser avec eux, à étudier leurs mœurs. Vous verrez leur industrie si grande qu'ils savent se servir de leur bouche inférieure pour s'attacher à la surface de l'eau comme ils se fixaient à celle de la branche. Grâce à la capillarité, ils flottent paisiblement, aussi tranquilles que certains insectes reposent sur le liquide qui les porte. Mais jetez méchamment une petite gouttelette sur le petit orifice qui tient suspendu le singulier émule de l'homme-mouche, et vous verrez qu'il disparaît parce que la capillarité a perdu sa puissance !

Quelquefois on voit éclater entre deux hydres voisines des rivalités terribles ! Elles luttent avec autant d'acharnement pour la capture d'une proie microscopique que deux grandes nations se disputant la conquête d'une province.

Souvent les deux sœurs jalouses saisissent l'extrémité d'un même ver, chacune avale son côté jusqu'à ce que les deux appétits rivaux se touchent tête à tête.

Mais notre monde est trop ami de la lutte pour que deux estomacs puissent digérer l'un près de l'autre sans chercher à se digérer l'un l'autre. On voit le plus petit des deux dévorants avalé progressivement par son rival. Il disparaît et il est digéré parce qu'il fut *outrancier* jusqu'à la mort. S'il avait lâché prise, il pouvait recommencer en choisissant mieux son heure! Que d'enseignements dans cette pourriture!

L'hydre paraît ne jamais s'inquiéter de la taille de la proie à laquelle elle s'adresse, sans doute parce qu'elle sait que sa peau est douée d'une élasticité prodigieuse. Elle connaît tous ses avantages et n'a pas besoin qu'à l'école primaire un professeur lui apprenne que son sac peut s'étendre au gré de ses désirs.

Vous serez certainement effrayé de ces tentacules si fins, si menus, visibles seulement à la loupe, retenant, comme paralysés par une puissance magique, des poissons mille fois plus gros, mille fois plus vivaces que l'être qui va les engloutir.

Vous vous demanderez si, plus puissante que l'homme, l'hydre ne peut lancer un choc électrique pareil à celui de la torpille; mais vous savez que la torpille est une machine voltaïque vivante, tandis que dans l'hydre vous ne voyez rien de tout cela. C'est un tissu homogène qui doit sécréter l'électricité de toute pièce, comme l'eau produit des vapeurs, comme il donne naissance à l'instinct, comme il engendre le mouvement vers la lumière.

Si nous nous étions bornés à étudier le cylindre gélatineux de Tremblay à la vue simple, nous n'aurions jamais été en état de comprendre comment l'animal s'y prend pour se nourrir; nous aurions bien aperçu ses longs bras, mais il nous aurait été impossible d'apercevoir sa bouche.

Une simple loupe a suffi pour mettre fin aux suppositions les plus bizarres, en montrant l'orifice destiné à introduire la proie dans le corps gélatineux de l'énigmatique animal.

Que cette leçon nous serve encore une fois d'enseignement universel! N'attribuons pas à la nature une simplicité qui n'existe que pour notre ignorance et que des instruments plus parfaits feraient peut-être évanouir sans que cependant nous soyons arrivés à rien épuiser d'une façon définitive, car la nature ne nous montre jamais la raison dernière d'aucune chose.

N'allons donc jamais nous imaginer que nous sommes arrivés aux colonnes d'Hercule de la science de la nature. Notre procédé scientifique est uniquement de découvrir une raison prochaine qui à son tour devient la matière de nouvelles recherches, et sert de base à de nouvelles raisons prochaines, de sorte qu'il faut croire à une chance dont le terme, se perdant dans l'infini échappe forcément à nos regards; ne l'oublions point, nous avons partout une bouche d'hydre à découvrir.

Qu'ils soient homogènes ou pourvus d'organes d'une petitesse ultramicroscopique, ces animaux, que nous appelons inférieurs, ne possèdent que des propriétés communes à toutes les parties de leur corps. On dirait que par des procédés inconnus la nature a répandu en quelque sorte uniformément dans ces organisations primordiales toutes les facultés que nous possédons à l'aide d'organes distincts. Mais ces facultés ne sont que d'un ordre inférieur. Aussi serait-il peut-être plus juste de dire que les animaux ont le pressentiment de la lumière que le sens qui leur permet d'y voir, c'est-à-dire d'apprécier les formes et les différences des teintes.

Si les facultés deviennent plus sublimes à mesure que les espèces se transforment sous l'action providentielle et constante des milieux, c'est en se concentrant dans les organes, qui perdent toutes les facultés accessoires pour ne garder que celle de leur spécialité.

Il est possible que le corps humain ait perdu la sensibilité directe, qui appartient à toute la surface de cette hydre aveugle dont la lumière dirige les pas? Mais en se concentrant dans la libre des nerfs de l'œil, de la substance cérébrale des tubercules quadrijumeaux la faculté de la vision est devenue bien autrement sublime.

Demandez à l'hydre ce que c'est que le soleil. Croyez-vous qu'elle serait en état de vous faire une réponse bien satisfaisante?

L'organe, l'instrument lui-même de la vision, est seul digne de la mission que son maître doit accomplir. L'œil réticulé a abouti, par suite du travail incessant des forces organisatrices du monde, au globe admirable, merveilleux, qui est abrité dans chacune de nos orbites et qui est doué de facultés presque divines

Mais cet œil lui-même est-il le dernier terme de la perfection? Qu'est-il en comparaison de l'œil intérieur

qui voit la nature resplendissante de la puissance de
Dieu? qu'est-il auprès de la conscience qui au milieu
des misères de la vie permet d'affirmer, qu'il est faux
de dire que la force prime le droit, et que la vérité
n'est qu'un vain nom?

XXXIII

VORTICELLES ET TARDIGRADES

Je me rappelle avoir ramassé par mégarde, il y a
dejà longtemps, une branche de chêne au lieu de
la branche de saule sur laquelle je cherchais d'ordinaire les hydres de Tremblay. Il y avait déjà longtemps que le vent d'orage l'avait précipitée dans la
mare où j'allais pêcher le sujet de mes observations
microscopiques. Le bois était recouvert de la gaîne
gluante, informe, gélatineuse, à laquelle j'étais habi-
tué. Mais cette fois, mon microscope se surpasse lui-
même. J'ai sous les yeux de ravissants bosquets
formés par d'élégantes mucosités, en forêts peuplées
de féeriques végétaux.

Les feuilles de ces féeriques végétaux ressemblent
à de petites clochettes qui s'agitent d'elles-mêmes sans
aucun sonneur, car chacune d'elles est un petit animal

attaché au pédoncule au bout duquel il a fleuri fixé à l'écorce du saule où il ne pleure certainement point la liberté.

Ces clochettes ne peuvent être confondues avec de simples fleurs, car chacune d'elles possède un estomac et ne se nourrit pas des sucs que de vulgaires racines soutirent du milieu ambiant.

Fig. 115. — Vorticelles, animaux à tiges dans divers états de développement.

La partie supérieure est en outre garnie d'une couronne de cils vibratiles qui s'agitent avec une effrayante rapidité, et qui créent un tourbillon irrésistible, le maelstrom des infiniments petits.

Malheur à la monade imprudente qui passe dans le voisinage des vagues produites par ces organes invisibles ! On la voit descendre malgré elle dans cette cavité où des sucs terribles vont la dissoudre avec une

épouvantable rapidité. La vorticelle n'est point comme
l'hydre qui peut se déraciner ! Elle ne choisira pas
comme sa rivale l'endroit où elle viendra se planter,
mais que sa tige est plus parfaite. En effet, la nature
lui a donné un long muscle dont elle se sert pour

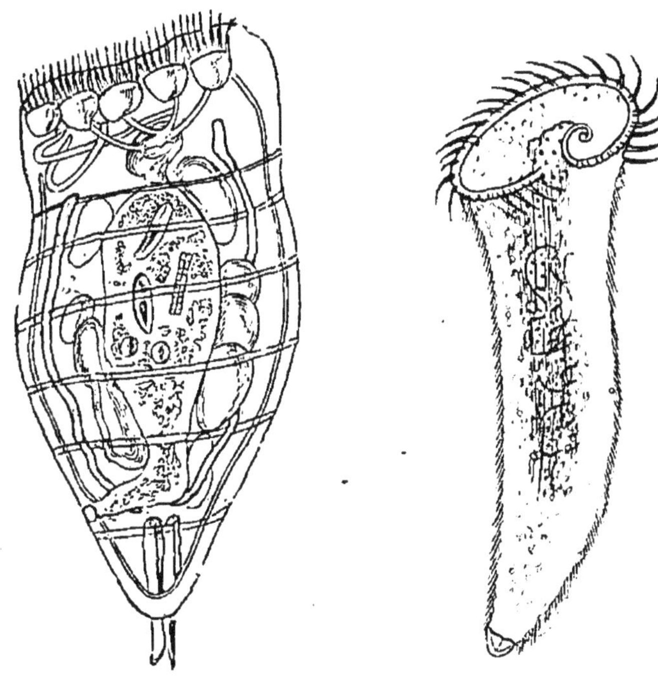

Fig. 116. — Infusoire rotifère.   Fig. 117. — Le stentor

prendre un nombre infini d'attitudes singulières, pour
se tordre de mille façons bizarres.

Supposez des arbustes dont chaque branche possède
la faculté de gesticuler, et vous aurez une idée exacte
de la richesse des dramatiques paysages que vous offrent
ces buissons vivants; certainement ils pourront rendre
aux physiologistes plus d'oracles qu'il n'en est jamais
sorti des chênes de Dodone.

Ces vorticelles ont une propriété étrange qui semble dénoter une merveilleuse intelligence des conditions extérieures d'un monde auquel elles doivent pourtant paraître si profondément étrangères; elles peuvent pour ainsi dire (ruse tout à fait inattendue!) se dérober dans l'épaisseur de leur propre organisme.

Le moindre choc, un choc si léger que vous ne l'apercevrez point, suffit pour que le buisson s'affaisse sur lui-même et disparaisse dans l'épaisseur d'une boule gélatineuse.

Dans le monde que nous parcourons maintenant, on ne trouve guère d'organes spéciaux à l'intelligence. Rien qui rappelle le cerveau, les nerfs, les milles parties qui constituent les êtres supérieurs; mais en revanche on peut dire que c'est l'estomac qui règne. Car le microscope nous montre à l'état de multiplication effrayante chez des êtres invisibles cet organe que nous avons tant de mal à remplir, quoiqu'il soit unique, heureusement pour notre repos. Un seul comme le nôtre ne suffirait sans doute point à ces voraces, qui auraient tant à grossir s'ils avaient la fantaisie de posséder un jour quelque place dans le monde. Quelques grains de carmin changeant leur océan en mer rouge vous montreront cette merveille.

L'estomac, devons-nous même ajouter, est la seule chose importante dans la vorticelle. Comme il arrive, hélas! chez beaucoup d'hommes, cette cavité stomachique lui tient lieu à la fois de cerveau et de cœur. Aussi le petit être peut-il se briser en morceaux; chacun prospère rapidement, parce que la rupture a lieu de manière à ce que l'intégrité des estomacs ne soit point endommagée dans ce partage.

Notre étonnement provient évidemment de ce que

nous voyons associée à la vie animale une propriété qui nous semble inhérente au végétal, celle de se reproduire par fragments et boutures; mais cessons de considérer la réunion comme fatale, et nous serons mieux à même d'admirer la merveilleuse fécondité de la nature. Transportons-nous, par la pensée, à bord de quelqu'une des sphères d'or qui roulent dans les espaces célestes. Qui nous dit qu'il ne circule pas là-haut des mondes où les êtres supérieurs sont organisés suivant le plan des rotifères? Qui nous dit que l'animal intelligent et sensible qui habite ces plantes à jamais invisibles, ne s'y meut pas dans un milieu tel, que la reproduction normale doive fatalement avoir lieu par bouture? S'il en est ainsi, jamais les races royales ne s'éteignent, il n'y a qu'à mettre en morceaux les vieux princes pour avoir de leur progéniture. Peut-être le mode de génération dont nous sommes si fiers, est-il là-haut réservé aux derniers des infusoires.

Peut-être les animaux civilisés qui habitent les planètes les plus magnifiques sont-ils analogues à nos plus humbles punaises, et portent-ils sur leur corps gigantesque de petits insectes humains qui les rongent.

Mais pourquoi raisonner à perte de vue sur ces mondes lointains. Déjà les petits animaux qui pullulent dans les eaux marécageuses et dans le fond des mers, vivent dans des circonstances si différentes des nôtres, que nous ne les connaissons guère mieux que si nous ne les avions vus qu'en rêve. Comprenons bien que les animaux et les plantes qui couvrent la surface de la terre sont produits par des forces dont le mode d'action nous échappe quoique nous puissions observer leurs effets de mille manières différentes. Ne pouvant déchiffrer le feuillet qui est entre nos mains, ne sommes-nous point archi-fous de chercher à deviner ce qui peut se passer ailleurs.

Toutefois je ne peux m'empêcher de vous confier quelques idées qui me viennent à propos du stentor, ce colosse du monde invisible que je ne peux mieux, comparer qu'à une trompette nageant dans les gouttes putrides ; ce requin des gouttes abuse de sa force, de sa taille immense, — il est au moins aussi gros que le petit bout d'une aiguille, — pour avaler les monades avec une rapidité vertigineuse. Il poursuit même les tardigrades, espèces de monstres analogues, jusqu'à un certain point par leurs membres biscornus, aux mammifères dont ils ont pris le nom, mais se mouvant d'une façon moins pénible. Si vous faites évaporer l'atome d'humidité dans laquelle le géant s'agite, à mesure que l'eau disparaît, les mouvements deviennent plus lents. Il y a un point où ils sont nuls. Tout le drame s'arrête, le stentor qui tient déjà le tardigrade, cesse de l'engloutir, et le tardigrade n'a plus la force de fuir ! Vous n'aurez plus au bout de votre microscope que quelques grains juxtaposés, qu'un souffle disperserait et qui semblent à peu près aussi disposés à nager qu'une poignée de harengs saurs entassés dans le fond d'une caque quelconque. Mais jetez cette poussière dans l'eau, ces cadavres se raniment. Il suffit d'un clin d'œil pour qu'ils reprennent leur agilité première.

L'eau qui fait germer lentement les graines les plus actives, n'a pas besoin d'un temps appréciable pour tirer le stentor et le tardigrade de leur somnolence. Le même liquide rend à l'un sa voracité et à l'autre sa timidité. Il donne à chacun son instinct, et la vie reprend ses droits à mesure que les muscles retrouvent leur souplesse.

Le sable de la vallée de Josaphat ne peut s'animer d'une façon plus merveilleuse au son de la trompette de l'archange! Que devient l'animal pendant ce sommeil aussi prolongé, que celui du blé de la momie! Par quel artifice caché, impénétrable, cet atome invisible à l'œil nu, donne-t-il un pareil démenti au génie de Shakespeare, car il n'a pas deviné ces animaux reviviscents l'immortel poëte, lorsqu'il disait que la vie est un feu « que chacun peut éteindre, mais dont personne n'a trouvé le moyen de rallumer les flammes. »

Cette mort apparente est-elle autre chose qu'un sommeil plus profond que le nôtre, et la mort qui nous fait si souvent frissonner, n'est-elle point un sommeil du même genre, c'est-à-dire susceptible de réveil.

XXXIV

LE CORAIL

Rêvons que nous vivons à une époque où des navires sous-marins peuvent conduire les touristes au milieu des forêts d'amphitrites. Nous errons à notre gré au milieu de ces futaies exubérantes de vie dont le splendide aquarium de Brighton ne nous donne qu'une faible image. Les plongeurs qui ont pénétré au milieu du banc des Bermudes, ont à peine entrevu les merveilles, au sein desquelles nous allons nous mouvoir.

Des troncs rougeâtres se dressent au milieu de l'Océan, et plus heureux que nos chênes, ils n'ont à trembler sous le souffle d'aucun vent d'orage. Le rayon de soleil glacé, satiné par son passage à travers trente brasses d'eau, mais non éteint, vient frapper notre œil fait pour la rêverie aérienne. Il nous permet cependant de reconnaître un buisson de branches, partant des

feuilles tortillées couvertes d'indéchiffrables inscriptions runiques, entremêlées d'un fouillis d'arabesques.

Voilà que les rameaux rougeâtres se couvrent de
gouttes de lait, brillant sur une couche d'un pur ver-
millon. Petit à petit ces étoiles blanchâtres grossissent ;
bientôt nous voyons que chacune d'elles donne naissance à une corolle qui a la couleur du lis et la timidité d'une jeune fille ; car elle paraît hésiter à s'épanouir, et le moindre courant qui d'aventure agite le
fonds des eaux, la fait rentrer dans sa retraite.

Si le calme renaît assez profond, nous voyons son
étrange tissu se développer encore ; alors elle se
couvre de franges qui s'agitent dans tous les sens.

Parmi ces fleurs il y en a de plus timides encore que
leurs sœurs : celles-là ne sont pas rassurées quand
les autres s'étalent triomphalement ; on en voit de pa-
resseuses qui sont lentes à se réveiller sous les caresses du soleil. Mais il y en a de convulsives qui se
tordent comme des démons et qui, effrayent leurs
voisines, car, plissées les unes contre les autres, les
franges du velours animé ne se peuvent apercevoir. Nul
en les voyant si concentrées, si repliées sur elles-
mêmes, ne se douterait que cette corolle charmante est
recouverte d'un duvet plus délicatement découpé que
la plus aérienne dentelle. Ces fleurs ont de l'esprit, car
quelques-unes semblent se plaire à se grimer, à se rendre méconnaissables. Elles se déguisent sous la forme
extravagante d'un disque, portant des raies régulièrement espacées, et qui ressemblent à une roue. Tout
d'un coup, voilà que les bras se rejettent violemment
en arrière. Ce lis, mali et narquois peut-être, semble
rire de notre surprise. Il n'a pas de langue, il est vrai,
mais il s'agite gracieusement ! Il semble venir au-devant

de notre main ! Il peut sans danger nous inviter à le cueillir, car il sent qu'il aura tout le loisir de se replier sur lui-même, de disparaître dans le fond de sa caverne avant que notre doigt ait le temps de l'atteindre.

Nous retrouverons dans ce monde étrange toute la grâce des fleurs que nous admirons à la surface de la terre ! Des parfums, elles en doivent avoir qui font que le maquereau méditatif aime à promener ses écailles argentines au milieu de ces rameaux gracieux dont les filles des hommes sont fières de parer leur sein. Mais ce qui nous paraît plus merveilleux, c'est de retrouver là-bas une synthèse de l'immortalité et de la vie, de l'inertie et de l'intelligence ! Si vous croyez que la plante a de la raison, elle vous montre ses tiges plus inertes que celles des chênes. Si vous déclarez que ce n'est qu'après tout un rocher, milles têtes gracieuses viennent finement sourire !

Vous avez devant vous un véritable édifice social dont la base, dont le squelette est le rocher. Mais le couronnement, quel est-il ? La corolle libre et intelligente. Libre, vous dis-je, quoique vous puissiez, au premier abord, imaginer le contraire.

Touchez légèrement le moindre des petits organes qui garnissent les bras de la fleur. Vous verrez que la papille imperceptible se contracte et se réfugie dans le tissu de l'appendice qui la porte. Mais si vous persistez, ce sera le bras lui-même qui se retirera en se roulant dans une spirale.

Ne vous arrêtez point, continuez encore, vous verrez l'animal entrer tout entier dans la caverne qui lui appartient bien en propre, puisqu'il l'a créée de sa substance, comme vous le reconnaîtrez à ce signe ; la liberté du polype n'est point endommagée par son

intime liaison avec ses frères. La fleur n'a pas besoin
de recevoir l'autorisation de quelque despote caché,
ni de demander conseil à sa voisine pour s'épanouir
ou pour disparaître. Jamais le même rayon de soleil
ne réveille à la fois tous les habitants du polypier, car
l'unité de sensation et de volonté n'est point, comme
on serait tenté de le croire, une conséquence forcée de
l'identité de substance.

Le germe de ces êtres à deux faces, à la fois
uniques et multiples, pierres et fleurs, chairs et rochers, se développe dans le sein du tissu maternel.
L'animal se trouve d'abord prisonnier au milieu de
cette chair gluante, mol intermédiaire entre l'eau et
la matière vivante. Autour de son petit corps bientôt
gênant, se creuse une cellule qui s'arrondit à mesure
qu'il grossit. Quand il est assez grand, il sort de sa
cellule par une sorte d'opération césarienne. La paroi
membraneuse s'ouvre devant lui, et lui livre passage
à la suite d'une série de métamorphoses étranges.
Quand l'embryon est devenu assez fort, assez robuste,
il se met à déchirer le sein de sa mère, qui, ne pouvant lui offrir une résistance efficace, cède bientôt
devant ses parricides efforts. Il se tire de sa première
prison, non pour conquérir la liberté, mais pour entrer dans une autre enceinte où il reste captif quelque
temps encore.

Quand arrive l'heure de la naissance définitive, la
larve du corail fait apparition dans l'Océan, mais elle
n'y entre que par la porte d'ébène ; car elle est lancée,
hélas ! avec les résidus de la digestion.

En ce moment on la prendrait pour un animal très-
vivace, impatient de se précipiter vers des destins
nouveaux. Que le jeune corail se hâte de jouir de cette

faculté sublime de locomotion, car il ne la possédera point jusqu'au terme de son existence. Plût au ciel qu'il pût être digéré par quelque être supérieur! Ne vaut-il pas mieux périr glorieusement que de vivre ainsi déshonoré, cloué sur un rocher, quand on a connu l'existence des grands vagabonds de la mer!

Déjà dans sa vie libre le corail se sent mal à l'aise; il ne marche qu'à reculons. On dirait qu'il emploie toutes ses forces à lutter contre l'attraction des rochers dans le voisinage desquels il [passe. Mais il a beau faire : quel être échapperait à la force invisible, mais invincible de la fatalité, écrite dans son organisme?

Son corps épaissi, alourdi, a changé de nature. Il s'est divisé, cloisonné, il forme le nombre de cellules réglementaires, que le grand architecte a déterminé dans son œuvre. L'heure a sonné. Il n'est plus temps de nager, c'est le moment de la végétation pénitente qui commence.

Il a perdu une faculté qui faisait sans doute son orgueil; mais qu'il se console, qu'il obéisse sans arrière-pensée à la nature, qui réserve toujours des compensations sublimes à ses victimes apparentes.

Le voilà donc qui se précipite sur le roc où il doit prendre racine, et dès ce moment une autre destinée s'ouvre. Son activité ancienne semble concentrée vers la procréation d'êtres qui seront semblables à lui. Bientôt le polype n'est plus isolé, n'a plus son indépen-dance, mais ce n'est plus un simple individu isolé dans le monde, c'est une nation qui a pris naissance. L'ancien vagabond, ainsi que Romulus, a fondé une gigantesque cité, qui durera peut-être plus longtemps que la ville éternelle.

On dirait que chacun de ces rochers animés éprouve

l'ambition de créer à lui seul un continent tout entier. S'il rencontre dans le fond des océans un polypier rival, ce sont des luttes sans fin qui peuvent durer des siècles. L'orgueilleux cherche à étouffer la colonie voisine, mais il ne saurait parvenir à régner seul dans cet humide et sombre empire. En effet, les forces du vainqueur s'épuisent par la victoire, tandis que celles du vaincu se recueillent par la défaite. Ce sont des alternatives infinies, pendant lesquelles les fonds des océans s'exhaussent. Les forces souterraines, venant mystérieusement à leur aide, les imperceptibles atomes arriveront à créer un monde. Puisse-t-il, dans les siècles futurs, être habité par des animaux plus libres et plus heureux que nous !

XXXV

L'ÉCUME DES FLOTS

Des observateurs superficiels pourront supposer que nous avons à nous plaindre de la parcimonie de la nature, qui semble avoir réservé toute sa poésie en faveur des paysages de la zone torride. Mais cette pau_vreté relative de la parure de nos latitudes tempérées n'est qu'une apparence trompeuse. Les études microscopiques nous apprennent rapidement que nous n'avons nullement été traités en enfants déshérités.

La terre serait déserte, que nos océans renfermeraient encore assez de merveilles pour justifier la fécondité des forces génératrices. Partout la vague est habitée par des myriades d'êtres; si nous savions les admirer, nous verrions que les sites marins effacent la richesse des plus splendides paysages aériens.

Les Grecs et les Romains avaient si bien compris

cette variété infinie de l'empire de Neptune, qu'ils n'avaient point fait sortir Vénus des plaines fertiles de l'Ionie, ou du sommet du Parnasse.

Hésiode, dans sa Cosmogonie, nous montre la déesse produite par l'union merveilleuse des flots et des débris musclés du corps de Cœlus.

Est-il possible de relire cette fable sans songer à l'étrange irconstance révélée par de récentes analysesc? Car il est prouvé que les matières déposées par les flots le long des rivages, renferment des quantités abondantes de fer météorique; c'est-à-dire de substances qui représentent dans certains point de vue les restes du fils de l'Air et du Jour.

L'eau pleine d'écume coulait à travers les cheveux et les mains de Vénus dans le célèbre tableau d'Apelles. Suivant le témoignage d'Ausone, son char était une grande coquille marine trainée par des chevaux de Neptune, et escortée par des tritons mêlés avec une bande de nymphes océaniques.

Nous ne dirons point comme de Maillet, que des flots de l'Océan sont sortis successivement tous les êtres. Mais le micrographe ne trouvera-t-il pas dans ces explorations neptuniennes la clef de bien des mystères?

Jusque dans les mers polaires se développent une multitude de plantes et d'animaux dont les formes étranges, mieux étudiées, ouvriraient un champ nouveau devant l'imagination de nos artistes.

Les forces qui travaillent dans ce milieu océanique sont si actives, que la flore et la faune se confondent pour ainsi dire. Quoique microscopique, chaque habitant de ces profondeurs paraît animé de l'ambition de cumuler les propriétés des deux règnes différents.

Jaloux de la plante, l'animal se change en arbre, mais en même temps la plante parait tourmentée du désir de voyager.

On a inventé un mot nouveau, celui de protozoaires, pour désigner tous ces ambigus, qui semblent ne trouver de place ni dans un règne, ni dans l'autre.

Trop vivants pour être nommés des plantes, ils sont certainement trop sédentaires pour qu'on puisse dire que ce sont des animaux.

Plantes ou animaux, quelques-uns semblent possédés de l'ambition de lutter avec le soleil. C'est à eux que l'on doit les magiques illuminations de la mer qui baigne les côtes d'Algérie ou de Provence.

Voyez-vous ces animalcules gracieux, véritables pierreries animées qui sont teintes d'une lueur douce, chatoyante, qui fait songer à ce que doivent être les paysages d'un globe lumineux comme celui du soleil. Car c'est le navire qui s'épuise en luttant contre la lame, ce n'est point la lame qui se fatigue en lançant d'humides éclairs.

C'est une teinte plus douce, plus chatoyante que celle que nos lucioles allument dans nos prairies provençales. Plus le vent souffle, plus les étincelles se multiplient, plus l'océan prend sa livrée des nuits de fête.

Homère et Virgile ont pu, tout aussi bien que Lamartine et Victor Hugo, voir ces splendides contrastes entre l'humidité et le feu, ces luttes entre la lumière et l'obscurité.

Plus les êtres sont infimes, mieux ils conservent leurs habitudes, plus ils se dérobent aux grandes révolutions du monde organique. Les empires qui se sont fondés au milieu de nos douleurs disparaîtront, ainsi que leur gloire et leur nom même, avant que ces feux follets océaniques cessent de briller sur l'abîme insurgé, qui semble crier au firmament, contre lequel il se dresse : *Moi aussi j'ai mes nébuleuses!* On peut dire que Vénus se promène à la surface des flots agités par la tempête, quand la déesse laisse tomber sur ses pas des traces phosphorescentes.

Ces êtres impalpables ne brillent, sans doute, comme nos vers luisants, que parce qu'ils appellent ceux qu'ils aiment, n'oublions pas que cette douce lumière de l'atome représente un sublime effort de plaire.

Que savent de plus les chimistes? Évidemment le secret de cette fonction sublime de phosphorescence leur a tout à fait échappé. On n'a point découvert dans la monade flamboyante d'organes analogues à ceux dont la raie ou la torpille se servent pour produire leur électricité. Cependant cette lumière est produite par un appareil, chaque étincelle est le fruit d'une transformation opérée avec une merveilleuse économie de force et de substance.

Ceux qui méprisent et dédaignent les facultés lumineuses de l'infusoire, et qui n'y voient qu'un jeu de la nature, sont-ils bien sûrs que le soleil soit organisé d'une façon aussi puissante, peuvent-ils démontrer que, toute proportion donnée avec son diamètre, il nous envoie d'aussi riches rayons?

Il y a quatre ans, au mois de juin, nous passions le détroit pour nous rendre en Angleterre. Le sillage du vapeur était illuminé par les infimes animalcules et le ressac des vagues faisait jaillir des étincelles. Un autre navire nous croise; comme nous, les passagers aperçoivent ces lueurs. Un d'eux est le nouveau ministre des affaires étrangères qui, appelé en toute hâte par dépêche électrique, vient de quitter Londres pour prendre possession de son portefeuille, afin de préparer la guerre franco-allemande. Plût au ciel que le prince eût compris le symbole que la nature étalait à ses yeux étonnés! Car ces salcopes si faibles ne produisent une clarté visible que parce qu'ils sont groupés par légions innombrables. C'est par la seule puissance du nombre qu'ils arrivent à faire parler d'eux dans le monde.

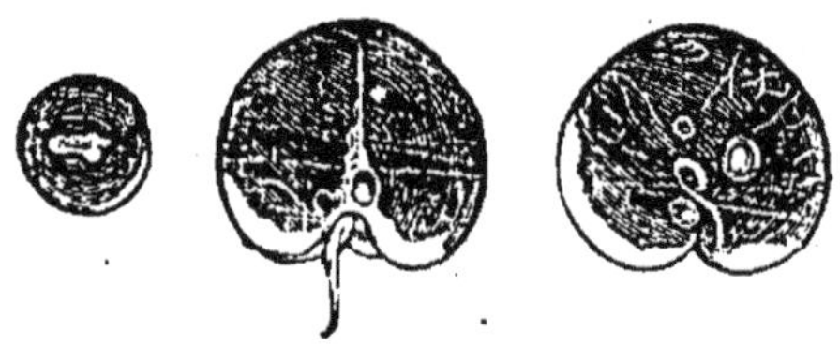

Fig. 118. — Infusoires lumineux.

Vous serez sans doute surpris d'apprendre que ces petits êtres servent de nourriture aux grands cétacés. Les géants du monde océanique sont donc en rapport, *par leur digestion*, avec les infimes qu'ils paissent sur les plaines de l'Océan. Leur rapport est le même que celui qui existe entre le globe terrestre et les aérolithes qu'il absorbe, digère à sa manière! Comment explique-t-on que les extrêmes fassent mieux que de se toucher, comme le dit le proverbe, mais qu'ils se dévorent les uns les autres? car il y a réciprocité parfaite. En effet, si les baleines avalent les infusoires, il faut avouer que les infusoires le leur rendent avec usure. A peine le colosse est-il mort, que voilà des peuples qui s'en emparent. Toutes les fois qu'une baleine expire sous les coups du narval ou du harponneur, c'est toujours fête dans le monde des petites gens de l'Océan. Jamais la voracité des Titans n'a pu lutter avec celle des Pygmées quand ceux-ci peuvent appeler à la rescousse la puissance du nombre.

XXXVI

LE FOND DES OCÉANS

Si le microscope n'avait été renforcé d'un admirable procédé de sondage, permettant à la main de l'homme d'aller. saisir des grains de sable par deux mille brasses d'eau, nous ignorerions encore que la vie n'est point intimidée par d'horribles ténèbres et qu'elle les dispute victorieusement à la mort ; nous ne saurions pas que l'on y trouve des animaux, véritables lanternes vivantes, qui, comme le salcope, savent lancer autour d'eux la lumière dont ils ont besoin pour y voir.

La nature créatrice n'a pas dédaigné les sommets de ces montagnes négatives, que le soleil a dû renoncer à égayer. Elle a trouvé le moyen sublime de peupler le penchant de tous les pics inverses de ces Monts Blancs retournés. Réfugiés derrière leurs dimensions infimes,

les habitants de ces ténèbres possèdent la force infiniment grande de résistance dont il faut que des
tissus gluants soient pourvus pour soutenir des efforts répartis suivant le taux de dix mille kilogrammes par centimètre carré. Quoique gélatineux, ils se
soudent sous une pression terrible qui écraserait la carapace de nos frégates cuirassées.

Le platine du mètre universel ne subira pas une
pression égale à celle qui règne dans leur patrie, quand
il passera au laminoir.

Les foraminifères appartiennent au monde invisible,
non-seulement par les ténèbres de leur demeure, mais
encore par leur taille. Cependant c'est à ces habitants
du fond des océans que l'on donnerait gain de cause
si l'on comparait leurs travaux aux monuments élevés
par la race humaine; on verrait que ce n'est pas nous
qui pouvons nous flatter d'avoir élevé les plus sublimes Babels.

Les signes les plus durables de notre activité auront
disparu depuis des milliers de siècles avant que les
traces de nos contemporains aient été effacées du fond
de l'abime. Leur dépouille servira à entretenir peut-
être la lampe des penseurs à une époque où l'on ne
saura même pas qu'il y a eu une France et une Prusse
sur la terre.

Sans le microscope, l'existence de ces *grands évolutionnaires* nous serait probablement inconnue, car
aucun philosophe n'aurait pu deviner leur présence,
mais sans eux certainement le microscope n'aurait pas
été inventé. En effet, notre Europe serait encore
plongée sous les flots, l'Océan régnerait presque sans
partage sur notre belle France, si les infusoires marins
n'avaient pour ainsi dire fabriqué le sol que nous ha-

bitons. C'est grain à grain que les infiniment petits ont créé le relief de la partie solide. Ils sont bien nos vrais ancêtres. C'est grâce à leur persévérance que la civilisation humaine a pu éclore, et que le progrès conscient de lui-même a parcouru son évolution séculaire.

Je me plais à imaginer que la masse des squelettes de ces ouvriers obscurs est plus considérable que celle des laves que les volcans ont vomies en quelques jours de colère. Ne semble-t-il pas consolant de penser que la vie, ce feu céleste, a fait plus encore pour préparer le théâtre de la Raison que les commotions produites par la lutte aveugle, brutale, de Neptune et de Vulcain !

Le nouveau monde semble avoir été surtout pris comme le champ merveilleux ouvert à l'indomptable activité de ces êtres si longtemps anonymes.

La ville de Richmond est le centre d'un de ces districts dont chaque grain de poussière fut jadis animé, de sorte que la belle expression de Shelley n'est point seulement une poétique exagération.

Le filon de squelettes microscopiques atteint une hauteur de plusieurs centaines de mètres. Si l'on superposait autant de momies humaines, on formerait une montagne dont la hauteur serait presque égale à celle d'un rayon terrestre !

Que dire des couches plus surprenantes encore que l'on vient de découvrir au Canada, et qui étaient remplies de fossiles avant la naissance de notre Europe? Car dans un monde que l'on avait tant de raisons pour croire jeune, le microscope découvre les doyens du règne organique. Qui donc pouvait supposer qu'ils étaient cachés dans une

épaisseur de dix mille mètres de débris super-
posés?

Il ne faut pas croire que l'activité des infiniment petits ait dégénéré depuis cette époque lointaine. Les foraminifères qui travaillent encore de
nos jours ne se sont point fatigués de produire. Ils

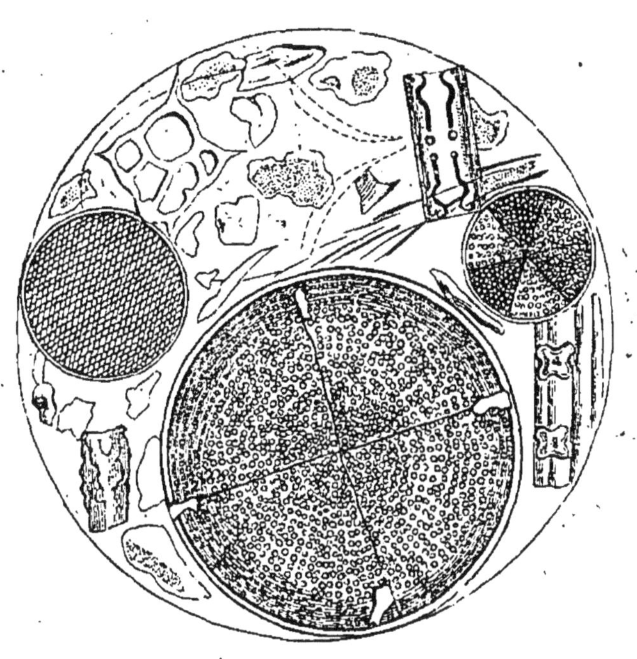

Fig. 119. — Infusoires trouvés au fond de la mer.

ne mettent pas moins de zèle à préparer les continents futurs, que leurs ancêtres n'en ont dépensé
pour construire les terres aujourd'hui peuplées par
la race humaine.

Vous découvrirez sans peine des colonies prospères
établies à l'embouchure des fleuves, travaillant dans

des deltas qui s'accumulent près des barres, élevant leurs monuments dans les lieux agités où l'eau douce lutte avec l'eau salée.

Cette race inépuisable encombre le lit des ruisseaux qui découlent des glaciers; elle étend donc son domaine depuis la première des cimes jusqu'au dernier des gouffres océaniques. On peut dire qu'elle embrasse tous les infinis terrestres.

Lorsque les frères de ces infusoires ont apparu sur notre globe, c'était des milliers de siècles avant la naissance du premier et du plus imparfait des vertébrés. Leurs géants n'ont perdu que la taille, car ils avaient des proportions effrayantes que leurs fils dégénérés n'ont point su conserver. Il leur a suffi de changer d'échelle pour échapper à la destruction qui a moissonné tant d'espèces; ils se sont repliés sur eux-mêmes; mais, en devenant plus petits, ils ont multiplié leur puissance d'une manière effrayante.

Ces aînés de la création ont bravé les changements qui ont détruit la race orgueilleuse des mastodontes, parce qu'elle n'a pas su se résigner à décroître. Pour durer, il faut que les races se fassent humbles et petites. Le temps où elles régnaient n'appartient plus qu'à l'histoire. Elles ont été détrônées d'une façon définitive depuis que des types plus parfaits ont fait leur apparition dans le monde.

La fine dentelle de cilice qui constitue leur enveloppe est si résistante, malgré sa délicatesse, qu'elle a traversé sans être brisée le redoutable intestin des oiseaux de mer. Le guano des îles Chincha contient des myriades incalculables de ces poussières organisées qui ont échappé aux épreuves de la digestion, et que, sans le microscope, l'on confondrait avec de simples grains de sable.

Dans d'autres districts, les infusoires ont légué aux générations suivantes leur sarcode, en même temps que leur carapace.

Merveilleusement protégée contre l'action oxydante de l'air, cette substance déjà à moité liquide s'est transformée en huile ; elle constitue la richesse inépuisable du Canada et de la Pennsylvanie ; elle alimente des puits artésiens qui en vomissent des rivières. Le corps de l'infusoire qui sépare la silice de l'eau des océans servira peut-être à alimenter la lampe des penseurs de l'avenir, à moins que l'huile ne soit devenue inutile, parce qu'on aura trouvé moyen de mettre en bouteille les rayons du soleil.

Nous avons besoin du *navicule* pour vous faire comprendre ce qu'est la dépouille de ces émules dès polypiers, qui ont de plus une faculté éminente. Aucun d'eux, malgré sa petitesse, ne sent le besoin de construire de caserne pour s'abriter. Malgré son petit diamètre, chacun d'eux vit isolé comme l'animal le plus parfait de toute la série vivante.

Au premier abord, ces foraminifères vous paraîtront offrir une organisation pareille à celle des mollusques. Mais quand vous y regarderez avec une attention suffisante, vous verrez combien cette machine est complexe.

C'est à force de réfléchir que les naturalistes modernes sont parvenus à comprendre que l'animal est composé d'un nombre immense de cellules dont chacune renferme une partie de son corps.

Ces différentes loges ne sont point isolées les unes des autres, car la nature a établi entre elles une série de communications qui ont lieu au moyen d'orifices spéciaux dont le nombre est si effrayant que les premiers observateurs se sont crus le jouet d'un rêve.

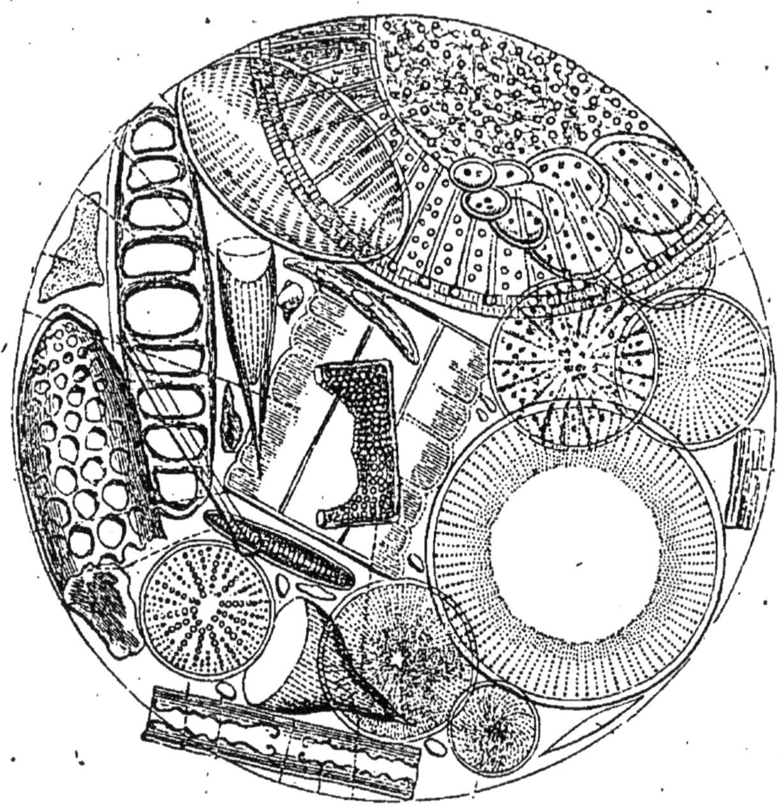

Fig. 120. — Infusoires trouvés dans le guano.

La raison se refuse à comprendre pourquoi les parois de ces coquilles imperceptibles ont été criblées de trous aussi nombreux que les feuilles du chêne le plus touffu ! Quel besoin la nature avait-elle de donner passage à une multitude d'appendices filiformes dont

l'usage n'a encore pu être deviné, tant leur plan est .
éloigné du nôtre?

Dans des conditions si différentes de celles où nous
vivons nous-mêmes, tout parait bizarre, incompréhensible : l'analyse, qui nous soutient tant que nous étudions des êtres analogues à nous, cesse de nous guider
dans l'anatomie d'animaux plus semblables aux habitants d'une planète étrangère qu'à nos proches voisins
de la série vivante.

Le microscope ne fait alors qu'augmenter nos per-
plexités ; car à chaque instant il nous oblige à constater des mœurs qui nous semblent fantastiques parce
que nous ne les avons point assez étudiées pour reconnaitre des lois identiques dont, malgré notre orgueil,
nous ne sommes que de dociles esclaves.

Ces êtres tomberaient de la lune, comme certains
météores, qu'ils ne paraîtraient pas appartenir à un
monde moins étranger que ces énigmes vivantes; car
chaque partie de leur squelette nous montre un mystère, chaque circonstance de leur existence se présente
sous la forme d'une énigme vivante.

On en découvre qui se reproduisent d'une façon si extravagante, que les mots manquent pour désigner cette
étrange génération. Figurez-vous de petites moules
microscopiques qui auraient trois écailles dont une se
serait glissée entre les deux autres.

Lorsque l'animal grossit, cette partie du milieu se
développe en même temps que les deux entre lesquelles elle se trouve prise. A mesure que les deux
valves extrêmes s'éloignent l'une de l'autre, l'union
devient nécessairement moins intime : bientôt elles
tombent comme deux fruits mûrs se détachent d'une
branche.

Mais elles ne cessent pas de vivre. Bien au contraire, la vie s'est multipliée, car chacune d'elles est devenue un animal parfait. Est-il besoin de dire que chacun de ces animaux-fragments se développe, se multiplie à son tour par le procédé qui a servi à lui donner l'être?

Ce qui pourrait servir à définir, je dirai presque chimiquement, nos êtres foraminifères, c'est la merveilleuse propriété de leur chair, qui se couvre de silice dès qu'elle se trouve mise en contact immédiat avec l'Océan. Ne sont-ils point avant tout des organes d'épuration? des absorbants destinés à travailler de manière que l'eau des océans finisse par acquérir une pureté comparable à celle de nos grands fleuves? La masse des sels à fixer que renferme encore la mer est immense; mais, patience! ce qui reste à concréter n'est rien auprès des montagnes de chaux et de silice que les infusoires, imperceptibles ouvriers de l'avenir, ont irrévocablement cimentées dans le bassin de toutes les Caspiennes, dans le fond de toutes les Méditerranées éteintes. Heureusement les aérolithes mis en poussière dans les hautes régions donnent un contingent incessant d'alluvions, sans cela la race des foraminifères s'éteindrait faute d'aliments minéraux dans l'eau des océans.

Vous devez tâcher de comprendre que ces êtres ne sont point fatalement attachés les uns aux autres, comme ceux qui composent les polypiers. Car ces magnifiques agrégations de formes très-compliquées, comparables aux végétaux les plus parfaits, se composent essentiellement d'individus pouvant vivre à l'état d'isolement, quoiqu'ils aient un goût incontestable pour une sorte d'état social. Ce qui rend le travail du

micrographe presque inextricable, c'est qu'il doit se
préoccuper de deux choses également importantes
dans l'étude de ces animaux étranges qui ne sont ni
tout à fait une unité, ni tout à fait non plus une collectivité. Il doit examiner à la fois les formes de chaque
individu, et la manière dont ces individus s'attachent
les uns aux autres pour former un tout. La manière
de s'agréger ne nous offre pas de moins grands étonne-
ments que la forme des animaux élémentaires.

On voit des chapelets d'êtres qui restent attachés
les uns aux autres de manière à former de longs rubans. On pourrait les comparer aux divers feuillets
d'un livre relié d'une façon bien singulière. En effet,
l'ouvrier invisible les a fixés les uns aux autres par
les angles de manière à leur faire décrire les plus
étranges zigzags. D'autres fois, on tire du fond des
mers des rubans animés, qui vivent repliés sur eux-
mêmes comme ceux que vendent les mercières.

Dire que chaque spire de ce ruban cent fois replié
sur lui-même est un animal qui possède une vie propre,
une existence individuelle !

D'autres fois, on trouve des foraminifères qui sont
ancrés à la surface des plantes, à laquelle ils tiennent
par un filament qui leur permet de flotter à peu près
comme un navire au mouillage. Dans ces mêmes eaux,
fécondes en merveilles, il n'est pas rare de rencontrer
des organismes étranges, qui semblent naviguer en
toute liberté. Mais l'on ne saurait dire si c'est de plein
gré que ces vagabonds ont quitté la plante rivage sur
laquelle ils ont pris naissance. Qui sait si ce n'est
point un orage qui a coupé le câble gélatineux qui
leur sert de cordon ombilical peut-être ? Que direz-vous
de ces rubans tailladés qui se remuent de propos déli-

béré, qui semblent nager? Les tablettes glissent les unes sur les autres. On dirait un jeu de dominos qui s'avance.

Elle n'est pas moins merveilleuse la variété des procédés que tous ces animaux-énigmes emploient pour s'attacher à leur élément visqueux, nous n'osons dire à leur chair.

Quelquefois la carapace de ces mollusques retournés se trouve au centre d'une masse gélatineuse dont la forme paraît à peine susceptible de définition. Comme les vertébrés, par conséquent comme nous, ils portent leur coquille à l'intérieur.

Mais ce détail n'empêche pas la fusion intime. Souvent le même bloc de chair vivante réunit un grand nombre d'individus.

Alors les carapaces sont comme les pepins d'une pomme ou d'une poire. La chair simule des formes végétales. Elle s'arrondit en boules comparables à des fruits mûrs. Il y a des tiges, des branches ramifiées. C'est quelque chose comme un corail qui porterait le sarcode au dehors.

Ceci ne doit pas nous étonner car les vagues produites par les grands tremblements de terre, ont à peine la force de créer un léger chemin dans ces gouffres immenses où la science n'aurait jamais osé descendre sans le périple du *Challenger*.

Nous pourrions continuer pendant longtemps ces études, parcourir d'autres régions de ce monde que

nous avons nommé invisible, parce qu'il l'a été longtemps pour tous, parce] qu'il l'est encore pour les
ignorants ou pour les indolents qui dédaignent de
se servir du microscope. Nous ne ferions cependant
qu'effleurer les trésors qui sont au-dessus de nos sens,
mais qui, nous avons essayé de le démontrer du moins,
sont certainement au-dessous de la portée de notre
intelligence.

Évidemment, il n'y a pas un seul des phénomènes
que nous avons esquissés qui ne soit susceptible de
servir de thème à d'interminables recherches, pas une
des explications que nous avons hasardées qui ne soit
susceptible d'extension, de rectification, de démenti
même. Malgré tous nos efforts, une grande incertitude
plane sur la petite portion des lois qui règnent dans le
petit coin du Cosmos où se passe notre éphémère
existence.

Cependant nous croirons avoir utilement employé
notre temps, si nous sommes parvenus à faire comprendre qu'une conviction raisonnée doit être enra-
cinée par toutes ces incertitudes.

N'est-il pas évident que toutes ces merveilles sont
en quelque sorte autant de problèmes proposés à notre
raison, au génie de l'être qui possède la sublime faculté
de pénétrer dans le monde de l'Idée, dans ce monde
réellement invisible, mais où tout cependant parait
illuminé d'une splendeur divine? Est-ce que l'on peut
douter un seul instant, après avoir constaté un ordre si
merveilleux dans les moindres détails de la nature, que
tout ce qui nous frappe est susceptible d'être ramené
à des principes généraux incontestables du moment
qu'on arrive à les chercher, évidents pour quiconque
est enfin parvenu à fixer les yeux sur eux?

Puissions-nous avoir augmenté par la lecture de ces
pages imparfaites la foi de quelques esprits éclairés
dans l'infinie rationalité de l'ensemble mystérieux et
infini dans lequel nous jouons un rôle à la fois infime
et sublime, admirable et désespérant! Puissions-nous
avoir fait comprendre, par l'étude du monde microscopique, que nous devons nous attendre à trouver, dans
le monde tout à fait invisible où nous ne pénétrerons
qu'après notre mort, des forces également sublimes,
également dirigées par une sorte d'éternelle gravitation
vers le Beau et le Bien! Puissions-nous avoir contribué
à combattre les déplorables doctrines matérialistes qui
ont pris naissance de l'autre côté du Rhin, comme la
peste bovine et l'épidémie des trichines! Nous aurons
alors l'orgueil d'avoir rendu quelques services à la ré-
génération de la patrie française.

FIN

TABLE DES GRAVURES

TABLE DES MATIÈRES

PARIS. — IMPRIMERIE SIMON RAÇON ET COMP., RUE D'ERFURTH, 1.